U0193055

本书为教育部人文社会科学研究青年基金项目

“当代科学技术论视角下公众对转基因食品认知问题的研究（17YJC720041）”

研究成果

科学论视域下
食品安全中的公众参与

赵喜凤◎著

上海三联书店

目　录

导论

食品安全问题分析的新视角——科学论的第三波

一、风险社会视域中食品安全研究的定位

自1986年乌尔里希·贝克的《风险社会》一书问世以来，风险社会的议题开始进入人们的研究视野，不但风险社会的理论不断被学者们所研究，而且风险社会所引发的问题也逐渐被人们所重视，尤其是风险社会的环境问题和政治问题。需要指出的是，长期以来人们注意到风险社会中的环境问题，大谈风险对环境的影响，却忽视了风险对环境影响的同时，也导致了食品安全问题。笔者本书所要关注的正是风险社会下的食品安全问题。

所要界定的是，食品安全问题是一个大的宏观概念，从生产链上来说，食品的生产、加工、储藏、销售到消费都可能出现问题；从食品的监督管理上来说，食品的质检、政治管理、法律约束、行业标准的形成也涉及安全问题；从营养学的角度说，食品材料是传统材料还是新式的基因材料也涉及食品安全问题。笔者在这里对食品安全进行研究，并没有从食品科学专业的角度进行分类，而是作为一个宏观的范畴进行研究，凡对人的健康构成威胁的问题都是本书所涉及的问题。换句话说，这里所采用的“食品安全”的定义是从公众的视角出发，遵循1996年世界卫生组织在《加强国家级食品安全进化指南》中的官方定义，即“对食品按其原定用途进行制作和/或食用时不会使消费者受害的一种担保”[①]。

继环境问题之后，食品安全问题成了风险社会理论当代研究的新议题。食品安全问题是国计民生的大问题。无论是对食品安全一直高标准、严要求的欧盟，还是一直探寻解决对策的中国，食品问题一直困扰着人们的生活。尤其是中

---

① 玛丽恩·内斯特尔. 食品安全：令人震惊的食品行业真相. 程池，黄宇彤等译. 北京：社会科学文献出版社，2004：7

国，层出不穷的食品安全问题，使中国消费者的身体健康难以保证。中国消费者对食品安全问题的关注也凸显出来。2011 年 1 月 1 日，《小康》杂志联合清华大学媒介调查实验室发布《2010～2011 消费者食品安全信心报告》显示，"近九成（88.2%）人对食品安全问题表示'关注'。94.5%的人认为中国食品安全存在问题，其中过半（50.9%）受访者认为'问题严重，需加强治理'。近七成人（67.9%）对当前食品安全状况'没有安全感'，其中 15.6%的人表示'特别没有安全感'"①。那么在《小康》杂志和清华大学第二年发布的《2011～2012 中国饮食安全报告》中对食品没有安全感的受访者比例上升到了 80.4%②。究其原因，2010 年受访民众认为，"生产加工企业和个人在追逐利益的过程中丧失了道德底线（78.2%），对违法分子的惩罚力度不强（51.5%），以及政府监管不到位（48.6%）"这三点成为食品安全问题的主要原因。对于这种企业与政府之间的利益共谋，科学家与社会学家应该干些什么呢？民众对于无法改变的现状又应该学会什么技能呢？对于这些问题的思考成为本书的切入点。

贝克的"有组织的无责任"概念是对风险责任归因的分析，在风险发生之前，政府允许产生潜在风险的企业行为、科学家的研究、危害环境的物质的使用，他们之间的共谋或是替罪羊的出现，使真正的风险归因变得不可能。安妮·罗伯（Anne Loeber）、马顿·哈哲尔（Maarten Hajer）和莱斯·利维陶（Les Levidow）③从风险社会中的核心概念"反思性现代化"与"有组织的无责任"入手，指出食品问题中科学与政治之间的相互交织，然后介绍希拉·贾萨诺夫（Sheila Jasanoff）的"合作生产"（Co-production）概念，讨论食品安全与食品风险怎样变成了政策的话语，从话语分析的视角分析风险的产生。彼得·范恩德（Peter H. Feindt）和丹妮拉·克莱恩施密特（Daniela Kleinschmit）以疯牛病为例探讨风险责任承担的困难。在危机之前，疯牛病小的像文书一样，这种静止的、潜在的问题还不能成为公众关注的焦点，这样就给风险的产生创造了机会，风险小到私人和政府都可以去担保牛肉的质量，那么在管理中就呈现出混乱。"一旦虚拟的疯牛病危机转变成事实的风险，公众的愤怒被矛盾激发，无论是政府的管理还是工业的标准都不能阻止困境，公众愤怒的原因不能被发现和解释。在食品安全政

① 欧阳海燕. 2010～2011 消费者食品安全信心报告. 小康，2011(1)：42—45

② 苏枫. 2011～2012 中国饮食安全报告. 小康，2012(1)：46—52

③ Anne Loeber, Maarten Hajer, Les Levidow (2011): Agro-food Crises: Institutional and Discursive Changes in the Food Scares Era. *Science as Culture*, 20(2), 147-155

策颁布几十年后，主要困境可能的原因仍然是‘新的不确定性维度’构成的未知。”[①]科学上的不确定性和管理上的多元化使风险的归因变得很难。“在食物生产和管理的全球化系统和复杂性中，责任经常被归于不同的社会阶层（集团、机构、组织和个人）、食物管理的多元系统（多边的、欧洲的、国家的和亚国家的）以及不同部门（国家/政治，私有/公有，市民社会/个人消费者，科学和技术）。”[②]

在风险问题的归因中，科学与政治成了问题形成的主要原因，这也是本书在食品安全案例中主要分析的两个维度，但是对于现实中的食品安全问题只看到这两种维度是不够的，现实中食品安全的案例分析涉及到公众维度，公众对问题的理解与接受度对问题的实际解决起到重要影响，因此本书的关注点主要是三个维度：科学、政治与公众，并且，公众参与成为行文的主线。

二、长期以来的实证主义以及话语分析的视角

在唯科学时代，食品安全中的“可信性”评估问题，一直受科学主义的支配。即评估完全是建立在“科学的”标准之上，科学家在此问题上占据绝对的话语主导权，政府的相关决策也是基于“科学的”标准。然而，在大科学时代，由于科学、技术、经济、政治的一体化，使各种利益纠缠在一起，特别是极少数科学家基于个人的私利，昧着良心与少数黑心企业家勾结在一起，制造出严重危害人们身心健康的产品，酿造了骇人听闻的事件，如三聚氰胺、瘦肉精等事件。这类事件使大众对“科学的”标准产生了深深的怀疑，也使基于“科学的”标准的政治与法律的监管陷入严重的危机。

科学主义坚信在认识自然、人和社会上科学具有不可亵渎的权利，对科学的怀疑成为一种禁忌，科学的这种“霸权”为风险的产生提供了潜在的条件。科学家依靠科学理性在知识生产和实践上具有优越性，对涉及科学理论的问题具有解释权，这种科学“霸权”基于“一种方法论怀疑主义的截削”[③]，表面上维持着稳定性，实际上问题已经滋生。

---

① Peter H. Feindt, Daniela Kleinschmit (2011): The BSE Crisis in German Newspapers: Reframing Responsibility. *Science as Culture*, 20(2), 186

② Peter H. Feindt, Daniela Kleinschmit (2011): The BSE Crisis in German Newspapers: Reframing Responsibility. *Science as Culture*, 20(2), 190

③ 乌尔利希·贝克. 风险社会. 何博闻译. 南京：译林出版社，2004：196

科学在事物的可接受水平上扮演的审判官角色被风险社会的状况生动地描述出来。一方面科学把一个地区的污染水平平均到更大范围的人头上，使原本构成严重威胁的污染变成了在“可接受值”之内，遭受污染的地区就被“平均掉了”。如德国的二氧化硫污染被专家认为是“潜在的副作用”且“未被证明”与化工厂附近农夫的牛变成黄色、在有雾的天气里人们憋青脸去呼吸、患哮喘的孩子变多等现象有什么联系。但是人们通过搜集资料和证据发现，德国订立的可接受的污染值太高了。“虽然研究表明，儿童甚至短时间接触浓度为每立方米空气200 微克的二氧化硫就会患假性哮喘，但是德国现行的规定值是这个值的两倍。而这是世界卫生组织认为可接受的值的四倍。”①而在现实中，测量结果总是落在“可接受的”范围内，因为污染最严重地区的峰值经过森林地区居民值平均后，被抵消了。然后，科学家称在平均值上孩子不会患病。平均值被当成了大众的“可接受值”。另一方面，科学上的“可接受值”的得出不仅会被“平均化”，而且还会被“简单化”。如一个污染源同时释放多种有害物质，而科学只对其中的单一污染物设定了可接受的水平，这些物质的协同效应并没有被提及。“为单个毒性物质设定可接受水平的人，要么是从人们只是摄入特别的毒素这个完全错误的假设出发，要么他们的想法从一开始就完全错过了谈论人的可接受值的机会。”②如果我们不对可接受值的协同效应进行研究的话，我们怎么能够确定单一物质在什么条件下是可接受的呢？所以可接受值的骗局通过断裂的科学理性表现出来。科学“平均掉”原本超标的数据，踢掉了不和谐的因子，把问题纳入可接受的合理范围之内，结果却掩盖了风险的存在。加之，人们本来对科学所呈现出的真理的笃信，对科学权威地位的敬畏，这样一来就变成了“凡是现存的都是合理的，凡是合理的都是应被接受的”。科学的权威不仅限于科学共同体内部，而且“科学能够概念化为权利话语，引用这种话语使政治维度合法化，以便使公众再次确认对食物的信心”。③ 这种科学的垄断，不仅通过从业者、内部组织的控制行为而实现，而且会把自己的技能与实权阶层如国家、行业部门的利益联系起来，从而实现垄断与合法化。“在严格的科学实践与其助长和容忍的对生活的威胁之间，

① 乌尔利希·贝克. 风险社会. 何博闻译. 南京：译林出版社，2004：72

② 乌尔利希·贝克. 风险社会. 何博闻译. 南京：译林出版社，2004：79

③ Mette Marie Roslyng. Challenging the Hegemonic Food Discourse：The British Media Debate on Risk and Salmonella in Eggs. *Science as Culture*，2011，20(2)：157－182

存在一种隐蔽的共谋。”①

“科学的标准”在实证主义的语境中成为唯一正确、客观的标准，是长期以来人们所信守的，但这也成为统治者利用的武器。科学的标准是否客观，面对科学的不确定性时，问题的评判标准应该是什么等问题在风险社会中有所揭示，后续的学者也不断进行研究。

迈克尔·卡龙认为“科学是一种公共的产物”，但是这种“公共的产物”并不是经济学家所主张的遵循着市场自治、自由的原则，而是涉及到各方的利益、理论的建构。在转基因的案例中，卡特里娜·斯坦格（Katrina Stengel）、简·泰勒（Jane Taylor）、克莱尔·沃特顿（Claire Waterton）和布赖恩·温（Brian Wynne）②以卡龙的理论为基础进行分析，看到了科学这种“公共的产物”涉及经济社会研究委员会的利益问题，是对植物学的建构，是科学的商业化。

在转基因问题的争论中，普兹泰的实验不仅反映了风险评估基础从“实质上相同”转变成“一种比较的方法”过程背后各种利益团体之间的争论，更揭示了科学与政治之间界限的变更，风险评估标准从原来的“科学的、客观的”标准变成了“政治负载”的。从老布什的“实质上相同”概念使政治干预科学到普兹泰及同行的科学实验揭示，再到 OECD 的辩护，不仅使概念不断弱化，也使争论的利益方逐渐凸显出来。

可见，在科学主义主导的社会中，科学不断建构自己的话语权，并积极扩张其在政治上、法律上的合理性。社会建构主义者指出了科学主义背后的社会维度与政治负载，对其可信性进行了解构。

三、SEE 理论作为问题解决的方法论尝试

科学论的第三波起源于柯林斯（Harry Collins）与埃文斯（Robert Evans）在 2002 年发表于《科学的社会研究》（Social Studies of Science，SSS）上的文章《科学论的第三波——经验与技能的研究》（The third wave of Science Studies：Studies of expertise and experience）。这篇文章在 Web of Science 上的他引频次

---

① 乌尔利希·贝克. 风险社会. 何博闻译. 南京：译林出版社，2004：73

② Katrina Stengel，Jane Taylor，Claire Waterton，Brian Wynne. *Plant Sciences and the Public Good*. *Science，Technology & Human Values*，2009，34(3)：289－312

为 1161 次(截至 2021 年 6 月 10 日 11 时),并且呈逐年升高的趋势。文章对科学论进行了总结,把科学论分成三波。第一波兴盛于 20 世纪 50、60 年代,科学具有至高无上的权威,具有决定性的发言权,科学被设想成与权力一样的神秘。科学的决策权仅限于科学共同体内部的有资格成员。20 世纪 60 年代随着库恩的《科学革命的结构》一书的问世,代表实证主义的科学论的第一波逐渐淡出了历史舞台。科学论的第二波开始于 20 世纪 70 年代,它经常被当作社会建构主义,一个很重要的形态就是科学知识社会学。科学论的第二波显示出科学和技术的内部争论需要引用科学之外的因素来解决,因为科学的方法、实验和观察是不充分的。科学论的第二波一直活跃于历史的舞台中,但是在问题分析中的建构并不利于问题的解决,而且也会引起科学的恐慌,是否存在真的科学经常引起人们的质疑,所以要想解决问题,很多学者转向了科学的内部,试图立足于实在的东西去分析问题,开始了科学哲学的后实证研究。柯林斯与其弟子埃文斯就提出了科学论的第三波——技能与经验的研究,用技能去参与科学进行决策。

在案例的探讨中,柯林斯与埃文斯把坎伯兰牧民与艾滋病患者进行对比分析,指出坎伯兰牧民没有参与农渔食品部(MAFF)对问题的调查,而旧金山艾滋病患者却参与了艾滋病试验,并起到积极作用,揭示出技能在科学问题解决中的重要性,"外行人"要介入科学、进入科学共同体内,必须要有技能。这为食品安全问题拓展了分析视域,提供了一种思考方式。

四、食品安全问题分析的理论与现实意义

在贝克的《风险社会》中,我们不难发现风险社会问题的成因主要有两个,一个是政治上的可塑性,即无论带有风险的行为是否合法,由于企业和政治之间的某种共谋,可以使不合法的言论变成合法的言论,并且具有政治上的可行性,使得问题的存在具有了政治上的保护伞。另一个则是科学内部的成因,科学的帮助使得原本超标的数据踢掉了不和谐的因子,纳入了可被接受的合理的承受范围之内,为风险理论的存在提供了科学上的伪证。

毋庸置疑,食品安全问题的成因也不会抛弃这两个主要方面。第一,企业与政治之间的共谋是现在食品安全事件频繁发生的原因之一,政治监管问题的方法论解析将涵盖在本书中。第二,科学内部的原因则是本书的重点。如何从科学内部反思问题的存在,如何思考公众参与以及随之而来的科学的民主化问题

成为本书的主要内容。

贝克、吉登斯、拉什等研究风险社会理论的社会学家为现代化问题的反思提供了宏观的理论。长期以来，人们的关注点都集中在风险社会的政治分析上，但是如何深入细致地解决这个问题、把政策落到实处，从微观上、实践上思考食品安全问题却成了社会学者和科学哲学学者需要考虑的问题。

对科学内部问题的反思不仅是科学家的活动，也是社会学家的活动。传统的科学至上的分析模式，即科学论第一波的分析模式，显然不利于问题的解决，反而对问题的产生起到助推作用。减少科学论第二波中科学与政治的联盟对问题解释的建构作用，提高技能和经验的第三波的分析作用，打破科学家与公众之间的界线，使经验型的专家参与到科学的决策中来，使公众对科学的理解逐渐深入，并在科学决策中起到积极作用，公众参与科学不仅是口号，更是切实的介入；不仅是形式上的组织的建立，更是作用的彰显；不仅是走过场的听证会，更是意见的斟酌与接受；不仅是停留在应该应然状态的讨论，而是要在参与的可能性与现实性上的行动。所以公众理解科学问题成了本书暗含的主线。风险社会理论的引入为食品安全问题的分析提供了一个宏大背景，食品安全问题成了案例研究的素材，科学论第三波的理论成为问题的主要研究方法，公众理解科学和公众参与科学的问题则成了突出的问题。

柯林斯的第三波理论，注重技能与经验的研究，打破了科学共同体与“外行人”之间的明显界限，提出公众作为经验型专家应该参与到科技决策中来，试图从微观的角度解决风险分析中的问题。并且柯林斯与埃文斯在 2007 年的《再思技能》一书中更加深入地发展了自己的技能理论，且用技能理论去解决不同群体之间的理解与融合问题，研究弱势群体是如何参与到主流群体的活动中去，不断进行案例研究，并且也开展了规模宏大的研究项目——模仿游戏。把第三波的理论作为风险社会这个宏大问题的一个主要思考方法，为风险分析提供一个方法论的视角，是一种理论上的尝试，这是本书的理论意义。

以食品安全问题作为案例分析素材，分别选取坎伯兰牧民及黄金大米事件、英国的疯牛病案例、转基因食品案例、中国的瘦肉精案例，从风险社会和科学论的理论出发探寻问题的解决途径，以期为中国的食品安全问题从科学的内部找到问题解决的突破口，突出问题解决中的科学的社会责任、公民参与的可行性，为食品安全问题的处理提供科学论角度的分析和对策，试图使消费者的担忧和疑虑提到问题的决策过程之中，而不是决策之后，并使食品安全问题的层出不穷性得到缓解或逐渐解决。从科学论的角度为中国的食品安全问题寻找解决的对策是本书写作的现实意义。

五、国内外研究现状综述

本书涉及四大部分的理论研究：风险社会理论、食品安全问题、科学论第三波的理论、公众理解科学研究。因此为了全面地了解相关理论的研究现状，从四部分分别介绍国内外研究状况，但是这四部分的理论在介绍中并不是截然孤立的，理论间的横向联系更是研究的重点。

1. 风险社会的问题研究

风险时刻存在于人们身边，并不是一个新的问题，但是对于风险的争论却是从20世纪50年代开始的。英国人类学家玛丽·道格拉斯是第一位研究风险问题的学者，然而对于风险问题的研究最有见地，也是最有成就、最为人们所关注的是德国社会学家乌尔里希·贝克。贝克所提出的风险并不是人们所能看得见、摸得着、正在发生的威胁，而是那些看不见、摸不着的“虚幻”的、潜在的散发出危害的威胁。这些风险一经暴露危害极大，所以要在潜在的状态中拉入人们的关怀之内。当然，对于风险的解释，贝克本人也认为花很大的篇幅去弄清这个概念是非常必要的。尽管风险问题一直存在，但是风险社会概念一经提出还是引起了国内外学者的广泛关注，原因在于风险社会是一个社会、经济、政治、文化多因素的综合体，是建立在现代化基础上的对现代性的反思。笔者也是在贝克的风险社会的意义上开始写作的。

风险社会的问题自1986年贝克提出以来，得到了很多社会学家的重视。不但贝克本人针对此问题出版了几本著作：《风险社会》《世界风险社会》《风险社会及其超越》(与亚当、房龙合编)；而且很多学者针对贝克提出的风险问题进行了深入的研究，包括吉登斯《失控的世界》《现代性：吉登斯访谈录》；还有一些学者则对风险问题提出了自己的看法或进行重新审视，卡斯蒂娜达等的文章被收录在《风险社会及其超越》一书中。幸运的是，这些著作都已经被译成中文，为国内学者研究风险社会问题提供了有利条件，如此多的翻译著作的出现也见证了国内对风险社会问题研究的重视与关注。薛晓源、周战超主编的《全球化与风险社会》，收录了西方学者论述“全球化”与“风险社会”关系的十余篇论文。“风险社会”正是当代世界各国所面临的社会现象，在经济全球化的时代具有普遍性，甚至成为跨国现象，此书所阐述的问题，对我们在当代如何避免、预防和消除自然和人为的社会风险具有借鉴意义；对研究社会安全、环境安全的学者颇具参考价值，同时为我们进一步理解风险社会理论提供帮助。潘斌著的《社会风险论》从马克思主义哲学的视野较全面地研究社会风险问题，认为生产方式及其变迁是风险产生的主要根源，从实践哲学的视野考察了风险的生成问题。

除著作外，国内对于风险问题的研究论文有很多，在CNKI搜索引擎中输入检索式"篇名：'风险社会'并且参考文献：'贝克'"2001年至2021年6月10日20时发表的文章有1513篇，近10年(2011年6月10日—2021年6月10日)就有998篇，近10年如单以"篇各：'风险社会'"为检索式可以搜索到2168篇文章。这足以说明风险社会理论对中国学者来说是一个研究议题，这些文章基本上可以归为以下几类：大部分是以风险社会为研究视角，突出风险社会中的政治问题；一部分是对风险社会理论的评析；其余部分联系当前社会中存在的问题，突出风险社会研究的重要性。风险社会中的政治、法律、制度问题是中国学者研究的大方向，而风险社会中的科学维度的研究却是很少的，在检索式中输入"篇名：'风险社会'并且篇名：'科学'"得到的结果只有50篇，除去科学制度的研究、科学发展观的研究等，科学角度探讨风险社会的文章就剩下了10余篇。在中国，从风险社会理论出发反思科学是需要研究的课题，这突出了本书从科学论角度研究风险社会下的食品安全问题的价值。

2. 食品安全问题的研究

食品安全问题本属于自然科学的问题，涉及到化学、营养学、医学、疾病与控制等多个领域的问题。但是食品安全对人类健康、社会稳定的关键作用使人们不得不把它拉入社会领域的关怀之下。食品安全问题不仅是一个地方性的问题，更是一个全球性的问题。疯牛病的阴霾笼罩着20世纪80、90年代的欧美国家，人们对食品安全的担忧和焦虑为政府和科学家关注食品安全敲响了警钟。美国纽约大学营养、食品研究和公共卫生系教授玛丽恩·内斯特尔，长期关注美国的食品加工与营养安全问题，其书《食品安全：令人震惊的食品行业真相》，以大量的第一手真实素材和实例，揭示了美国实际上漠视食品安全、谋求经济利益的触目惊心的实情，揭露了美国食品企业如何运用政治手段影响政府官员、科学家、食品和营养专业人士，以使他们做出符合公司利益的政策、决定以及政府机构如何支持商业利益凌驾于消费者利益之上的内幕，生物恐怖主义如何引发食品安全问题并扩展了食品安全的外延，也讲述了在政治控制下对风险问题的处理;从而得出结论:食品安全是政治问题。英国诺丁汉的路易斯·卡敏思(Louise Cummings)教授的书《再思疯牛病的危机:不确定下的科学推论研究》从认识论的角度把疯牛病事件分为三个时期,对科学中的不确定性问题进行研究,描述科学在疯牛病发展的早期、中期、晚期接受询问中面临的不确定性挑战,以及如何走向非挑战性的科学共识过程,以疯牛病为切入点对风险分析中的科学进行研究。澳大利亚的约翰·斯普瑞格(John Spriggs)与加拿大的格兰特·艾萨克(Grant Isaac)编著的《食品安全与国际竞争:以牛肉为案例》一书介绍了为了获取国际上的竞争力,美国、加拿大、英国和澳大利亚四国是如何发挥对牛肉安全的监管机制以及 HACCP 是如何起作用的,并从内部的驱动力、制度的安排、发展的解释等三个角度对四个国家的政策进行了对比,涉及风险的交流、管理、评估的问题,突出公众参与原则与技术变革的重要性。

刘静波主编的《食品安全与选购》一书从食品安全入手,介绍了国内外食品安全现状,对影响食品安全的外界因素及其防护措施进行了详细的介绍。此书将食品安全理论与食品选购实践很好地结合起来,具有很强的实用性。余伯良、叶光武编著的《食物污染与食品安全》描述了 20 世纪 90 年代以前世界食品安全的状况,阐述了食品污染的全球性、食品危害的严重性、如何保障食品安全、以及日常生活中人们怎样预防食品危害,怎么选择安全的食品等问题。同时也说明食品安全问题不专属于某一个时代。金征宇、彭池方著的《食品安全》从专业的角度介绍了食品的污染类别,并加以国内外的实例进行说明,指出了如何保证食品在加工过程的安全,为食品安全监管提出了建议,而且以近年来食品安全的重大事件为切入点介绍了国内外食品安全现状、国外对食品问题的监管,这对本书中食品安全部分的介绍具有可借鉴的意义。黄昆仑、许文涛主编的《转基因食品安全评价与检测技术》是国内系统、详尽、专业地介绍转基因食品问题的书籍,介绍了转基因食品的现状、发展趋势、食用安全、环境安全、评价内容、检测技术、国内外管理及伦理差异,并结合转基因玉米案例进行分析。书中系统的专业知识为笔者选取转基因食品案例提供了阅读材料,也为消费者对转基因食品的担忧问题提供了专业的解说和理解上的指导。任盈盈著的《食品安全调查》列举了我国近年来一桩桩、一件件、令人触目惊心的食品中毒事件,这些真实发生在身边的故事反映了我国食品安全的现状,也提醒我们对食品安全问题应该给予更多的关注,说明了食品安全问题是一个亟待解决的问题。詹承豫著的《食品安全监管中的博弈与协调》对中国的食品安全监管机制进行了分析,指出食品安全问题监管中的多部门的共同作用并不能加强问题解决的力度，反而出现了互相推诿的现象，使问题很难得到解决，并且国家政策与地方机制之间的博弈也阻碍了问题解决的步伐。他从政府监管政策入手进行分析，此视角并非本书的重点。

当本书写作进行到一半时，吴林海、钱和著的《中国食品安全发展报告 2012》出版了。这本书由江苏省食品安全研究基地与一些大学的研究者合作对 2012 年中国食品安全问题进行了定量分析，基于 2005 年之后的中国食品科学与食品工业的发展、食品中毒死亡人数的分析，为 2012 年中国居民对食品安全风险的评价与关注问题做准备。对目前中国在食品安全方面的监管与约束体系、立法体系、科技支撑体系、评估预警体系进行了介绍，特别关注了 2011 年发生在中国的食品安全事件，并对中国食品安全的研究热点进行了剖析。此书整合了食品安全的相关数据，并针对所关注的问题进行了大量的实证调查与数据的汇总分析，其中一些实证数据对于笔者的写作起到了补充与丰富的作用。

国内这些书籍的出版发行说明了我国的食品安全问题是一个由来已久、形式多样、广泛重视、多角度研究却依然不能解决的问题。与此同时，国内现有的相关书籍或从食品专业或从科普的角度来介绍食品安全问题，因此如何从科学论的视野去审视这些问题是值得思考的问题。

3. 科学论第三波的研究与食品安全

柯林斯与埃文斯等 Cardiff 大学 KES 研究中心的研究人员从 2002 年起不断地发展自己的第三波理论，使其应用于引力波项目，并于 2007 年出版了《再思技能》进一步提出了技能周期表。更以第三波作为理论的出发点，与平奇合作写了勾勒姆三部曲《人人应知的科学》《人人应知的技术》《勾勒姆医生》，以及开展技能与经验的案例研究。目前，柯林斯领导的团队以科学论的第三波作为理论基础在欧洲国家开始了模仿游戏研究项目。

不但 KES 中心的人一直关注第三波理论的发展，在 2002 年柯林斯和埃文斯刚提出第三波理论时，贾萨诺夫、温等人就写了文章《Breaking the Waves in Science Studies：Comment on H. M. Collins and Robert Evans，“The Third Wave of Science Studies”》和《Seasick on the Third Wave? Subverting the Hegemony of Propositionalism：Response to Collins & Evans (2002)》对第三波理论进行探讨。之后柯林斯和埃文斯又再次发文对问题进行争论。这几篇文章针对柯林斯等的第三波理论、公众领域的技能、公众理解科学问题进行了深入的研究。贾萨诺夫与温一直关注科学论第三波的发展，或赞同或批评，这不仅为我们更加深入、全面地理解第三波理论提供了素材，而且可以比较哪一种理论视角更利于风险社会问题的解决。值得提出的是，他们都对公众参与科学问题给予极大的关注。贾萨诺夫自 20 世纪 90 年代开始就一直关注公众理解科学问题，尤其关注环境问题中的公众参与科学的问题，而且其在 1997 年发表的文章《Civilization and madness：The great BSE scare of 1996》，不但突出了公众理解科学的问题，更是把欧洲国家所关心的疯牛病问题纳入文中，认为考虑到普遍的不确定性，公民与专家之间的距离被极大地缩短了，外行公众与专家一样能够针对怎样避免疯牛病的风险作出合理决策，为本书的疯牛病案例分析提供了实例参考。温与艾伦·欧文合著的书《*Misunderstanding science? The public reconstruction of science and technology*》收录了几篇公众对科学技术理解的案例分析论文。他们立足科学论的第二波，从社会建构的视角出发，认为科学是被社会建构的，因为科学与社会的结合，公众自然与科学交织在一起，因此公众理解科学的问题也变成了顺理成章的事情。特别是温的坎伯兰牧民案例对公众理解科学问题进行了研究，从科学知识社会学的角度，说明科学不可避免地受社会框架的约束，科学家虽然不主动要求公众的信任，但是事实与价值之间的界线并不是截然分明的。科学的主要实验将与公众组织的主要意识相匹配，公众被作为同立场的大众，需要接受更多的科学视角。认识到公众作为一个科学的关注对象而存在，是客体而非主体。科学知识社会学视角对公众理解科学问题的理解，是时代发展的产物，立足于 20 世纪 80、90 年代社会建构盛行的大背景，也为我们今天对于公众理解科学问题的研究提供了一个可比较的视角、一种方法论参考，即哪一种科学论的视角更利于事实问题的解决，为本书公众理解科学部分的写作提供了可以借鉴的理论参考。

需要指出的是，贾萨诺夫、温等人对科学论的第一波把公众不能参与科学的原因归结于“公众的无知”进行了批判，他们对“公众的无知”“公众不能得到材料”进行了深入的反思，认为这是科学制度的产物，并从知识社会学的角度进行了深入分析。即从科学论第二波的角度对科学论第一波进行了反思，但是他们的分析并没有比贝克的理论走得更远。与贝克一样，他们都认识到了政治上和科学内部存在的问题，却没有深入下去，提出具体措施切实地解决公众参与的问题。这个问题就留给了柯林斯与埃文斯，他们从公众的技能出发去思考解决的途径。在《科学论的第三波——经验与技能的研究》中，他们提倡把公众的地方性知识作为一种经验型的技能加入到与 MAFF 的科学家的谈话中来，不断发展自己的相互性技能、加强对科学语言的理解，最后共同做出科学决策。这种实践维度的技能积累，打破了第一波实证主义视角和第二波话语分析视角的局限，为公众参与科学问题的实际解决提供了方法论上的新视角。

对于柯林斯的理论，国内的学者并不陌生，很多学者都翻译了他的著作，如《改变秩序》、勾勒姆三部曲等，与柯林斯有密切学术联系的成素梅教授等人一直在研究柯林斯的理论，其文章《技能性知识与体知合一的认识论》对近年来技能问题的研究进行了概括，认为技能哲学(其译为“专长哲学”)已经成为了一种新趋势。但国内对于第三波理论研究的人和文章却是很少见的，本书对第三波理论及模仿游戏的研究和介绍也希望为中国学者引介一些新思想和可以研究的视角。柯林斯等第三波理论的创造者并未展开对食品安全问题的研究，所以从第三波理论出发，立足中国的食品案例进行分析是一种尝试。

4. 公众理解科学的研究

公众理解科学(PUS)的问题经历了一个历史发展过程，从不同的视角出发，就有不同的历史。目前，学术界把公众理解科学问题作为科学技术论(STS)的一个子系统，形成了公众理解科学研究。公众理解科学并非只有“理解”那么简单，随着民主进程的推进，公众的理解也经历了理解、交流、参与的过程。公众对科学的理解和交流停留在科学普及和科学传播的层面上，但是参与的过程并不是那么容易的。首先，科学家本身并不欢迎外行的介入。其次，政府出于利益的考虑也会对事情有所隐瞒。正因如此，公众理解科学的问题才成为社会学者们热衷研究的议题，这样的研究也才更有意义。一般认为，“公众理解科学”的术语和概念是英国皇家学会会员鲍默(Walter F. Bodmer)爵士于 1985 年发表的《Public Understanding of Science》报告中正式提出的。

英国达拉谟大学科学哲学与科学史方面名誉退休教授大卫·卡奈特(David Knight)所著的《公众理解科学：交流科学观点的历史》从科普的角度对公众理解科学的历史进行了梳理，介绍了人们是怎样从上帝的世界经历科学的绯闻然后走向对自然科学的理解的。这种对公众理解科学的解释侧重于科学的发展过程，而没有对公众理解科学的理论进行阐述。陈俊发等人所写的文章《英国〈公众理解科学〉文献计量研究》对国际上专门研究公众理解科学议题的杂志《公众理解科学》从 1992 年到 2005 年所收录的文章进行了计量学的研究。对国外公众理解科学领域的研究重点、学术现状以及该领域研究的国家分布和世界研究中心所在地等方面进行了分析，为笔者了解公众理解科学研究的国外发展状况提供了帮助。

从20世纪50年代开始，人们关注的公众理解科学问题经历了从定量研究到定性研究的发展过程。定量研究，即通过测量公众的科学素养、所关心的科学领域问题回答的正确性来衡量PUS的水平，当公众忽略或是抵制某个与科学有关的项目或是问题时，就认为公众误解了科学。定性研究，即认为公众对科学问题的抵制并不是公众的无知，这是一种被建构出来的无知，是科学和政治的无知。温[①]在《科学技术论手册》中把成书之前的公众理解科学的进路归结为三类："对所选的'公众'样本展开大规模的定量调查，从而不仅得出公众对科学的态度，而且可以测量公众的科学素养或是公众理解科学的水平；认知心理学，或是以外行的行为过程作为科学研究的对象，进行'心理模式'上的重构；通过定性研究来观察科技专家在公众中的情景化，从而考察处于不同社会情境中的人们是如何经验并建构意义的。"温本人也承认自己的公众理解科学是建立在科学论的第二波——社会建构的基础之上的。他从社会情境、对相应机构或社会行动者的信任、科学知识的恰当性、社会行动者如何理解科学的预设方面对公众理解科学的建构模式进行了梳理，并对公众的无知提出了自己的思想："无知不是认知的真空或是缺乏知识所造成的空白，相反，它是一个积极的概念，不乏在科学的社会维度上的认知内容。它是建立在潜在的社会关系和特定的认同模式上的建构物。"他把人类学方法和科学社会学结合起来，认为"科学在反思上的缺失就表现在，它拒绝开启'已经关闭'的知识，拒绝重新就标准化、决议、确定性、推论规则或其他承诺这样的一些根深蒂固的东西展开磋商。"在公众理解科学的问题中存在"能使科学及其相关制度合法化的隐含的文化政治学"，他也在试图探讨这种文化政治学。贾萨诺夫的《自然的设计：欧美的科学与民主》一书在社会建构的视角上比温走得更远，进一步认识到了公众理解科学的弊端，指出公众理解科学的重点在处于政治制度之中的科学与技术，提出了"公民认识论"的概念，侧重公众的集体认知。之后，罗伯特·普罗克特与兰达·席宾格编辑的《*Agnotology*：*The Making and Unmaking of Ignorance*》一书通过对烟草公司的案例研究，指出公众在信息不对等基础上的认知与理解的问题。

"公众理解科学"的概念进入中国大约在20世纪80年代末90年代初，随着中国科普研究工作的进行，学者们翻译介绍了国外关于公众理解科学研究的成

① 布赖恩·温内. 公众理解科学. 科学技术论手册.［美］希拉·贾萨诺夫等编. 盛晓明等译. 北京：北京理工大学出版社，2004：276—297

果。目前国内对于公众理解科学的研究也是很多的。在CNKI中仅输入检索式“篇名：‘公众理解科学’”出现117篇文章(截至2021年6月10日21时)。这些文章大体上可以归结为几类：其一，对公众理解科学概念及历史的梳理；其二，对杜兰特、温、米勒等公众理解科学模式的研究；其三，案例研究，突出问题处理过程中公众对科学的理解。但是第三类文章并不多，本书侧重于案例分析中的公众的实际参与。

刘兵的文章《科学与民主：从公众理解科学的视角看》从科学与民主的密切联系出发，用简短的篇幅介绍了公众理解科学的模式，认为公众理解科学经历了《公众理解科学》杂志的创始人之一杜兰特所主张的传统的缺失模型，即随着科学技术的发展人们应该提升自己的科学认知水平，到现代的民主模型、参与模型的发展过程，使我们对于公众理解科学的模型有了基本的认识。蒋劲松的《风险社会中的科学与民主》一文是从贝克的风险社会的成因入手的。政治与科学是风险社会形成的两个原因，他在文中认为科学是民主政治的对象，科学的研究领域成为民主原则得以发挥作用的范围，以此从理论上为公众理解科学提出政治原则的指导。

此外，在柯林斯与埃文斯的《Sport-decision aids and the “CSI-effect”：why cricket uses Hawk-Eye well and tennis uses it badly》与《You cannot be serious! Public understanding of technology with special reference to “Hawk-Eye”》两篇文章中，作者先是对第一波中所存在的缺失模式进行批判，认为公众因为科学知识的缺乏和难以适应内行知识难度的观点都是不可信的。然后以鹰眼技术为例，分析了在体育运动项目中所使用的鹰眼技术有利于观众对误差的理解和信任的强化，通过对电视所报道的统计数据的理解，观众参与到了只有裁判才能做决定的统计中来，他们作为参与者或准参与者观看比赛而不是旁观者。体育运动中鹰眼系统的应用有利于公众对科学技术的理解。Inna Kotchetkova与埃文斯的文章《Promoting Deliberation Through Research：Qualitative Methods and Public Engagement with Science and Technology》通过深入的访谈、中心群体会议和圆桌会议三个阶段对医学上的糖尿病治疗方案进行了探讨，依靠患者、护理人员和外行公众对1型糖尿病的不同治疗方案的评价激励公众介入科学。此外，勾勒姆三部曲也展现了公众理解科学的过程。但是，他们对食品安全的问题没有真正涉及，笔者用第三波理论对食品安全问题中的公众理解科学进行研究是一种尝试。

目前，有一些学者从科学论的角度去研究风险问题，如贾萨诺夫、温、耶尔莱[①]、内斯特尔、罗伯、哈哲尔、利维陶、范恩德、克莱恩施密特、斯坦格、泰勒、沃特顿、潘弗思和奈里斯[②]等，在他们的文章中涉及了公众理解科学的问题。但是从科学论的第三波柯林斯的SEE理论视角出发，把科学论与风险社会中的食品安全问题结合起来，突出公众介入科学的弊端，从科学的内部探讨风险社会问题的解决，不停留在制度的分析上，还没有人从此视角出发探究问题的具体解决方法。笔者试着把科学论的第三波作为食品安全问题的分析方法，分层次对公众理解与参与科学的可能性进行分析，思考中国食品安全问题的解决对策，这是本书最大的创新点。（见图1）

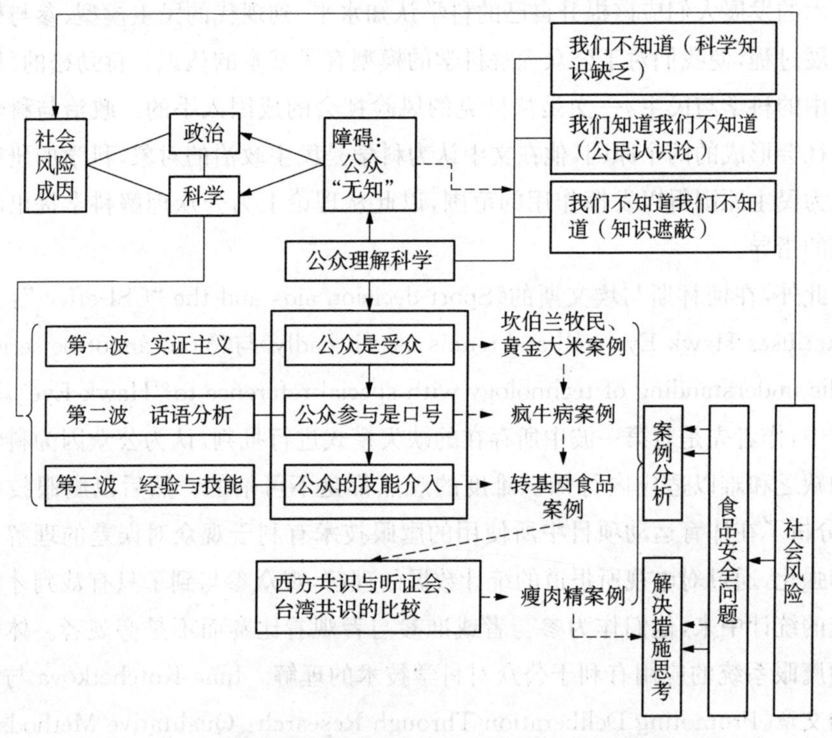

注：——代表目前研究现状梳理；-----代表文本的创新之处

图1

① Stevan Yearley. Mapping and Interpreting Societal Responses to Genetically Modified Crops and Food. *Social Studies of Science*, 2001, 31: 151-160

② Bart Penfers and Annemiek P. Nelis. Credibility engineering in the food industry: linking science, regulation, and marketing in a corporate context. *Science in Context*, 2011, 24(4): 487-515

本书第二个创新点是对公众未能参与的认识根源的分析。结合贾萨诺夫、温、柯林斯、席宾格、普罗克特的研究，梳理出公众“无知”的发展路径，从“科学知识缺乏”到“公民认识论”到“知识遮蔽”的过程，即经历了“我们不知道”到“我们知道我们不知道”到“我们不知道我们不知道”的过程。

本书第三个创新点是把西方共识会议与台湾省的共识会议、中国大陆的听证会进行对比分析，得出六个适用措施和五条经验，为在中国语境中推进民主进程提供了现实的借鉴。

这里需要界定本书中所指的“公众”概念。“公众理解科学”中的公众(Public)，泛指大众，这是没有问题的，对科学的理解可以是每一个普通公众对自身素养的提升，但是在具体的食品案例中，“公众参与”中的“公众”就不是泛指一般大众，而是具有相关技能、具备辨别能力和交流能力却没有被包括在问题处理中且没有发言权的人。

六、食品安全案例选取标准与排列顺序

本书侧重案例分析，因此案例的分析篇幅占据很大比重，除去第一章的背景介绍，第二章的本书所应用理论的铺垫，最后一章的总结与反思，中间的篇幅都在进行案例分析。

在案例的选择上，立足于解决中国的食品安全问题。从第三章开始就进入了食品安全的案例分析。第三章到第六章选取了四组案例，依次是坎伯兰牧民—基因采集—黄金大米案例、疯牛病案例、转基因食品案例和瘦肉精案例。以尝试解决中国的食品安全问题为宗旨，所以在案例选取时以公众参与的程度为标准，选择了食品安全事件中较著名的、差异鲜明的案例为分析的题材。从第三章到第五章设置了三组案例，分别标示公众的未参与、作为口号的形式参与、公众的切实参与，是以突出公众参与科学的重要性、必然性为目的。案例经历了未参与——意识到参与的重要性——切实参与的过程。通过比较分析，得出公众参与的有益性，为中国瘦肉精事件(第六章)的分析提供参考。

坎伯兰牧民(第三章)因为缺少话语权与交流的技能，虽然在辐射污染源的认定上、羊群的处理中、当地生态的保护上具有经验型技能，却没能参与。基因勘测案例中，研究者追逐经济利益，置受试者的健康与伦理审查制度于不顾，“知情同意原则”在执行中陷入了困境，认识论上的“知识遮蔽”、修辞学上的身份认

同成为关键，因为没法获得全面的信息以及伦理审查制度的缺陷，受试者难逃被当成实验小白鼠的厄运。牧民与受试者都没能主动地参与到实践中来，成为被约束者，是科学知识的传播对象。疯牛病案例（第四章）中，MAFF对自己农业利益的保护舍弃了公众的健康、路易斯对疯牛病危机科学共识达成过程的解构，贾萨诺夫对公众话语权的辩护，突出了公众参与的维度。疯牛病危机导致了公众对政府的信任危机，迫使公众参与科学问题被当做口号提出来，一时间各部门纷纷成立疯牛病的咨询委员会，代表公众利益的FSA成立并召开会议，虽然公众具有民主权利，但是并未对政府决策产生实际影响。外在的社会因素对科学本身进行瓦解并不能解决现实中的操作问题。转基因食品（第五章）中的风险交流与共识会议给公众理解与介入科学提供了很好的平台，通过受教育程度、职业等筛选出的公众组成公民小组对转基因的忧虑进行询问，在与科学家的交流中能够发现科学家之间的矛盾立场及不一致的科学议题，识别偏见，并通过自己的生活经验、贡献性技能与相互性技能扩大讨论的视角，如建议转基因技术的伦理讨论，在转基因技术领域做更多的准备工作，提醒科学家的社会责任，对所有的转基因食品贴标签。公众凭借着“贡献性技能”与“相互性技能”参与到共同体内部，丰富了问题处理的形式，拓展了问题处理的范围。公众参与至此已经具备了实践上的可操作性，做到了切实参与。前三章的案例分析，为瘦肉精案例（第六章）的分析打开了视野。首先运用第三波的理论，对瘦肉精猪肉辨别中所需技能进行分析，对践行技能的可能性进行探讨，并针对不同群体提出不同技能培训方式。此外，针对中国食品安全问题探讨一些解决的对策，包括科学家、社会学家、公众、政策层面上的一些探究。科学家作为具有贡献性技能的专家，对于风险问题的解决提出更多的切实可行的措施是其义务，社会学家作为科学家与公众之间联系的纽带，其相互性技能的积累有利于帮助公众理解科学语言。而公众是一个广泛利益涉及体，不能只做科学的受众，要不断地积累相应的技能成为一个主体，而不是旁观者。政策上对风险交流和防范共识舞台的提供是实现公众参与的保证。

第一章

风险社会中食品安全问题的现状

食品安全问题是一个宏大的问题，食品从田间到餐桌的每一个过程都可能发生安全问题，笼统地说研究食品安全问题这是写文章的大忌，笔者在与具有理工科背景的学者进行探讨时，也被问及研究的具体领域。很显然在生产、加工、流通、检测、消费的每一个过程都存在着风险，那么笔者以自己的教育背景为基础，试图从一个微观的视角——“公众参与”出发对问题进行整体分析，集中在社会科学中 STS 领域内进行讨论。

本章对食品安全中所涉及的风险社会理论进行梳理，但是因为贝克的风险社会理论最有见地，所以本书以贝克的风险社会理论为背景，研究风险社会的两个成因，突出科学内部的原因。科学本身的不确定性加之科学不断创新的欲求，主动的或是被动的与政治、商业之间达成了某种共谋，成为风险形成的帮凶。贝克指出不要在舆论形成之后，在外界的压力下再来寻找解决的办法，要在科学结论未达成之前，在实验室中反思。就像柯林斯所说，不要只做创造历史潮流的“上层工作”，也要对历史潮流进行反思，做一些“下层工作”。

同时本章简要介绍食品安全问题，突出食品安全问题的全球性维度以及有待改善的紧迫性。随着社会和技术的发展，人们对食品安全的认识也发生了根本的变化。古代人们所说的食品安全问题主要是腐烂变坏的食物或误食了自然生长的有毒的食物而引起的问题，而现今人们对于食品安全的认识更加深入，食品生产中原料的污染、加工中添加剂的使用、储藏中防腐剂的浸泡、包装中不卫生材料的使用、运输中细菌的感染和运输条件不达标、不当的烹煮都会引起安全问题。而且食品问题的种类更是纷繁复杂，食品中的制伪、掺假、掺毒、虚假宣传，所引发的食品安全问题常使消费者处于震惊的状态。就连一直以来对食品持高标准、严要求的欧盟也不断出现问题，从疯牛病到鸡蛋中的沙门氏菌再到蔬菜中的大肠杆菌、"马肉"风波,食品安全事件备受关注。而中国食品安全问题的反复性、种类的多样性始终困扰着人们。政治上的监管不严,生产者、商家追求利益的最大化,科学家没有尽到自己的社会责任这些都是食品安全问题存在的原因,因此,公众的安全就成了工业社会的牺牲品。从对策上说,起源于美国的 HACCP 监管系统,对食品从原料到生产再到销售的每一个环节都进行了监控,并在世界范围内被不同程度地引入和应用。此外,本章在写作中对食品安全问题所涉及的各种因素进行分析,为食品安全解决对策的提出做准备。

第一节 风险问题的来源

一、风险社会状况概述

我们现在正处于"风险社会"之中,工业社会的活动正通过环境问题反射给人类,岛屿的不断消失、气候异常的频繁出现、被污染的空气不断威胁着人们的日常生活。环境问题已经成为学者们所关心的议题,但是环境问题的存在具有辐射范围的差异,存在高度污染区与轻度污染区之分,人们可以有选择地从高度污染地搬离,但是贝克不曾提到的食品安全问题却是一个人们挥之不去、避免不了的威胁,它相比于环境的威胁来说,是从机体内部对人类的瓦解与摧残,是继环境问题之后,逐渐成为现代人所关心的主要议题之一,并且已成为很多国家亟待解决的问题。现代工业活动所附加的危险正向人类逼近,人们在承受危险的同时也不断反思危险的存在及原因。

什么是风险,贝克对此给出了定义,即"风险是人造的混合物。它们包括和结合了政治学、伦理学、数学、大众媒体、技术、文化定义和认识;并且——最重要的是——如果你想理解世界风险社会的文化和政治动力,你不能把这些方面与现实分离开来。因此'风险'不仅仅是一个被完全不同学科用于重要问题的概念,它是'混合社会'观察、描述、评价、批评其自己的混合性的方式"①。贝克最精辟的论点在于对风险的认识,对人的因素、社会因素的挖掘。风险的产生不再是

① 乌尔里希·贝克. 世界风险社会. 吴英姿,孙淑敏译. 南京大学出版社. 2004:188

只来自不可抗力，什么是风险，怎样定义风险的程度，这不是单纯的知识领域的问题，其中涉及跨领域的交流、分析与合作。正是这种文化上的认识，使得贝克得出了"'风险'和'对风险的(公共)定义'是同一的"[①]结论。

贝克对工业社会的反思，认为现代的风险正是人们所架构起来的规范与体系。风险并不是人们所不能把握的东西，它恰恰是被人们所掌握的东西。"与风险社会和人为的不确定性相联系的风险概念，指的是一种独特的'知识与不知的合成'。为了更加清楚，可以表述为两个含义：一方面是在经验知识基础上对风险进行评估；另一方面则是在风险不确定的情况下决策或行动。这两方面在此融合在一起。第二，风险来自于或存在于'不知'(无知)。"[②]正因如此，政治因素在风险社会中是关键的，政治控制的目的是有序化的存在或有序状态的持续，但是在日常生活中，我们常看到的是处置风险时的"无政府状态"，外部因素的质疑，如反对科学副作用的声音、企业的肆意妄为都把政治推到了台前，接受公众的审视，面对公众的吁求，作为管理者的政治，既没有对风险的规划也没有对处置方案的建构，却要证明风险存在的合理性。

因此，风险社会的存在使人们不禁去反思，一些问题也随之浮现在人们的眼前，谁决策？谁负责？谁定标准？谁无知？这些问题也是贝克反思性现代化所标的的重要问题。在风险社会的架构中，有四种关系即贝克称之"定义关系"起到支撑的作用，即：

> (1)谁将定义和决定产品的无危害性、危险、风险？责任由谁决定——由制造了风险的人，由从中受益的人，由它们潜在地影响的人还是由公共机构决定？(2)包括关于原因、范围、行动者等等的哪种知识和无知？证明和"证据"必须呈送于谁？(3)在一个关于环境风险的知识必定遭到抗辩和充满盖然主义的世界里，什么才是充分的证据？(4)谁将决定对受害者的赔偿？对未来损害的限制进行控制和管制的适当方式是什么？[③]

正是对此的反思，使得贝克清醒地认识到风险的本质。风险并不是一种具

---

① 乌尔里希·贝克. 世界风险社会. 吴英姿，孙淑敏译. 南京：南京大学出版社. 2004：175

② 乌尔里希·贝克. 风险社会再思考. 郗卫东编译. 薛晓源，周战超编. 全球化与风险社会. 北京：社会科学文献出版社，2005：139

③ 乌尔里希·贝克. 世界风险社会. 吴英姿，孙淑敏译. 南京：南京大学出版社. 2004：192

体的物，如山洪、海啸、地震、干旱等，它是一种感官感觉不到的，“是一些社会构想，主要是通过知识、公众、正反两方面专家的参与、对因果关系的推测、费用的分摊以及责任体系而确立起来的。它们是认识上的构想，因此总带有某种不确定性。这些认识上的构想是以某些力量为依据的，而这些力量又是用科学体系和法制来予以确定的。按照我的理解，这就是定义关系。”[①]风险带有不确定性，这种不确定性不仅是知识本身的不确定性，更多的是人为的不确定性。人为的设想与构想，对于风险的这种认识建立在以科学与法制为标准或手段的政治权力的基础上。

对于风险问题的认识，其他社会学者对贝克理论存在争议与补充。通过对这些理论的展现，能够使我们更加客观、公正地看待风险社会的理论基础。

吉登斯区分了“两种风险”[②]，一种是由“传统或自然的不变性和固定性所带来的风险”，这也被吉登斯称为是“外部风险(external risk)”。另一种风险是“被制造出来的风险(manufactured risk)”，是“由我们不断发展的知识对这个世界的影响所产生的风险”。“被制造出来的风险”是与人的知识相连的风险，对于这一点贝克与吉登斯的观点是一致的。所不同的是，吉登斯认为这种人为的危险“是指我们在没有多少历史经验的情况下所产生的风险”，恰恰是一种缺乏知识的表现，而贝克认为风险并不仅是“无知”的结果，更多的是“有知”的结果，是人们运用已有的知识对风险的建构。即贝克的“无知”恰恰是“有知”基础上的社会建构。

苏珊娜·博拉对贝克的风险社会概念持不同的见解。她并不认为贝克的观点具有普遍性，而是带有他所生存的时代特征，不能与德国的政治背景脱离开来。她认为不同的社会有自己的风险。“毫无疑问，他的思想受到20世纪80年代后期德国‘绿色政治’的出现和绿党发展的直接影响。这意味着‘风险社会’这一概念不是普遍的，同样，并非所有的当代社会都能划入‘晚期现代性’的范畴。而且，即使人们同意整个欧洲归入这种分类，声明风险的社会建构性依然是很重要的。不存在先验定义的风险：风险是一个人类集体断定的不安全的那种东西，并培养出对这种对象(处境、技术)产生的不确定性的较低的容忍度。这意味着

① 乌尔里希·贝克，威廉姆斯. 关于风险的对话. 路国林编译. 薛晓源，周战超编. 全球化与风险社会. 北京：社会科学文献出版社，2005：25

② 安东尼·吉登斯. 失控的世界：风险社会的肇始. 周红云编译. 薛晓源，周战超编. 全球化与风险社会. 北京：社会科学文献出版社，2005：50

每个社会定义其自己特有的风险规避态度。”[①]从博拉的批判我们可以看到，她对贝克的风险概念持否定态度。她谨慎地对待风险定义的社会建构特性，认为风险是人类集体定义的而非先验的东西，并不同意风险是一种认识论上的社会构想，风险的存在在每个社会都有它的标准与规避方式。而贝克在9.11事件后所写的文章，可以看作是对这个问题的回应。“全球风险社会各种灾难在政治层面上的爆发将取决于这样的一个事实，即全球风险社会的核心涵义取决于大众媒体，取决于政治决策，取决于官僚机构——而未必取决于事故和灾难所发生的地点。政治层面上的爆发不允许将其自身进行描述，或者说不允许用风险的语言对事故和灾难进行描述和预算，对于事故和灾难所出现的大量的死者和伤者，也无法用科学公式进行估算。这就导致了风险在政治层面上的爆发常常与责任联系在一起，是与理性的要求联系在一起的，是与通过现实检验而获得的合法性联系在一起的。因为当前之危险状态的另一面就是制度上的失误，这种失误通过权威机构宣称某种危险可以被控制而得以合法化。”[②]换句话说，贝克认为自己的理论虽然具有德国特色，但并不是现代社会中德国所单独具有的，世界范围内风险事件的发生，都说明风险的存在是具有全球性的，而非单一的片面性，风险理论的德国特征应该说是风险的一个案例体现。

美国学者弗兰克·费希尔(Frank Fischer)把贝克风险社会理论存在的局限性归纳为三点。“首先，他认为贝克的风险社会理论中关于风险的论述有近乎于夸张的倾向。其次，他认为贝克的风险社会理论从来没有真正质问专家和知识的意义，尤其是没有质问他们的不确定性社会文化基础。最后，费希尔还认为贝克的风险社会理论存在着风险民主问题。”[③]在风险问题的分析上，正如费希尔所说，贝克理论确实存在着缺陷，他虽然指出了风险问题的成因，但是却没有提出如何去解决的措施，对于风险中如何实现民主也没有提出可行性的方案，那么笔者就顺着这条路线走下去，对风险的民主问题进行探讨。

① 苏珊娜·博拉.欧盟的风险社会价值观和制度变化：转基因生物的案例.武锡申编译.薛晓源，周战超编.全球化与风险社会.北京：社会科学文献出版社，2005：343

② 乌尔利希·贝克.“9·11”事件后的全球风险社会.王武龙编译.薛晓源，周战超编.全球化与风险社会.北京：社会科学文献出版社，2005：382

③ 周战超.当代西方风险色会理论研究引论.薛晓源，周战超编.全球化与风险社会.北京：社会科学文献出版社，2005：28--29

二、风险解释的政治可塑性

1. 风险的评估

在工业社会中,“危险的和敌意的东西隐藏在无害的面具后面。观察所有的东西都要采用一种双重的视角,而且它们也只能通过这种双重的视角来理解和评判。可见的世界必须依照一种只存在于思想中而尚隐匿于世界中的次级的现实来加以研究、相对化和评价。评价的标准只存在于次级的而不是可见的世界里”。[①] 在这种面具下面,风险变得很隐秘,发现风险的存在已经实属不易,风险的评估更难以确定。

现代工业社会的可评估性表现在三个方面:“有关他们的知识(原则上)是可获得的;也不可能提出不可控制的传统借口,并且在这个意义上你会因为对可能的影响的知识而处于一种行动的压力下。”[②]也就是说,原则上我们具备评估风险的知识,但是传统的方式不能解决问题,领域内的知识会使人陷入政治决策的急需、科学证据的提供、企业利益的维护的无形压力之下,如何达到利益均衡,也是现代化风险评估中面临的问题。

风险或者说潜在的副作用与认知实践有关,这种实践的专业化程度越高,那么以科学技术为手段所产生的潜在的危险范围就越大,不可计算性也就随之增加。风险的评估中存在着科学的标准选择、道德规范的价值评价、潜在的副作用的政治认可等问题。风险社会是一种政治社会、自我批判的社会,是风险评估的专业认知与政治维度的彰显过程。

2. 风险的合法性

在风险被“承认”和“发现”的地方,不仅包含发现风险的知识,同时包含与政治有关的因果关联。因此,风险的合法性与政治因素息息相关,政治在风险的合法性建构中的作用表现在两个方面:一方面是风险解释中政治的积极维护,另一方面则是政治功能的丧失。

首先,在风险解释中政治作用的发挥。在现代社会中,社会、经济、文化和家庭都不能与自然相分离,在现代化的工业社会中,我们创造了一个与我们生活相

① 乌尔利希·贝克. 风险社会. 何博闻译. 南京:译林出版社,2004:87
② 乌尔利希·贝克. 风险社会. 何博闻译. 南京:译林出版社,2004:212

关的“自然”，自然不再是纯客观的自然，而是一种文化渗透的次级的自然，那么无论科学家再怎样实验、观察和测量都会增进社会性的因素，如经济利益、责任、权利等，自然变成了社会性、政治性的。因此自然科学家工作在政治、经济与文化的领域中，通过测量程序、规定阈值和推测假设来开展工作，这其实是表面客观性掩饰下的政治、商业、伦理、司法的博弈实践。就像施密特所说“什么是政治，本身就是一个政治问题。某事是科学的与事实的并不意味着不是政治的”。[①]

在风险的解释中，同样重要的是，政治作用的失效。政治因素没有发挥作用，也使得风险得以存在。“科学和商业中的决策充满了一种有效的政治内容，而行动者却不乏为这样的内容进行合法化。因为缺乏现身的场所，改变社会的决策变得语焉不详。”[②]改变社会的决策与“不可见的副作用”的投资联系在一起。随着“副作用”的不断增长，政治并没有提出预防性的风险管理政策，因此导致哪一种政治制度或政策能够成为解决措施还是未知与不确定的。

风险主体的确定是很难的，在民主与集权的博弈中，似乎每一个人都应为风险存在负责，但是现实却是没有人对问题负责。危险的全球化以及受害者的整体化更加使责任者难以确定，寻找替罪羊成了问题解决的常用伎俩与手段。因此，在风险的合法性解释中，我们不仅关心政治因素所起到的作用，即控制市场、分配、保障、解释等作用，还要揭示在风险形成中商业或工业行为，如生产过程、废物处理中的政治性，关注这些问题才能使我们更清楚地认识风险问题。

三、风险解释的科学原因探究

1. 科学是风险形成的帮凶吗？

（1）客观上：“上层工作”与风险共鸣

在科学论第三波的研究中，柯林斯及其弟子提到了两个概念，或者称为两种工作，即，“上层工作”与“下层工作”。所谓的上层工作是创造历史潮流的工作，是使用各种科学的手段创造先进的理论、技术、思想潮流，不断引领时代的步伐，不断标新立异。在实证主义盛行的年代或者说是牛顿力学统治时期，科学家们所做的工作就是“上层工作”，实验、仪器、装置就成了他们引领潮流、说服世人的

---

① Stephen Turner. Political Epistemology, Experts and the Aggregation of Knowledge. *Spontaneous Generations*, 2007(1): 36 - 37

② 乌尔利希·贝克. 风险社会. 何博闻译. 南京：译林出版社，2004：230

利器；相反，对于一些边缘的工作、反思性的工作，则不是他们所思考的问题，这些任务就留给了处于边缘地位的人，即社会学家，去反思科学技术所带来的影响，反思时代的不足，这种工作则被称为“下层工作”。也正是从事“上层工作”的科学家们对创新的诉求，使得科学技术的负面效应可避免或不可避免地出现着。

正如，莫里斯·科恩所说：“风险社会的概念是相当有潜力的，因为它阐明了三个尖锐的问题，即经济增长的可持续性、有害技术的无处不在以及还原主义科学研究的缺陷。”[①]不具有反思性的上层工作正是还原主义科学。贝克对科学进行了两个阶段的区分，即初级科学化与反思性科学化。初级科学化是对科学理性的追求，对科学并不怀疑，这是一种“上层工作”，目的是对人、自然和社会进行认识。此时对世界的洞悉使得科学与它的认识对象截然分开、进行清晰的划界，科学在应用中占有主导性的地位，被客观化与神秘化。牢不可破的、具有优越性的科学观盛行，使得科学的过失与不当应用被荒漠化。这种理性的垄断不能使科学对它本身、它的应用、它的过失与影响进行反思。因此，在现实中，科学应用、科学的成果如同科学理论本身一样被“客观化”了。科学所产生的错误与风险的分配和界定联系起来，不加反思的科学不断扩张以便获得自己的超稳定性。科学研究的流水线式发展，以及科学化的扩张使得科学与越来越多的风险联系在一起，通过随后的案例分析我们将清晰地了解第一阶段即初级科学化的弊端。随着科学对人们生活弊端的暴露，各种不同因素的介入，科学的反思势在必行。这也就是贝克所称的第二阶段即反思性科学化，是对科学固有基础和外在结果都进行怀疑，是对科学进行解神秘化的过程。

科学“是定义风险的媒介和解决风险的资源，并且凭借这一事实，它开启了自身新的科学化市场”。[②] 但是，现代工业社会的风险被科学化之后，风险的潜伏期就消失了，代之而起的是风险的可接受性，风险被合法化了。

科学在实证主义阶段一直保持着对理性的垄断，这种垄断因为风险本身和风险感知的表面区分而得以维持。“因为它提出了一种专业化的方式并通过专家的权威，客观负责地确定风险的可能性。科学‘确定风险’而人们‘感知风险’。对这一模式的偏离表明了‘非理性’和‘对技术的敌意’的程度。”[③]这也就揭示了

---

① 莫里斯. J. 科恩. 风险社会和生态现代化——后工业国家的新前景. 陈慰萱编译. 薛晓源，周战超编. 全球化与风险社会. 北京：社会科学文献出版社，2005：301

② 乌尔利希·贝克. 风险社会. 何博闻译. 南京：译林出版社. 2004：190

③ 乌尔利希·贝克. 风险社会. 何博闻译. 南京：译林出版社. 2004：67

公众对风险的感知如果不符合科学的判断模式，公众就是非理性的，是对技术充满敌意的，这是杜兰特的缺失模式的内涵。风险本身和风险感知之间的二分，暗含了专家与非专家之间的划分。在技术精英的眼中，公众是无知的，公众仅知道技术人员知道的东西才会生活得安逸，如果公众不接受风险的科学界定就被指责为"非理性"的行为。贝克认为这样是不正确的，"它意味着科学和技术的风险陈述的可接受性的文化前提是错误的"。专家在什么是公众可接受的知识上带有价值预设与假定。

在第三波的分析中，柯林斯通过"专家回归"的例证来反思科学家的活动不应该只是创造历史的上层工作，同时主张社会学家担当起双重的责任。在实践案例的分析中，专家的等级也是在案例分析之前就已确定，所以他说："在科学尘埃落定之前，决策不得不制定，因为政治的速度快于科学共识形成的速度。因此，在尘埃落定之前、在历史决策之前政治决策者继续加强确定专家的等级。通过划分政治领域内专家行动者的等级，他们创造历史而不是反思。我们所主张的是科学知识社会学家在本质上有责任创造历史和反省历史；他们借助于技能——知识在创造历史方面起作用。"①

在现实中，学者们很难不去做创造历史的活动，所以这些活动在客观上，是与风险并存的。对求真与求用维度的重视，忘记了求善的维度，哪些应该发现，哪些不应该发现，对纯粹适用性的追求，忘记本身的道德伦理的现实使命。科学作为人脑的产物，必然渗透着个人的、政治的以及文化的价值，这就使科学导向了伦理的维度，在科学不断创新吁求的支配下，科学的社会责任往往成为牺牲品，被忽视。

(2) 主观上：科学的积极不作为或数据篡改

与科学不断发展的客观趋势相伴随的是，在科学化扩张中的超稳定性的保持。"实际上这一稳定性基于一种方法论怀疑主义的截削；在科学内部(至少如其自称的那样)，批判的规则已经普遍化了，而与此同时，科学成果以一种权威化的方式向外界推广。"②

科学往往在事物的可接受水平上扮演着审判官的角色，它或把一个地区的污染水平平均到更大范围的人头上，使原本构成严重威胁的污染变成了在"可接

① H. M. Collins and Robert Evans. The third wave of science studies: studies of expertise and experience. *Social Studies of Science*, 2002,32(2): 241

② 乌尔利希・贝克. 风险社会. 何博闻译. 南京：译林出版社，2004：196

受值”之内，那么出现问题的人成了特例，必须寻找其他的“替罪羊”。就像全世界的儿童都可以平均分到一个苹果，事实是富裕地区的儿童吃到了两个苹果，贫穷地区的孩子没有得到苹果，但是平均值却变成了可接受的水平。此外，还有我们在导论中所分析的德国二氧化硫污染与患哮喘的儿童家长之间的博弈案例。二氧化硫现实中测量的平均值被当成了大众的“可接受值”；亦或是把复杂问题简单化，如一个污染源同时释放千百种有害物质，而这些物质的协同效应并没有被提及，只对其中的单一污染物设定了可接受的水平。“‘可接受值’所提供的屏障，似乎更适合瑞士奶酪的要求（孔越多越好），而不是公众的保护制度。”①由于科学的帮助使得原本超标的数据踢掉了不和谐的因子，纳入了可被接受的合理的承受范围之内，为风险理论的存在提供了科学上的伪证。加之，人们本来对科学所呈现出的真理的笃信，对科学权威地位的敬畏，这样一来就变成了“凡是现存的都是合理的，凡是合理的都是应被接受的”。

科学所呈现出的可接受性不仅要求科学范围内的可信性，而且积极争取在法律上和政治上的可信性。贝克在《风险社会》中讲述欧洲经济共同体为提高农作物的产量，迫使农民使用化肥，农民被“放弃某些使用权利或者采取所要求的某些保护措施而得到补偿激发起来”。他们讨论了“官方的施肥许可”“在法律上对施肥的类型、浓度以及施用时间的实质规定”。这“有计划的施肥”就像其他保护措施一样，不但要求“因地制宜”的“环境监测”系统，并且基本的法律法规也要做出让步，进行修订。科学家知道化肥企业的存在对环境产生怎样的影响，却没有制止化肥的生产。农民使用了化肥，耕地的产量提高了，但是耕地遭到了破坏，产生了环境问题。而在环境专家的报告中充满“控制”“官方认可”和“官方监督”这样的语言。科学不但对农民施用化肥提供专业的可信性依据，而且还获得了政治、法律的认可，成为政策制定的基础。“科学的和科层制的极权主义的全景正在被展现出来。”②

与此同时，科学标准的权威性也表现在食品行业内被公认的监督体系中。虽然这些体系本身以科学为标准，但却带有政治上的控制权。如，为了保证食品安全国际上通用的 HACCP（Hazard Analysis Critical Control Point，简称 HACCP）质量认证体系，是对产品从田间到餐桌的整个过程进行风险的危害分

① 乌尔利希·贝克. 风险社会. 何博闻译. 南京：译林出版社，2004：64

② 乌尔利希·贝克. 风险社会. 何博闻译. 南京：译林出版社，2004：96

析，找出对食品安全造成威胁的关键点进行控制，试图使产品生产的每一个过程都得到审核与监管，保证食品的安全。

HACCP 系统源于空间开发的需要。"1959 年美国皮尔斯柏利(Pilisbury)公司与美国航空和航天局(NASA)军队纳蒂克(Natick)实验室在联合开发航天食品时，形成了 HACCP 食品质量管理体系，并证实其可靠性。1971 年皮尔斯柏利公司在美国食品保护会议(National Confereneeon Food protection)上首次提出 HACCP。"[①]之后其在很多的国家被使用，我国在 2009 年的《食品安全法》颁布之时已经将 HACCP 纳入到法律体系之中。

此体系对食品的每一个步骤进行细致的分析，因此成为产品可信赖的认证体系，不但成为企业自检的依据，也成为官方检测的方法，在很多国家都已被纳入到法律法规中。美国食品药品管理局(FDA)在 1995 年 12 月发布了"安全与卫生加工进口海产品的措施"，并于 1997 年 12 月正式生效，使得从此以后凡出口到美国的海产品均需按 HACCP 法规要求提交相关资料。1998 年 4 月，FDA 发布果汁生产和标签的建议法规，对生产企业提出执行 HACCP 程序做出详细规定，制造商必须明确说明果汁的消毒方法以及可能带来危害的程度。[②] 从 1984 年开始，澳大利亚在奶制品中应用 HACCP 控制体系，之后澳大利亚食品检验署对所有出口的食品实施了 HACCP 控制体系。1992 年，加拿大的食品检验署采用 HACCP 体系对国内销售和出口的水产品生产企业实施强制的质量管理计划，之后扩展到其他的食品行业。我国的出口企业为应对进口国的要求，从出口的海产品、果汁开始，逐渐转为有意识地建立 HACCP 监控体系。

"长期以来，只有科学技术专家才对严重危险和灾难之存在与否拥有鉴别权、判断权和解释权。如今，事关全人类生死存亡的巨大风险和灾难，将这种原本是科学技术专家所专有的垄断权力，交还给创造这些风险和灾难的每一个人，交还给其生死存亡系于此类风险的灾难的每一个人。"[③]科学技术专家在风险的判断与解释中也带有自己的立场，这种价值负载的观点对问题的解决或是不作为，或是有意的篡改，所以在风险问题的处理上要把权力归还于民。

---

① 曾庆孝，张立彦. 食品安全性与 HACCP. 中外食品工业信息，2000(3)：11

② 单之玮，佟建明. HACCP 应用现状及前景. 中国农业科技导报，2003(1)：54

③ 乌尔里希·贝克. 从工业社会到风险社会——关于人类生存、社会结构和生态启蒙等问题的思考. 王武龙编译. 薛晓源，周战超编. 全球化与风险社会. 北京：社会科学文献出版社，2005：91—92

2. 科学：从外部的质疑到内部的反思

(1) 科学面临外部的质疑

在科学不断追逐进步的工业化时代，伴随着科学发展的还有环境问题、食品问题的不断滋生，人们在享受先进技术带来的福利时，也要承受它的负面影响，因此科学的发展遭受了质疑，随着“低碳、环保”“回归自然”“绿色、有机”等口号的提出，一些保守的民众甚至想阻止科学的发展。如“7.23 动车事故”发生后，一些保守的民众发出了为了“保证人身安全，不发展高铁技术”的言论。

一直以来科学是人们所信奉的真理，但是当一些威胁人们生活以及人身财产安全的事件出现时，如疯牛病、铁路事故等，科学的可信性遭到了质疑，再加上所谓的“科学家”“专家”在处理科学的不确定性问题时表现不力，科学遭受了来自民众、政府、企业或是其他利益同盟的质疑。因为科学一直以来的不可一世的优越感，所以“现代化的风险只能通过公共认可从外部‘强加给’科学，‘指定给它们’。它们不是基于科学的内部的，而是基于完全社会的界定和关系。即使在科学的内部，它们也只能通过背后的动因——社会安排——来发展自己的力量”。①

对科学的质疑与批判是从对科学研究与应用中所产生的风险开始的。“风险得以被科学地开放和对待的大门，就是科学批判、进步批判、专家批判和技术批判。风险破坏了内部处理错误的可能性，而迫使我们在科学、科学实践和公共领域的关系间进行新的劳动分工。”②牛顿以来的科学不允许对科学的空间进行干预，那么要处理现代化的风险问题，就要从方法论上进行治理。

现代化的后果和风险之间通过不同科学、不同文化体系的对峙与批判，才能更清晰地展现在世人面前，科学也在这种批判与反批判中逐渐地暴露出自己的弊端。在初级科学化的模式中，科学的方法论可以制度化，科学的成果以及应用都可以免遭质疑。遭受质疑的东西是被外部教条化的，这种区别并不是科学理论研究与科学实践之间的差别，更多的恐怕是科学对本身合理性的垄断。科学惧怕所呈现出的真理的丧失以及随之而来的优越于其他文化的地位的丧失。

初级科学化阶段科学的外在关系受到了质疑，人们怀疑的是科学的应用造成的后果，作为教条化的实证科学不断接受来自外部的质疑，科学的力量被削

---

① 乌尔利希·贝克. 风险社会. 何博闻译. 南京：译林出版社，2004：197

② 乌尔利希·贝克. 风险社会. 何博闻译. 南京：译林出版社，2004：197

弱，这也迫使其从内部进行反思。

(2) 反思性现代化

贝克对风险问题的反思时，提出了“反思性现代化”的概念，这个概念是贝克风险社会理论的内核，后续学者对贝克的研究不能绕开或脱离这个概念。他运用此概念对工业社会中的财富生产和风险的生产与分配逻辑进行了研究，从科学和政治的角度去寻找原因。

要做到正确地理解“反思性现代化”的概念，必须首先清晰地回答“认识的媒介是什么”的问题，对于这个问题的不同理解，影响着反思性现代化概念的理解。对此，贝克与吉登斯、斯科特·拉什(Scott Lash)持有不同的观点。在拉什与吉登斯看来，“‘反思现代化’在本质上与关于现代化过程的基础、后果和问题的知识(反思)密切相关”。而在贝克看来，“它主要和现代化的无法预测的结果相联”[①]。同样提及“反思现代化”，吉登斯关注的是“现代化”到底是什么的问题，而贝克则更关注“反思”，认识现代化则与“知识”密切相关，而“反思”既包含了“知识”也包含了“无知”。

在《世界风险社会》一书中，“反思性现代化”概念进一步明晰，贝克也认识到了现代化风险存在的媒介。“我的反思现代化概念与吉登斯和拉什的有什么差异？简要地、直接地说：反思现代化的‘媒介’不是知识，而是——几乎反思性的——无知。”[②]在对反思性现代化的回应中，贝克再一次重申和深化了它的“反思性现代化”的媒介。他说反思性现代化的媒介“是非知识，是内在的动力，是看不见、想不到之物”。[③]

贝克对反思性现代化媒介的认识源于对知识的理解以及知识与无知的区分。在作出了一系列清晰的鉴别之后，得出了“无知”是反思现代化的媒介。“知识和无知之间的区分及其分布因此是以一种社会结构，一种一方面是个人、团体、权威集团、垄断权和资源(学院、研究发现等等)，另一方面是以对此提出质疑的人们之间的权力的倾斜度为基础的。”[④]因此，知识与无知之间的区分并不是一种科学上的量化标准，而是一种社会建构的产物，知识是具有某种资格的团体行

① 乌尔里希·贝克. 世界风险社会. 吴英姿，孙淑敏译. 南京大学出版社，2004：142

② 乌尔里希·贝克. 世界风险社会. 吴英姿，孙淑敏译. 南京大学出版社，2004：155

③ 乌尔里希·贝克，安东尼·吉登斯，斯科特·拉什. 自反性现代化：现代社会秩序中的政治、传统与美学. 赵文书译. 北京：商务印书馆，2001：221—222

④ 乌尔里希·贝克. 世界风险社会. 吴英姿，孙淑敏译. 南京大学出版社，2004：162

为，政治的因素始终伴随其中。

“反思性现代化”的概念出现在吉登斯、拉什、贝克的著作中，但是每个人研究的侧重点都不一样。吉登斯的反思涉及文化和传统，拉什的概念涉及审美与设计，是从美学的角度出发的，而贝克则是从政治与科学的角度出发。在这里我们知道贝克的反思性是以知识与无知的混合作为认识和反思的工具，在初级科学化之后，现代化的一个很主要的任务就是从科学角度对科学本身的反思，柯林斯在科学论的研究中提及的“下层工作”就是对科学的反思。无知和知识也成为我们在科学反思中很重要的讨论点。

(3)“下层工作”

科学的第二阶段就是“反思科学化”阶段，目前正以一种未知的力量对科学进行反思。在抗议科学化扩张的过程中，科学要接受其他文化的批评，科学陷入了身份危机，面临公众可信度的下降，对科学的分析与批判需要更加专业的知识、技术设备和工具，那么在此过程中，人们也认识到了用科学来批判科学的重要性，因此科学的合理性并没有被完全摒弃，反而增加了科学的谦虚形象。

在贝克的反思中，“无知主要被看作尚未了解的知识或可能永远不会知道的知识，即潜在的知识。无知的问题从其对立面——知识——真正的（不言而喻）的确定性（生活世界属于它）中得到理解”。[①] 贝克认为这种无知不是一种选择或者忽视或对专业知识的不了解，而恰恰是高度专业的理性表达。反思的目的是在这种高度确定的社会中寻找潜在的不确定的动力。客观的、确定性的科学带给我们的是现代工业社会中的生态环境问题、食品安全问题，如何解构这种确定性的霸权，就需要一种非确定性的知识，正是这种不确定情况下的抉择才使得现实的解释说辞变得赤裸裸的无根基，这也是反思问题的突破口，在这薄弱的链条中，科学到底起什么样的作用，是沉默、是不知所措、是纵容、亦或是帮凶。科学自身的反思显得尤为重要。

在对科学的批判中也会出现反科学的言论、教条的理论，科学如不反思自己的问题，只会不断弱化自己的基础，反而给一些教条化的理论，如一些宗教教义，更多的解释空间。科学需要正视自己的问题，保持理论的合理性，不断突破不确定性，正视被建构的存在，走向日常生活，走向实践。

面对科学成果的应用和市场化，科学本身的反思很重要，在外部科学的声讨

① 乌尔里希·贝克. 世界风险社会. 吴英姿，孙淑敏译. 南京大学出版社，2004：161

中，在公众的抗议中，科学逐渐走向了非垄断化，外部的手段、公众的参与只是反思性科学化的一个助推器，科学需要自身的反思。

第二节　问题的全球性——食品安全问题的层出不穷

在风险理论的探析中，我们了解了风险及风险的产生与认知，这对于认识食品安全问题做了理论背景的铺垫。食品安全问题是现代社会最关心的风险问题之一，其特征可以在本节中得到体现。

什么是食品安全，对于这个问题根据不同的经济发展状况，答案是有差异的，在经济发达的美国，已经脱离了温饱问题，把“是否满足人体所需的营养”作为食品安全评定的一个标准；而在广大的发展中国家，食品安全是以“不威胁人的生命健康”为前提的。因此对于这个问题的研究侧重点也是不一样的。美国学者玛丽恩・内斯特尔认为“食品安全是相对的，它不是食品固有的生物特性。一种食物对某些人而言是安全的，但是对其他一些人是不安全的；一定摄入量下是安全的，一定摄入量下是不安全的；在某段时间里是安全的，而在另一段时间内是不安全的。实际上，我们定义安全食品是指其风险在可接受的范围水平之内。”①1996 年世界卫生组织在其发表的《加强国家级食品安全进化指南》中则把食品安全解释为：“对食品按其原定用途进行制作和/或食用时不会使消费者受害的一种担保。”②

但是食品安全问题的地区差异，在全球化的今天并不明显。各国间贸易的往来，使仅发生在某一地区的问题很快波及其他的国家和地区，演化成全球性的食品安全事件，如 2011 年发生在欧盟国家的大肠杆菌事件现今依然浮现在我们的脑海中。当然，这里所指的问题的全球性具有两个含义，其一是由于经济一体化使地方性的问题演化成全球性的问题；第二个维度是，每一个国家都存在着食品安全的问题，没有食品的绝对安全地带，谁都不能保证食品不存在风险，只是国家或组织使问题控制在可以承受的范围之内。

---

① 玛丽恩・内斯特尔. 食品安全：令人震惊的食品行业真相. 程池，黄宇彤等译. 北京：社会科学文献出版社，2004：15

② 玛丽恩・内斯特尔. 食品安全：令人震惊的食品行业真相. 程池，黄宇彤等译. 北京：社会科学文献出版社，2004：7

食品安全问题也得到了各国政体及学者们的关注，每年都有关于食品安全会议的召开，中国的“两会”中，人大代表也多次提出重视食品安全问题。从学术杂志的文章刊出量亦可以看出人们对食品安全问题的关注。据中国知网收录的电子文献(截至 2021 年 6 月 10 日 20 时)显示，2000 年时以“食品安全”为篇名的文献有 1550 篇，2011 年激增到 40571 篇，2021 年已达到 86813 篇。并且，STS 领域内对食品安全问题的关注也逐渐凸显出来，如《EASTS》(2011 年第 2 期和第 4 期)、《Science as Culture》(2011 年 6 月)、《Science, Technology, & Human Values》《Social Studies of Science》等杂志近几年都有关于食品安全研究的专刊或是频频刊出食品安全的文章，特别是当下人们对转基因食品的争论。

一、高标准的欧盟国家依然存在食品问题

20 世纪 80 年代后期，欧盟出现了疯牛病、沙门氏菌等事件，2011 年在欧洲范围内又出现了受大肠杆菌污染的蔬菜，仅德国就有 50 人死亡，1000 多人受感染。

在 2013 年初，新西兰奶粉被爆出含有双氰胺(DCD，又称二聚氰胺)，新西兰的奶品巨头恒天然集团也遭到质疑，污染源为牧民对牧草喷洒的肥料。为了防止肥料的副产品硝酸盐流入河流和湖泊，减少二氧化氮的排放，同时促进牧草生长，牧民使用了含有 DCD 的肥料，因此牛奶中含有低量的 DCD，DCD 是合成三聚氰胺的原料。对于 DCD 会不会导致婴幼儿患结石还不得知，但是目前一些乳品企业，如雅培、雀巢、多美滋等都纷纷撇清与恒天然集团的关系。

欧盟国家在 2013 年初陷入了“马肉风波”，用马肉冒充牛肉制成肉酱千层面、肉肠和肉饼，事件波及英、法、德等 16 个国家，连雀巢公司都被牵扯了进去。“2012 年 11 月 30 日，爱尔兰食品安全局在对牛肉汉堡的抽检中发现有马的 DNA。为了保证权威性，标本被运送到德国以及具有权威检疫能力的相关研究室，最终确认送检牛肉汉堡包当中含有马肉和猪肉。检查结果让人非常震惊：27 个产于 11 月初的牛肉汉堡馅中含有马肉的有 10 个，含有猪肉的有 23 个。”①2013 年 1 月 15 日，爱尔兰食品安全局向媒体公布了这一消息，正式掀开了“挂牛头卖

① 丁泉涌. 欧洲马肉风波的背后. http://opinion. hexun. com/2013-03-04/151660956. html(2013 - 03 - 04)[2013 - 03 - 04]

马肉”的欺骗性丑闻大幕。欧洲当局的反应迅速，很快查明了马肉来自罗马尼亚，检测结果显示，部分“牛肉”竟然百分之八十甚至百分之百都是马肉。英国食品标准局14日发布消息说，在英国新近屠宰的部分马肉中发现止痛药成分，这些马肉可能已进入人类食物链。此外，塞浦路斯官方14日表示该国最近已销毁16吨汉堡包，但并未说明销毁的原因。

欧盟负责卫生和消费者事务的委员托尼奥·博格于2013年2月13日表示，近来波及欧洲多国的“马肉风波”截至目前仍属于商品标识问题，而非食品安全事件。[①] 然而欧盟国家以次充好的现象还远不止这一桩。“马肉风波”未平，到了2月，鸡蛋丑闻又起。德国下萨克森州约150家养鸡场涉嫌未严格执行有机食品生产标准，将普通散养或圈养鸡所生的蛋当作有机鸡蛋出售。[②]

在人们对含有牛肉制品的食品进行彻查时，发现了更令人震惊的事情。据《爱尔兰日报》报道，欧盟“马肉风波”不断蔓延，更有甚者，在冰岛，检查人员发现，一些牛肉饼中虽然没有掺杂马肉，但离奇的是，这些牛肉饼连“肉”都没有，是“全素”产品。[③]

截止到2013年4月中旬，“马肉风波”已基本有了定论。“欧盟27个成员国检测的4144份牛肉样本中，有193份含有马肉DNA。在另外的3115份牛肉产品样本中，有16份含有可能危害人体健康的止痛类药物保泰松，比例为0.51%。”法国伊普索民调所15日公布了应政府委托所作的一项新研究，调查结果显示“65%的法国人认为‘马肉丑闻’是一起‘严重事件’，9%的人表示已经或不再购买牛肉制品。出乎意料的是，竟有66%的法国消费者认为这种掺假事件在食品加工业‘常见’‘不足为奇’”[④]。究其原因，“马肉风波”是欧洲债务危机与农业机械化的结果，因为欧洲的债务危机，食品加工企业为了节省开支，利用便宜的马肉去降低成本；因为农业机械化，原本用来当作农业蓄力的马匹被宰杀，农业机械化逐步完善。

---

① 欧盟委员称“马肉风波”非食品安全问题 http://news.xinhuanet.com/2013-02/13/c_124345071.htm(2013-03-04)[2013-03-04]

② 摔破的餐碟　还能粘回去吗？http://roll.sohu.com/20130304/n367684762.shtml(2013-03-04)[2013-03-04]

③ 黎史翔.马肉风波不断　冰岛现全素牛肉饼.http://www.fawan.com/Article/xsyyw/2013/03/04/125411188479.html(2013-03-04)[2013-03-04]

④ 欧盟食品安全公信力恢复不易.http://www.people.com.cn/24hour/n/2013/0418/c25408-21177588.html(2013-4-18)[2013-4-18]

其实在“马肉风波”中，人们对于马肉本身并不抵触，食用马肉也不会产生身体危害，但是有两点人们是无法接受的，其一，“错误标识”的商业欺诈行为。在食品加工和销售过程中，“挂牛头卖马肉”这不但是对消费者的欺诈，更是对欧洲食品监督体制的挑衅，公众的“知情权”被侵犯。其二，马肉中残留的药物成分对人类有害。人们不能接受马肉的一个主要原因就是马肉中残留的止痛药物——保泰松，保泰松的不良反应很多，对人的心血管系统、消化系统、泌尿系统、造血系统都会造成一定的伤害，“不良反应发生率较高，即使每日剂量不超过400mg，但其发生率却为25%～40%左右”。[①]

欧盟国家自20世纪80年代出现较大伤亡的食品事件以来，食品问题不断，食品安全存在着危害性大、范围广、以次充好等问题。因此，食品安全问题不仅发生在经济与科技不发达的国家，发达国家也存在食品安全问题。而且由于四通八达的食品输送网络，使得食品安全问题借着全球化的东风，在发达国家内部如洪水般蔓延。发达国家每年也会出现危害生命安全的食品事件，由此可见食品安全问题是一个全球性的问题。

二、中国食品安全问题的反复性

2010年10月具有300年历史的英国RSA保险公司在上海发布了一份全球风险调查报告，该报告把全球和中国公众最关心的五个风险问题揭示出来。“地震、不安全的食品成分、癌症、酒后驾驶、不安全的水供应”[②]成为中国老百姓最关注的五个风险问题。除了自然灾害外，食品安全问题已经引起人们的极大关注。此外，在《2010～2011消费者食品安全信心报告》中，有94.5%的人认为中国的食品安全是存在问题的，67.9%的人对食品没有安全感，而在《2011—2012年中国饮食安全报告》中《小康》杂志又发布了调查数据，调查者对食品没有安全感的指数上涨到80.4%，依然有九成以上的人认为中国的食品安全是存在问题的。在2011年发生的瘦肉精、塑化剂、地沟油等事件，刺激了人们对食品安全关注的敏感神经，促使了不安全感指数的上升。中国的食品安全问题是存在大家心里的一个普遍的问题，那么，是什么使中国的消费者有这样的认同呢，我们不防来

---

① 百度百科 http://baike.baidu.com/view/579091.htm(2013-4-18)

② 调查称中国人最担忧地震风险与食品安全. http://news.163.com/10/1019/07/6JBFONHK00014JB6.html(2013-4-18)[2010-10-19]

简单描述一下发生在中国的食品安全事件。

我国的食品安全问题鳞次栉比、层出不穷，添加剂的随意使用、工业原料当成食品原料、包装污染、农药超标、婴幼儿奶粉的重金属污染、保鲜剂与防腐剂的过度使用、以次充好、以假乱真。因此地沟油、抗生素鸡、皮鞋酸奶、工业硫酸铜皮蛋、瘦肉精猪、甲醛白菜、避孕药鱼、激素黄瓜、尿素豆芽、蓝矾韭菜、染色馒头、鸡蛋精鸡蛋、豆浆精豆浆……这些都成了餐桌上的盛宴。一些国际品牌在中国的产品也不甘示弱，加入了这场闹剧，可口可乐、肯德基、麦当劳、家乐福、雀巢、雅培等都想为中国的食品安全问题"添姿添彩"。随着食品加工工艺的不断提升，每精进一步，就可能给一些不法分子创造一个赚钱的机会。所以，现在的中国老百姓开始返祖，吃粗粮，食材越原始的越好；追求绿色消费，一些城镇的居民羡慕农村居民能够吃到绿色无污染的蔬菜，便开始效仿在楼房的房顶建起了自己的菜园，目的是吃得放心。

中国的食品安全问题除了层出不穷外，另一个显著特征就是反复性。所谓的反复性就是同一类事件的多次发生，仍然不能得到很好的解决，如中国近年发生的三聚氰胺奶粉事件和瘦肉精事件。三聚氰胺奶粉的主要生产厂家是河北三鹿集团，在 2008 年江苏、湖南、湖北、甘肃、山西等很多省份发现，长期食用三鹿集团所生产奶粉的婴幼儿患结石，并危及生命事故发现时，三鹿集团也积极、主动地撤回了市面上正在销售的奶粉。在 2009 年初三鹿集团的主要负责人受到了惩罚，三鹿集团也进入了破产程序，但是在 2010 年 7 月甘肃、青海、吉林一些偏远的市县仍然爆出有三聚氰胺奶粉的存在。

中国最早出现瘦肉精中毒事件是在 1998 年，当时在香港、广州等地出现了多人食用猪内脏而中毒的事件，也引起了当地有关部门以及出入境管理部门的重视，之后在深圳、上海也发生了大规模的、比较严重的中毒事件，直到 2011 年 3 月 15 日，中央电视台曝光后，人们对瘦肉精才有了了解，也才引起国家的足够重视。但即使这样，在 2012 年 8 月湖南仍然爆出有瘦肉精牛肉的存在："湖南省卫生厅食品安全综合协调处处长李玉宇向南方周末记者证实，这是一起食用含有盐酸克伦特罗的牛肉引起的食物中毒事件，共发病 85 例。"①

2001 年 9 月，在北京举办的"食品安全高层探讨会"上，时任中国轻工业联合

① 湖南株洲曾现含瘦肉精"健美牛"引发食物中毒.（2012－12－10）[2012－12－06]http://money.163.com/12/1206/11/8I1Q9C4C00253B0H.html

会副会长的潘蓓蕾就指出“从目前的统计数字来看，我国每年食物中毒报告例数约为2—4万人，但专家估计这个数字尚不到实际发生数的1/10，也就是说我国每年食物中毒例数至少在20—40万人”①。在11年后同样是由中国科学技术协会举办的“2012国际食品安全论坛”中，有专家指出每年因食品问题死亡的人数相比于交通事故死亡的人数是少之又少。但是所要指出的是，食品安全存在的隐患并不是及时的，很多问题是具有潜伏期的，一些病症的发病也需要时间，不能以是否死亡作为食品安全问题严重与否的标志。

为什么会有这么严重的食品安全问题呢？政治上的监管不严和法律的执行力度不够，这是出现安全事故之后，首先反映在人们脑海中的可归吝的原因。那么，我们首先从政治监督与法律执行两个方面来分析。

在2001年的论坛中，时任国家质量监督检验检疫总局进出口安全食品局副局长的李朝伟指出：“目前国际通行的食品安全的标准是CAC，包括农药、兽药残留物限量标准、添加剂标准、各种污染物限量标准、辐照污染标准、感官、品质检验标准、检测分析方法标准、取制样技术设备标准、以及检验数据的处理准则等。”②我国国家标准只有40%左右等同采用或等效采用了国际标准，而在上个世纪80年代初，一些发达国家已经采用了80%以上，甚至是高于国际标准，这也从一个侧面反映出我国食品安全监管的问题。

除此之外，“我国政府对食品安全违法行为的惩罚力度不够，2004～2007年的4年内全国工商行政管理部门共发现食品违法案件55.46多万起，但移送司法机关处理的只有1787件，仅占总数的3.22‰。”③很多事件发生后，都会找到“替罪羊”，一场轰动全国的食品安全事件，最后被送上法庭的就是几个工作在第一线的基层人员，而且案件的审理几乎是在人们快要淡忘的时候才进行，这样的时间跨度，似乎要人们忘记细节与利益关系，审判仅仅是对公众的交代罢了。

政治的、法律维度的症结使得中国的食品安全问题具有层出不穷与反复性的特征，那么本书的分析除此之外还要探寻更深层次的，即科学上的原因。探讨科学维度的原因须首先了解食品安全问题所涉及的利益团体以及他们的利益关

---

① 傅旭明.多角度审视食品安全：我国每年食物中毒超过20万人.(2011-8-10)[2001-10-8]http://news.sohu.com/48/23/news146832348.shtml

② 傅旭明.多角度审视食品安全：我国每年食物中毒超过20万人.(2011-8-10)[2001-10-8]http://news.sohu.com/48/23/news146832348.shtml

③ 徐成德.食品安全博弈分析：信任危机的产生与消除.中国食物与营养.2009(6)：21

系，这是为科学维度原因的呈现做铺垫。

三、食品安全问题所涉及的利益团体

食品安全问题的形成包含着纷繁复杂的利益关系，涉及多种利益团体。既有政治上政策的颁布，也有商业上利益最大化的追逐；既有科学上，社会责任的承担，也有公众对自己利益的维护；既有媒体的客观性报道，也需要法律的约束。食品安全问题是一个多因素共同作用的问题，因此对于利益关系的分析让我们从行动者网络理论开始，最终上升到技科学的角度去分析。

布鲁诺·拉图尔和迈克尔·卡龙提出了行动者网络理论（ANT），认为实践中的平等性应该扩展到所有事物身上，如仪器、机械、技能、信息流、物质和人，人与非人的行动者有平等的权利参与行动，这些因素组成行动者网络。每一个因素都是网络的节点，任何一个节点出现了问题，网络都会被破坏。在现实中，各种力量的相互纠缠、冲撞，博弈出问题的解决模式。但是 ANT 会使一切关系和行动者都被淹没在“无缝之网”“力量的舞蹈”中，变成了网络中的节点、符号化的存在。ANT 的“符号化”，失去了行动的主体性，革新者的行动和观点不能被突出。

因此，ANT 理论遭到了学者们的批判，在克里斯多夫·博纳伊（Christophe Bonneuil）、皮埃尔-贝努瓦·乔利（Pierre-Benoit Joly）和克莱尔·马里斯（Claire Marris）看来，ANT 对概念缺少辨别。并且实践中的行动者网络并不是一种纯客观的现象，其中在每一个竞技场中包含着特定的规则，这些规则参与实践互动，并且也在互动中变化。“（利益、结合、解释等的）混合因带有特殊规则的多样性竞技场中行动者的互动而产生。这些规则在某种程度上是行动的资源，但是它们依赖行动的过程：就像通过陪审团的解释和练习在庭审中逐渐形成法律一样，行动的规则通过行动执行和转变。”[①]这样就从技科学的视角补充了行动者网络的不足，技科学不仅强调每一个竞技场中行动者网络的存在，也认为每个竞技场都带有自己的规则和中心，是多因素、多维度、主体性、客观性、变动性、确定性的结合，这为食品安全监管问题的解决提供了可借鉴的视角。

---

① Christophe Bonneuil, Pierre-Benoit Joly, Claire Marris. Disentrenching Experiment: The Construction of GM — Crop Field Trials As a Social Problem. *Science Technology Human Values*, 2008,33(2): 226 - 227

从技科学的视角出发，食品安全监管是由政治、法律、科学、企业、公众（消费者）、媒体、仪器材料、行业组织等多因素构成的系统工程、行动者网络，每一个环节、节点都要发挥作用，以瘦肉精案件为例，具体分析如下：

1. 政治监管

政治监管是食品安全问题的总保障，它不但在政策上引进可使用的质量监督体系、发布奖惩体制，而且给予问题所需的经费资助、活动策划和安排。

一方面，政府为保障食品安全而统筹安排。2011 年 4 月 20 日国务院下发了《"瘦肉精"专项整治方案》，要求农业部等 9 个部门从"源头、养殖、收购贩运、屠宰、加工、流通餐饮、进出口等 7 个环节"对"瘦肉精"问题进行为期一年的专项整治，体现了"从猪栏到餐桌"整个过程的监管，这也是受益于 HACCP 质量监督体系的使用，使食品安全的监管有标准可依。

此外，《食品安全宣传教育工作纲要（2011—2015 年）》提出在"2015 年底前将社会公众食品安全基本知识知晓率提高到 80%以上，将中小学学生食品安全基本知识知晓率提高到 85%以上"。[①] 并且积极开展"食品安全宣传周"和"食品安全进社区、进农村、进校园"等活动；有针对性地开展宣传教育和培训活动，保证让更多的公众、媒体、企事业单位参与到食品安全工作中来。

另一方面，政治在食品监管过程中保证提供必要的经费资助。广州某区职能部门负责人面对检验检疫上存在的漏洞时，给采访的记者算了一笔账"'检一头猪，4.5 元'。2007 年，以白云区动防所为例，市里一年下拨 60 万元检疫检测费，一个区又下辖 8—10 个屠宰场，如果全检，一个月就可以花掉全年的检疫检测费。"[②]面对这样的困境，加大检验检疫的经费投入、减少上级部门的不必要的开销是保证食品安全的有益之举。此外，各省市纷纷建立群众举报奖励机制，如南京市 2012 年 6 月 1 日开始实行的《南京市食品安全举报奖励办法》给予举报群众从 50 元到原则上不超过 5 万元的奖励金，这笔经费也必须有政府的支持。

近年来，随着食品安全事件的不断发生，政府失去了公信力。在《2010～2011 消费者食品安全信心报告》中，45.2%的人认为政府在食品安全方面的监管"力度不够"或"没啥力度"，69.6%的受访者认为政府应该加大监管力度以杜绝

---

① 国务院食品办印发《食品安全宣传教育工作纲要（2011—2015 年）》（2011 - 8 - 10）[2011 - 5 - 8]http://news.xinhuanet.com/politics/2011-05/08/c_121390918.htm

② 杨晓红，方舒阳.吃一口安全猪肉真的那么难吗？揭露生猪喂养潜规则（2011 - 8 - 10）[2009 - 4 - 12]http://gd.nfdaily.cn/content/2009-04/12/content_5057939.htm

食品安全问题的发生，只有 20.5%的人认为政府的监管力度“很大”或“比较大”。同样地，这个比例在第二年的报告中也只维持了两成多。在《2011～2012 中国饮食安全报告》中，受访者对政府发布的食品信息的相信比例只占 25.6%，认为政府监控力度不够的受访者比例上升到了 55.2%。在食品安全问题的追责中，政治监管被列为首位，因此加强政治监管力度是食品安全问题解决的有效途径之一。

2. 法律约束

如果说政治给食品安全工作提供策略保障的话，那么法律则使食品安全中的行动有规可依，政治上的决议往往通过法律贯彻落实。2009 年 2 月 28 日第十一届全国人民代表大会常务委员会第七次会议通过《中华人民共和国食品安全法》（以下简称《食品安全法》），并从 2009 年 6 月 1 日开始施行。生猪屠宰被特别指出适用此法，然而从 2009 年 6 月到“瘦肉精”事件被中央电视台曝光历时两年，《食品安全法》的颁布却没能阻止“瘦肉精”的使用。

《食品安全法》中不仅对违反法律的生产者和销售者的行为进行了约束，而且提出了对行政人员的处理决议，保护了消费者的权利。如第 96 条“生产不符合食品安全标准的食品或者销售明知是不符合食品安全标准的食品，消费者除要求赔偿损失外，还可以向生产者或者销售者要求支付价款十倍的赔偿金”。第 75 条“调查食品安全事故，除了查明事故单位的责任，还应当查明负有监督管理和认证职责的监督管理部门、认证机构的工作人员失职、渎职情况”。[①]

但是，《食品安全法》中也存在职责不明等漏洞，如第 12 条、第 72 条的内容，法律要求农业部门、质检部门、工商部门、食品药品监督部门在获知食品安全的风险信息或是发现情况应该立即上报，可是在案例中我们发现，他们在对生猪的检验和检疫过程中互相推诿，因为在法律中根本就没有明确谁应该负什么样的责任，而“质量监督、工商行政管理、食品药品监督管理部门履行各自食品安全监督管理职责”“对属于本部门职责的，应当受理，并及时进行答复、核实、处理；对不属于本部门职责的，应当书面通知并移交有权处理的部门处理”[②]，这样的法律没有约束力，没有效应。所以吸取“瘦肉精”事件的教训，法律法规中应该明确各

① 中华人民共和国主席令. 食品安全法.（2009－02－28）[2012－03－06]http://www.ln.gov.cn/zfxx/gjfl/xzfl/200804/t20080403_177752.html

② 中华人民共和国主席令. 食品安全法.（2009－02－28）[2012－03－06]http://www.ln.gov.cn/zfxx/gjfl/xzfl/200804/t20080403_177752.html

自的职责，把每一项都清晰、详细地写在法律条文中。而且应该执法公开透明，职责款项可以为公众免费公开，这样即使出现了问题，公众也可知道这应该属于哪一个部门的职责范围。

《食品安全法》要求不同部门共同监管食品安全工作的做法并不能遏制像"瘦肉精"这类食品安全问题的产生，继"瘦肉精"之后，"塑化剂""豆浆精""牛肉膏""工业明胶"等食品添加剂相继出场，挑战食品监管的权威。之所以会出现这样的现象，贝克的"有组织的无责任"概念给我们提供了启示，职责分摊不明确，相互"踢皮球"，上下级之间的权利博弈都使问题得以滋生。

因此，这就需要政治的保障。2012 年 6 月《国务院关于加强食品安全工作的决定》提出了八个方面的工作，把加强政治保障、细化监管职责、严格责任追究、强化科技支撑、加大资金投入力度等作为食品安全工作的任务，发挥政府、企业、行业组织、社会团体、广大科技工作者和各类媒体的作用，充分体现了技科学的思想，为我们建立一个现代化的、科学的、透明的和涉及广泛的食品安全系统奠定了基础。

3. 科学家责任与科学检测技能的提升

政治、法律的管理经常基于确定的科学论证，但科学本身的不确定性经常给决策带来麻烦。正如英国疯牛病工作组的主席理查德所抱怨的："我认为科学家必须试着指出各种结果的可能性。说假设没有被证实并且因此它可能没有大的危险或者根本就没有危险是很容易的。这是一种去确保一个人没有错的方式，但是我个人认为提供给观众这样一个回避的借口是科学家对社会职责的玩忽职守。"①《2010～2011 消费者食品安全信心报告》指出人们对政府的信任度不高，但是对科研机构的信任水平还是比较高的，为 43.5%。在《2011～2012 中国饮食安全报告》中相信科研机构发布的食品信息的受访者为 45%，那么对于政府科学家之外的科学研究机构，应该明确自己的社会职责，为公众提供相对可信的食品安全信息。

排在禁用第一位的"瘦肉精"——盐酸克伦特罗，在 20 世纪 80 年代初，作为一项重大发明从美国引入，一时间不少专家学者因为它而获得殊荣、得到了国内的资助、发表了大量的文章。畜牧育种方面的专家都因"猪用三个星期到四个星

① Sheila Jasanoff. Civilization and madness: the great BSE scare of 1996. *Public Understanding of Science*, 6(1997): 225

期可以增加至少10%的蛋白质”而兴奋不已，因为“这10%的蛋白质，是一个搞畜牧的育种专家一辈子都无法培育出来的”。[①] 而对于其负面影响，仅关注药品在肉里的残留，未针对内脏，或者直接忽视了其毒副作用和体内代谢的观测，或者因为怕发文受限而没有提及。因为科学家没有对自己的职责认识清楚，没有对科学的不确定性进行更好的研究，导致后来“瘦肉精”事件的出现，这也使公众对科学家出现了“信任危机”，以至于现在凡是专家出来辟谣的事情都会得到公众更多的关注。

对于科学家来说，不但要认清自己的职责，还要提高技能。目前对于瘦肉精的检测方法主要有两类：“一是快速筛查技术。快速筛查通常采用胶体金免疫层析技术和酶联免疫技术，产品包括快速检测卡和试剂盒，但一般每种试剂卡或试剂盒只能检测一种药物，而且其检测结果中有假阳性。二是确证分析技术。确证分析方法主要采用色谱质谱联用技术，如液相色谱串联质谱、气相色谱—质谱串联。它要依靠大型的高精尖分析仪器设备，成本较高，用液相色谱串联质谱的确证方法去检测某一指标则需千余元的检测费用，且检测所需时间较长。”[②]“瘦肉精”是16种β-兴奋剂的总称，这16种兴奋剂都是我国法律条文所明令禁止使用的，而目前“瘦肉精”的快速检测的试纸条只针对盐酸克伦特罗、莱克多巴胺和沙丁胺醇三种，对于其他的物质虽然实际中没能发现，并不作为检测的重点，但为了防患于未然，避免另一些种类的“瘦肉精”出现，科学家应该采取“预防性原则”积极提高检测的技能、发明更加准确、可行的检测方式和技术。

4. 企业自治

企业自检也是获得好的食品质量的指标之一，相反，自律性不好的企业经常会出现问题。因“瘦肉精”问题被推到风口浪尖的是双汇集团下的济源双汇公司。济源双汇公司原总经理曹某介绍：“企业自检是通过化验生猪尿样，进行定性分析。一直以来，公司执行的都是集团标准，即按照千分之4.5的比例抽检。”而农业部规定的行业企业“瘦肉精”自检比例为3%～5%，曹某说，“由于实行以销定产，每天加工生猪在2000头至6000头，如果提高抽检比例势必耗时耗力，

---

① 苏岭，温海玲. “瘦肉精”背后的科研江湖.（2009-04-09）[2011-08-10]http://www.infzm.com/content/26736

② “瘦肉精”知识专家访谈　检测方法科学精确.（2011-4-17）[2011-05-24]http://lab.vogel.com.cn/news_view.html?id=195307

将难以保证生产进度”。①

企业是盈利性的团体，以追求经济利益为自己的奋斗目标本是无可厚非的事情，但是在追求利益的过程中只图眼前利益，置国家法律规定于不顾、置消费者的身体健康于不顾，那么所能赚到的也只是眼前的小利，所以企业自治是一种多赢的发展战略，既符合国家法律的规定，又赢得消费者的信赖；既赚取了自己的合法利益，又得到了长足的发展。

5. 公众参与

公众是食品安全监管中一个很重要的维度，作为食品的直接消费者、政策法律的直接受益人，在食品安全监管中的作用不容忽视。在以往的食品安全问题中，公众只是被动的接受者，在食品生产、加工、运输的过程中都是旁观者，唯一能够起到作用的是食品的消费环节。这也为前面环节问题的出现提供了契机。

柯林斯与埃文斯的SEE理论为公众参与科学的合法性和合理性都提供了可能。其认为经验型的公众并不是外行人，他们能够与具有专业知识的科学技术专家一样加入到科学共同体中、参与到实际问题的处理过程。经验型专家加入共同体，使得他们的言论具有合法性；并且他们的加入使科学家与外行人之间的界线变得灵活。他们不仅在政治上具有公民权利，而且在技术上具有能力。这种能力就是经验型专家的经验，虽然不是知识性很强的专业技能，但属于“贡献性技能”，有利于问题的分析与处理。所以，他们认为科学是“两种专家”之间的活动。此外，其认为“相互性技能”的获得仅需要通过语言的交流，不需要实践操作，借助这种能力，人们彼此交流获得信息，这为避免问题的产生或是恶化提供有利的条件，是公众所应具有的重要技能。

依照SEE理论，食品生产从田间到餐桌的整个过程，有经验的公众作为经验型的专家都可参与进来，如曾经从事生猪饲养的消费者、从事猪肉销售的消费者、有多年买肉经验的家庭主妇等都可成为鉴定“健美猪”“瘦肉精”猪肉的专家。他们一方面应用自己的“贡献性技能”对生猪的生产、加工、猪肉的消费进行监督、及时提出合理的建议、举报不正当的生产、加工行为；另一方面，发挥自己的“相互性技能”对不了解“瘦肉精”猪肉、不经常买猪肉的消费者讲解经验，使其了解健康猪肉的性状，对于这一点，经验型专家要比具有专业知识的科学家更容易

① 双汇以抽查取代普查导致瘦肉精监管存在缺陷.（2011－03－19）[2011－07－16]http://news.sina.com.cn/c/2011-03-19/181322145463.shtml

被接受，因为科学家的“猪肉宰杀后几小时内的 pH 值测试法”不能被普通公众所认知，也不切实际。所以，无论是有经验公众的“贡献性技能”的发挥，还是公众之间以语言为中介的“相互性技能”的传播都有利于食品安全问题的预防与遏制。

6. 媒体客观报道

媒体经常在食品安全事件的报道中起着重要作用，正如贝克所说：“没有形象化的技术、没有符号形式、没有大众媒体等，风险也不会存在。”[①]媒体不仅作为一种信息资源，也是一种责任的竞技场，在那里与食品系统管理相关的责任相互磋商。食品危机因媒体对公众的反映和责任归因的不同观点而架构，因为报道的重点通常是谁对这个问题负责，以及谁能够或应该解决这个问题。

公众经常成为媒体报道的参与者，媒体按照自己的行业惯例和标准去筛选相关事件并在其适应模式中展现。在新闻选择中，媒体扮演故事编辑者的角色，因此他们有两个任务：选择符合行业价值的材料；建构这些材料。对于他们来说，第一个任务是非常重要的，材料要有新闻价值，在选择过程中他们已经对消费者的反应进行了预期。第二个任务就是他们对材料的重新建构过程，包含媒体更多的偏见。

因此，媒体的报道不是简单地阐述一个既定事实而是建构一个事实适应媒体的形式和要求。这是一个“合作生产”的过程，此概念是贾萨诺夫提出的，不仅指多要素的综合体还指称在过程中双方磋商寻找一种适应模式，就像社会塑造了人，人也改变了社会一样。有稀缺资源的记者当创作媒体内容时，依赖其他人的投入，而其他行动者则试着影响公众代理人，以便在公众中形成影响进而符合媒体预期的效益。

媒体的这一系列交流手段怎样生效，行动者的身份和他们的资源怎样被媒介化呢？格哈茨(Gerhards)和沙弗尔(Schäfer)认为，“在特殊争议领域，行动者媒体输入的理论依赖于他们的资源和他们对于此议题的重要性，但是支持行动者的决定性是他或她相比其他人的投入力量的对比：通过支持，意味着一种媒体中的声音……支持涉及把一个组织的存在作为一种声音的行动者，而不仅仅是被其他人更多讨论的客体存在。媒体出现的频率是被支持程度的指示器。”[②]也

---

① 转引自 Peter H. Feindt, Daniela Kleinschmit. The BSE Crisis in German Newspapers: Reframing Responsibility. *Science as Culture*, 2011,20(2): 186

② 转引自 Peter H. Feindt, Daniela Kleinschmit. The BSE Crisis in German Newspapers: Reframing Responsibility. *Science as Culture*, 2011,20(2): 188

就是说，媒体在建构新闻的同时，也要建构自己的支持者，这样才能使新闻具有更多的价值。

因此，公众竞技场的建立是很重要的。公众争论主要被精英和专家所建构，这些人的出现与他们的社会关系相适应，强调利益的相关性，精英之间的争论常会转化成利益团体之间的冲突，争论性的新闻报道就突出了媒体的价值，媒体作为一个行动者也乐意成为公众竞技场中的指示器。

媒体在事件的报道中经常有自己的立场，倾向于政府、消费者或因发行量而提供偏激的信息。像沙门氏菌、疯牛病、瘦肉精等食品困境通常伴随大量的媒体报道。范恩德和克莱恩施密特基于2000年1月到2001年12月德国五家主要报纸中5000多份疯牛病报道的报纸文章的定性—定量分析方法和数据，对于"有组织的无责任"问题进行分析，揭示了德国疯牛病的危机中大众媒体是怎样建构责任的。

在鸡蛋的沙门氏菌丑闻中，梅特·玛丽·罗斯林(Mette Marie Roslyng)对英国三家报纸——《卫报》《泰晤士报》《每日邮报》的报道进行了研究，展现了媒体作为一种竞技场的食品安全争论。在这三家报纸中，《卫报》在争论中代表了绿色主张，持批判的立场，尤其注意食品安全问题，强调工业食品政权中绿色选择的需要；《泰晤士报》是更加主流的、经济的、政府立场的支持者；《每日邮报》代表了在食品和风险上的特殊观点，经常与精英的立场相分离，直接影响国家的食品政策。《每日邮报》首先在报道中称埃德温娜·柯瑞(Edwina Currie)基于医院中、监狱中、聚会上沙门氏菌中毒的新闻报道说每年有数千人感染沙门氏菌，且数量增长很快。之后微生物学者理查德·李斯(Richard Lacey)教授作为对食品质量和安全的积极批评者，进一步颠覆了安全食品的科学共识，且他的学术资格也被标注在报道中，以证明其批判话语的合理性。而后《卫报》中呈现了对他的谴责，"前农业部部长威金先生，谴责李斯教授的大惊小怪'你在你的领域中是很了不起的，已经用你自己的方式尽可能地使故事夸大'"，威金先生邀请政府的健康专家加入这个争论，去挑战李斯教授的证据。没令他失望，兽医官梅尔德伦说："目前为止，沙门氏菌在25000个农场中只发生了33例。"[①]农业组织在媒体的争论中非常积极，主要想在柯瑞的评论之后取信公众，他们认为柯瑞的评论是

① Mette Marie Roslyng. Challenging the Hegemonic Food Discourse: The British Media Debate on Risk and Salmonella in Eggs. *Science as Culture*, 2011, 20(2): 167

蓄意的谎言、是粗心的、是诽谤，如英国鸡蛋生产者协会在《泰晤士报》的报道中总结道："对于沙门氏菌污染的很多调查都是劣质的，它们是假的，不准确、歪曲了事实并且误导科学家、部长和公众。"在食品争论中，媒体有自己的立场，且对事件报道的取舍促成了争论。

媒体作为行动者网路中的一个积极因素，为了合理地发挥其作用，专家们不但指出了媒体的问题，也提出了解决的建议。中国工程院院士、国家食品安全风险评估中心研究员陈君石在2012年4月19日召开的"'科学家与媒体面对面'：全球视野下的食品安全"会议中提到"消费者所得到的一些食品安全的信息不科学、不准确，误导性很强"。媒体是公众获得信息的重要途径之一，那么如何才能让公众获得准确的信息呢？参会人员美国佐治亚大学食品安全中心主任Michael Doyle说："媒体人员一定要到科学家那儿拿到第一手的新闻或资料，我们需要让不懂得科学知识的人更好地了解这些科学知识。"[①]

媒体的客观报道不仅有利于人们了解事实的真相，也有利于政治团结、国家稳定。

7. 仪器材料的应用

2010年11月下旬，新浪记者在河南做"注水猪"调查时，偶遇某市畜牧局畜禽改良站的工作人员对一辆运猪车上的毛猪进行尿样检测，盐酸克伦特罗初步检查为阳性。工作人员初步认定这是"瘦肉精猪"，可惜因为担心测试条有问题，回市畜牧局进行确认检测时，运猪车突然跑掉了。[②] 可见在食品安全问题的解决中，不仅政治、科学、法律等这些显而易见的因素在起作用，实验的仪器、材料设备的作用亦不能忽视。仪器材料作为行动者网络中的非人类的行动者，与人类的行动者一样影响网络的正常运转，如果不能及时起到确定性的作用，作为网络中薄弱的一环也会影响整个网络的正常运转。

8. 行业组织的服务与监督

中国肉类协会是中国肉类(禽蛋)、肉制品行业的全国性的社会组织，其不仅有肉类的生产、加工、储藏、经营等企业成员，还有相关高校、科研院所、媒体、地方社团的参与，形成了跨地区、跨部门的非营利性社会团体。其致力于宣传国家

① 食品安全问题多　与信息缺失有关.(2012-04-20)[2012-04-22]http://news.hexun.com/2012-04-20/140621069.html

② 瘦肉精猪事件曝光始末.(2011-03-31)[2011-07-04]http://finance.sina.com.cn/consume/puguangtai/20110331/15059624687.shtml

的政策法令；为企业提供生产经营、技术管理、交流服务；制订行规行约，维护企业的合法权益，为行业发展提出策略建议。其作为行业组织在肉类行业的自我约束上起到了一定的作用，但是作为肉类行业组织它的根本宗旨还是为企业服务。它虽指出了我国肉类监管中的不足，即"把原料采购、屠宰加工、流通销售和售后等各个环节的监管权分由不同部门，因而，不能形成层次梯度的全方位、立体监管网，从而出现了安全监管上错位、缺位和推诿"。[①] 但这还是远远不够的。

食品安全的监管是一个整体的系统工程，任何一个小细节都不能漏掉，那么就要求行业组织能够发挥自己的作用，在本着为企业服务的根本宗旨下，结合行业的自我约束开展高水平的活动。如开展质量评估、企业检测标准展示、企业产品合格率抽检比较等能够刺激企业生产高质量、高安全、高效率的产品，而不是仅仅局限在肉类分割上的技能竞赛。

第三节　本章小结

食品安全问题是现代化风险中的一个突出问题，从贝克的风险社会理论进入到食品安全问题的研究，是问题研究的缘起。贝克的反思性现代化理论，为食品安全问题的探究提供了启蒙。贝克所揭示的风险问题的成因基于两个维度：科学与政治。笔者认为，科学上的原因可归结为两个方面：其一，客观上，科学求真、求用的维度，忽视了科学的善的维度，忽视了科学家的社会责任；其二，主观上，科学的不积极作为或具有倾向性数据的得出，使得科学成为风险形成的帮凶。科学与政治的结盟，使风险难以明晰。基于此种分析，导入了科学可信性的思考。以食品安全为研究案例，科学不仅成为大众食品消费的社会心理基础，而且还成为官方政策与法律制定和实施的依据。但是，贝克的理论并不是一个完善的理论，费希尔所指出的贝克理论中的"专家与知识的问题""风险的民主问题"，也正是笔者在本书中所试图解决的。风险问题既有还原主义科学所留下的科学的神秘化问题，也具有社会建构理论所揭示的各种社会因素的塑造。科学不但需要在外部的质疑下反思，更要在内部进行自觉反思。

---

① 中国肉类协会. 上海"瘦肉精"事件　再次暴露安检软肋. (2006-09-25)[2012-03-10]http://www.chinameat.org/chinameat/xhdtshow.asp?id=446

因此在食品安全问题的分析中，所涉及的各种利益团体的技科学角度的分析，对食品安全问题的解决是有益的。对于食品安全问题的成因，除了经常被人们所想到的政治的监管、法律的执行、企业的自治之外，还有科学、公众（消费者）、媒体、仪器材料、行业组织等因素的参与。

食品安全问题的全球性、中国食品安全问题的反复性、RSA 的风险调查报告以及《小康》杂志与清华大学媒介调查实验室连续四年对食品安全问题的关注与全国性调查，揭示了中国食品安全问题是一个亟待解决的问题，中国新一届领导核心对食品安全的关注，也说明在当下的中国研究食品安全问题是有意义的。

第二章

科学论视角下的风险社会
——风险问题的方法论思考

如果说第一章是本书写作的大背景，那么第二章则是本书的重要理论视角，为案例分析提供方法论指导。科学论的第一波——实证主义的分析视角使科学具有与生俱来的庄重和神秘，共同体内部的决策带有唯一的正确性，没有资格的外行人是无知的，人们生活在"知识社会"中，科学家内部的、不全面的分析成为政治决策的参考，决策是否科学只要问问科学家就可以了，科学与政治的结盟无疑催生了风险。科学论的第二波——话语分析的视角对这种不合理性进行解构，看到了科学客观性背后的社会因素，科学的可信性与政治的合法性都遭受质疑。这两种分析视角都没有为公众的介入留有余地，公众从科普传播的受众变成了政治参与的口号被束之高阁，那么如何让公众切实地参与到决策中来成了第三波的任务。科学论的第三波先是为公众参与科学寻找一个突破口，科学家的普遍性的理论认知缺少地方性，不能解决当地的实际问题，而具有当地生活经验的公众正好可以给科学家有益的补充，公众具有了进入科学共同体中核心组的资格与合法性。公众通过相互性技能的学习可以理解科学的语言并与科学家进行交流。本章以技能周期表为起点，结合柯林斯等人的案例研究所取得的成果介绍第三波的理论。

第一节　科学论的第一波与第二波——风险的建构与解构

一、科学论的第一波——风险产生的催化剂

20 世纪 30、40 年代，实证主义盛行，科学家对世界的认识局限于对观察到的

事实、世界的认识，只有观察到的、感觉到的世界才是可被认识的，排除了解释的成分、拒绝了形而上学。科学家的作用是坚守科学的霸权，社会分析家的主要目的在于理解、解释并促进科学的成功，而不是质疑它的基础。一个好的科学训练就是让一个人接受领域内的权威的、决定性的规训。科学成为了维持权力的工具，并且与领域内外的很多决策联系起来，成为问题解释中的一个关键因素。

实证主义的始祖是奥古斯特·孔德，他继承了培根的衣钵，注重观察和实验。他用一些词来描述自己创立的新哲学，即“真实、有用、肯定、精确、组织”[①]，实证哲学是经历了神学和形而上学的思辨之后建立起来的一种哲学体系，在神学阶段，人们奉行的是天体崇拜，探索自然的未知与不确定问题，但是人们对不同于人造物的自然并不十分了解，为了探寻问题的终极因，常会把无法认识或暂时无从认知的事物归结于神，无论是一神，还是多神，都是虚幻的表现。随着人类思维的发展，人们开始用人类的近似物去探讨哲学问题，把终极因归结为实在的事物或者抽象的精神，并赋予其本体论意义。但是这种哲学的思考具有分散性，不同人、不同哲学派别具有不同的认识世界的方式，认识问题的方式始终没有统一起来。此外，这些哲学思考对于解决现实问题并没有什么实际意义，而是人们在咖啡馆里、公共场所、交际场合中谈论的话题，为了摆脱这种不切实际的、玄而又玄的思维方式以及分散的认识世界的方式，孔德开始寻找实际的路径试图利用一种普遍规律去认识世界，获得认识的一致性，这也是他的实证哲学的出发点与归宿。

孔德在谈及科学时指出“科学，实实在在寓于现象的诸规律之中；事实本身不管它是如何真实、众多，也只是为科学提供必不可少的材料”。[②] 而“真正的实证精神主要在于为了预测而观察，根据自然规律不变的普遍信条、研究状况以便推断未来”。[③] 在他看来我们的外部世界并不受任何意志所支配，而是服从于充分预见到的规律，观察是为预测服务的。自然规律在他那里已经变成了不变的、普遍的规律。

在实证精神中，孔德所反对的是带有意识形态色彩的神学和分散的具有抽象性的形而上学，并不反对方法论的哲学，他的实证精神就是要寻求一种全面概括性的哲学，如其所述：“今天的实证学派表明，终于达到至今它一直缺乏的哲学

---

① ［法］孔德. 论实证精神. 黄建华译. 北京：商务印书馆，2009：33—34

② ［法］孔德. 论实证精神. 黄建华译. 北京：商务印书馆，2009：13

③ ［法］孔德. 论实证精神. 黄建华译. 北京：商务印书馆，2009：14

的全面概括性。”[①]在其看来，以往的神学和形而上学所注重的就是自己占支配地位的历史，而没有真正的统一，以及发现历史规律，那么这个任务就是实证主义的使命。“尽管理性实证观念的这种无可置疑的优越地位最初看起来似乎纯然是思辨性的，但是真正的哲学家不久将会认识到，这是最终赋予新哲学以有效的社会影响的必然的第一源泉。”[②]任何形而上学从道德上说都是利己主义的，并没有为人类的总体服务，那种哲学体系注重的是“自我”“为我”、康德的独特的“直觉”，而忽视了社会性，实证主义哲学的任务之一就是把社会科学统一起来，“实证精神最大可能地而且毫不费劲地拥有直接的社会性。实证精神认为，单纯的人是不存在的，而存在的只能是人类”。社会的观念之所以被淹没，是因为旧的哲学体系的思辨个体性，而新的实证哲学所要建立的就是个体与社会之间的联系，谋求公众的利益。因此他把不同的哲学类型与社会中的不同地位联系起来，也就是与阶级地位相连。他所谈及的实证哲学有时可与下层的无产阶级联系起来，“神学哲学只适宜于上层阶级，它力图永久维持其政治优势；形而上学哲学则主要面向中层阶级，它支持其勃勃的野心”[③]，而实证哲学则有利于建立完善的社会学说。

毫无疑问的是，实证主义自它的创始人那里就开始了重视观察和经验的检验，统一科学，但是对于许多未经检验的、只能诉诸想象的问题，如上帝、生命的本质，实证主义没有办法证明或是反驳，为此，实证主义的后继者在20世纪初采用了逻辑分析的方法去论证这些一般性的结论，这就产生了逻辑实证主义。

逻辑实证主义学说以维也纳学派为代表。20世纪初，在维也纳大学的研究生中形成了一个以科学和哲学为研究对象的讨论小组，主要有石里克、纽拉特、弗兰克、哈恩，这些具有自然科学背景的学生很自然地把科学作为自己的认识论对象，这个小组被称为“石里克小组”，这也是维也纳学派形成的基础。1929年，哈恩、纽拉特、卡尔纳普所写的《科学的世界概念：维也纳学派》（Scientific World-Conception：Vienna Circle）的发表标志着学派的成立。形成初期，石里克、卡尔纳普、赖辛巴哈是功不可没的，他们的著作，如《普通认识论》（石里克）、《世界的逻辑构造》（卡尔纳普）、《相对论与先天的认识》（赖辛巴哈）也成为逻辑

① ［法］孔德. 论实证精神. 黄建华译. 北京：商务印书馆，2009：45
② ［法］孔德. 论实证精神. 黄建华译. 北京：商务印书馆，2009：49
③ ［法］孔德. 论实证精神. 黄建华译. 北京：商务印书馆，2009：74—75

实证主义的代表作。

在我们生活的世界中，面临的问题无非有两类：一类是“事物是否存在”的问题；另一类就是“是否有意义”的问题。对于第一类的问题，经验类的先驱们，如培根、马赫、孔德等试图用经验去验证；但是对于另一类问题，也是实证主义者拒斥形而上学的原因，认为形而上学的问题是语言的乱用，是没有意义的，对于这类问题的驳斥方式就是用语言的逻辑分析进行拒斥。“真正的哲学问题不谈自然或社会，而只谈语言或语言应用”①。对于逻辑性的重视也是受到了孔德的启示，孔德说：“我们所有实际思辨的这一终极目标，就其科学性与逻辑性而言，显然要求两个必不可缺的前提条件，其一是关于人本身，其二是关于外部世界。”②在对人或是外部世界进行思考时，所使用的标准有两个，科学性与逻辑性，对于科学性的东西，实证主义已经进行了研究，那么逻辑性的问题则交给他的后人。与实证主义的先人相比，这些逻辑实证主义者们，突出了逻辑分析的重要性，把语言与语句的分析纳入到自己的哲学体系中来，正如在维也纳学派成立的宣言式的文章《科学的世界概念》中，所描述的逻辑实证主义科学观的特点：“第一，它是经验主义的和实证主义的，只有来自经验的知识，这种知识是建立在直接所予的基础之上的。第二，科学的世界观念是以一定的方法即逻辑分析的运用为标志的”。在这种科学观中，还原论的思想渗透其中，“每一个科学陈述的意义都必须通过还原为关于所予的陈述来说明”，③任何科学分支都要还原为原初的经验，通过逐步的还原，直至最低层次的概念来阐释。除经验方法外，没有其他方法可以获得知识，经验之外的思维领域是不存在的。通过逻辑的还原与科学的经验，可以获得真正的知识，并且逻辑的分析有助于科学的概念、命题、方法的释放与应用。“逻辑的或认识论的分析并不是想给科学研究以任何的限制；相反却为科学提供了尽可能充分的形式上的可能性，从中挑选出最合适于每一种经验发现的形式。”④

从论证方式上来说，逻辑实证主义采取逆向的论证方式说明科学是建立在感觉经验之上的。试图弥补实证主义在正向论证上的不足，避免经验全称命题的困难。实证主义先驱在论证全称命题的科学性时遇到了困难，主体的个体有

① 洪谦. 论逻辑经验主义. 北京：商务印书馆，1999：98

② [法]孔德. 论实证精神. 黄建华译. 北京：商务印书馆，2009：78

③ 陈波，韩林合. 逻辑与语言——分析哲学经典文选. 北京：东方出版社，2005：204

④ 陈波，韩林合. 逻辑与语言——分析哲学经典文选. 北京：东方出版社，2005：212

限性很难经验到世界的广泛性，因此逻辑实证主义转变了思维的模式，从现有的命题回溯来证明其经验基础。逻辑实证主义的研究目的就是用逻辑重构科学知识和感觉经验之间的关系，即合理重建(rational reconstruction)，“合理重建要揭示科学概念可定义或可还原为感觉经验的概念，科学理论可还原为基本的经验命题。总之，逻辑经验主义者力图这样解释科学概念和科学命题，借以揭示科学理论最终建立于感觉经验的基础上。这就是合理重建的目的。”①合理重建并不是历史重构，顺时间次序的推理，而是逆时间次序的还原，目的是要表明通过层层还原与回溯证明科学概念是有根基的，有实在的基础，并非无根基的虚幻，以此证明其科学性。

正如批判经验主义的美国哲学家蒯因所说：“自1930年以来，支配当时哲学的，就是卡尔纳普。”②所以在这里主要以卡尔纳普的观点呈现逻辑实证主义的哲学。

在卡尔纳普的《世界的逻辑构造》中，他运用从罗素和弗雷格那里继承的逻辑分析方法，建构一种认识的体系，进行“理性的重构”，作为逻辑构造基础的有两个部分，一是基本要素，二是基本关系。作为认识出发点的就是“认识在先”的经验，即不经过任何的中介就可以获得的直接的原初经验。要进行逻辑的重构除了这些经验之外还有经验之间的关系，关系的次序是以“相似性”为基础的，通过原初经验对“相似圈”(具有部分相同性质的原初经验的类)内的事物进行认识，开始了逻辑的构造。

卡尔纳普是拒斥形而上学的，他认为“形而上学这样的概念就是超乎经验的，不可能被安排在一个具有自我心理基础即建立在直接经验之上的构造系统中，也就是说不可能将这种概念的命题还原为原初经验的命题”。③ 相反，对于科学，他则具有很强的信心，认为“没有任何问题是科学在原则上不可能回答的”④，只存在一些时空上距离太远而现实中难以回答的问题，而不是原则上不能回答的问题，除此之外，如人生的问题是我们没办法回答，但却是有意义的。虽然卡尔纳普承认在科学之外还有很多的维度，但是他未能说明科学与其他维度之间的界线在哪里。比如他对物理学的分析，对于物理学是不是实在的问题进行了

---

① 江天骥. 逻辑经验主义的认识论；当代西方科学哲学. 武汉：武汉大学出版社，2006：109

② 洪谦. 论逻辑经验主义. 北京：商务印书馆，1999：269

③ [德]鲁道夫·卡尔纳普. 世界的逻辑构造. 陈启伟译. 上海：上海译文出版社，1999：中译本序 13

④ [德]鲁道夫·卡尔纳普. 世界的逻辑构造. 陈启伟译. 上海：上海译文出版社，1999：323

剖析，一方面，从语言上来说，运用实在论的语言去分析是没有问题的，但是，另一方面，采用实在论的立场或观点，即把物理学的特性归结为某一个实体时，就是违背实在论精神的，“规律性的联系是客观的，独立于个人意志的；反之，‘实在的’特性指被归属于某一实体（无论是物质能、电磁场或别的什么东西）不可能源自任何经验，因而是形而上学的”。[①] 所以对于科学与非科学的区分，以卡尔纳普为代表的逻辑实证主义者更多的是从逻辑与语句的层面上进行架构的，在物理学用原初的经验没办法判断时，就可以采用逻辑的语言分析。

实证主义浪潮随着20世纪60年代库恩的书等作品的出现陷入学术的泥潭中。《科学革命的结构》对实证主义是一种致命性的冲击，库恩描述的常规科学阶段以及科学革命时期，科学共同体内的活动是有规则和范例的，权威科学家对科学进行解读，形成范式，其他的研究人员如果想要融入进来就要信奉此科学共同体的范式，遵循规则，而且不同的共同体内的规则具有不可通约性，这些都说明了科学结论的得来并不是直接观察的结果，科学的权威地位并不是由它的客观性所维持的，而是权威订立的规则，这也启发了社会学家的思考，直到20世纪70年代，作为一种学术运动，实证主义已经逐渐消退。在逻辑实证主义的哲学中，受到批判的是它的经验的检验以及还原论的思想，这些思想虽然随着石里克的死亡、关键人物在纳粹时期逃往英美而失去了阵营，但是在现实生活中却依然存在。

实证主义标榜统一的科学，这往往成为政治统治的工具。“如果坚持完全的道德独立性，纯学院科学只会生产出缺乏社会合法性的知识。[②]”在获得合法性过程中，科学在现实中与政治结盟。

二、科学论的第二波——风险解释的溶化剂

20世纪70年代早期随着实证主义的式微，科学论的第二波开始登上了学术舞台。第二波主要表现形式为社会建构主义。默顿、贝尔纳、库恩等科学社会学家、科学哲学家对科学之外的社会因素的研究，使人们看到了科学之外的文化因素的作用，科学“唯我独尊”的场面被打破了。特别是后来《利维坦与空气泵》《实验室生活——科学事实的建构过程》等书籍的出现，进一步揭示了在作为微观世

---

① ［德］鲁道夫·卡尔纳普. 世界的逻辑构造. 陈启伟译. 上海：上海译文出版社，1999：319

② ［英］齐曼. 真科学. 曾国屏等译. 上海：上海科技教育出版社，2002：221

界的实验室中，权力、语言、修辞、协商、身份等社会因素对科学结果的干预作用。第二波揭示出引用额外的社会因素结束科学的和技术的争论是必要的——因为科学方法、实验、观察和理论是不充分的。那么科学的概念也由对世界的真理性认识变成了“科学是一种社会活动”。

在20世纪30年代默顿和贝尔纳就注意到了科学之外的维度，即社会因素的作用，社会存在对于科学是有影响的这是被人们所承认的，但是这种社会作用一直保持在科学之外，保持两种体系的并存，尤其是默顿的“四原则”（普遍主义、公有主义、无私利性、有条理的怀疑）使得科学与其他文化保持平等的地位。贝尔纳揭示出科学也并不是一种纯粹的“精神消遣”，并不单纯是研究者在诸如大学这种科研机构中的精神追求，很多情况下，它只不过是一种谋生的手段，课题的选择要迎合工业的需要，工业与企业的需要是课题价值的体现。可以说这种社会的影响一直是在外部的，直到一枚重磅炸弹的出现，使得科学的独立性地位被动摇，这就是库恩的《科学革命的结构》一书的问世。他对实证主义的冲击表现在两个方面，一是批判实证主义所追求的科学之间的连续性。实证主义特别是逻辑实证主义所要追求的是统一的科学，在这种科学中，坚持用普遍性规律去认识事物或预测事物。但是库恩认为，这恰恰是实证主义科学的错误，这种连续性是不可能的。“当问题改变后，分辨科学答案、形而上学臆测、文字游戏或数学游戏的标准经常也会改变”①，范式之间是不可通约的，连续性只能发生在无“革命”的常规科学阶段。另一方面，对逻辑实证主义还原论证进行批判。库恩揭示出共同体内部的话语权是科学结论产生的决定因素，社会、权利、利益的影响已经从科学的外部转移到了内部。“学科学的学生接受理论，是教师和教科书的权威造成的，而不是因为证据。”②库恩提出了“范式”“科学共同体”两个非常重要的概念，范式的转换经历了常规科学——反常——危机——革命这样的过程，科学共同体的形成是以范式的选择为前提的，共同体内共同遵守的规则则是权威谈判、协商的结果。在社会因素影响下的话语是没办法被还原的，机械主义的还原论思想受到了重创。

库恩的思想被社会建构主义所继承。20世纪70年代社会建构主义起源于爱丁堡大学，又称为科学知识社会学（SSK），根据研究方法可分为爱丁堡学派、

① ［美］托马斯·库恩. 科学革命的结构. 金吾伦，胡新和译. 北京：北京大学出版社，2003：95
② ［美］托马斯·库恩. 科学革命的结构. 金吾伦，胡新和译. 北京：北京大学出版社，2003：74

巴斯学派、巴黎学派。爱丁堡学派的代表人物是巴恩斯、布鲁尔、皮克林(早期),擅长以宏观的方法讨论社会因素的作用、权利与利益的研究。巴斯学派以柯林斯为代表,注重微观案例的研究,虽然柯林斯现在已经离开了巴斯,但是他依然注重案例研究,其微观方法一直受用。巴黎学派的代表人物是拉图尔与伍尔加,擅于采用人类学的方法,进行田野调查。

社会建构主义所坚持的立场有:(1)社会的因素是渗透在科学知识生产的过程中的;(2)社会因素在知识产生的过程中起到重要的作用,甚至是决定作用(强纲领 SSK);(3)科学知识并不是对客观世界的表征,而是科学共同体内部成员之间协商与谈判的结果;(4)其他的文化形式与科学一样,具有平等的地位。这些观点体现在《实验室生活》《建构夸克》《改变秩序》《利维坦与空气泵》等经典作品中,这些书籍也成为人们研究社会建构主义理论的重要参考。

拉图尔把科学知识的产生视为一种文学铭写系统,科学事实在一个人为环境中,通过对陈述的操作、语句的修辞而被建构、传播和评价。柯林斯认为,科学知识的产生主要在于核心层的成员,核心层之外的大多数人很少知道科学知识如何产生,只有极少数的、核心层内的科学家具有实际经验。那些核心层外的人是很难获得第一手的资料,也很难知道知识是如何确定的。直接经验的不确定性的最终确定,是在核心层内完成的。通过非科学的谈判策略,不确定性被确定了。距离核心层越远的人越难看到这种不确定性,所以柯林斯得出结论"'距离产生美':在社会时空中,距知识创造地点越远,知识就越可靠"。[①]

经历了社会建构主义的分析之后,科学的"实在性"和"真理性"备受质疑,"科学主义"与"科学万能"的实证主义思想受到严重冲击。所要注意的是,虽然人们注意到了科学之外的社会因素,也在社会机构中运用科学知识,但是社会建构的权力仍然停留在"贴有标签"的专家的贡献上,也就是那些被认可的权威科学家与社会学家身上,即精英,而没涉及普通公众的权利与技能问题。问题的合法化不是取决于公众的技能,而是政治制度。

三、科学的可信性

科学论的第二波对实证主义科学质疑最多的地方就是科学的"可信性"问

① 哈里・柯林斯. 改变秩序:科学实践中的复制与归纳. 成素梅,张帆译. 上海:上海科技教育出版社,2007:130

题，实证主义想要建立的就是科学的权威、可信性，而社会建构主义所要摧毁和瓦解的恰恰就是可信性的根基。

科学为什么是可信的？笔者认为，这里存在着四个层面的原因。其一，正如齐曼所明确指出的，“它被认为来自那些值得信赖的人和机构”①；其二，科学本身所宣扬的知识的“客观性”；其三，政治权利所赋予它的优越性；其四，带有商业目的的宣传。

第一，它来自“那些可以信赖的人和机构”。在人们对科学知识懵懂或是无知以及无从辨别时，这些被认可的人或是机构的存在似乎给了他们心灵上的安慰。就像布赖恩·温在所描述的放射性材料工厂的工人案例，他们之所以会在这样的环境中工作，完全是出于对雇主的直觉信任。这也是柯林斯技能周期表中的“地方性辨别”(Local discrimination)，因为居住和生活在此地，对于此工厂和雇主有进一步的认识，没有什么科学依据基础上的信任。同样地，在夏平与谢弗在《利维坦与空气泵》中描述了波义耳与霍布斯围绕着空气泵所产生的真空与实空的争论。作为自然哲学领袖的波义耳，同时是英国皇家学会的会员，用实验观察的方法进行空气泵的实验，已验证真空的存在。其皇家学会会员的身份成了“有效的证明”，加之他所使用的科学仪器，使得其最后赢得了与霍布斯的争论。又如费耶阿本德所列举的20世纪30年代针对量子论中的不确定性问题存在的两种解释之间的争论。第一种解释认为，量子论跟统计力学一样，是一个统计理论，不确定性是知识的不确定性，而不是自然界的不确定性；第二种解释认为，不确定性不仅表达了人们的无知，它们还是自然界中固有的性质：根本不存在比不确定性关系所表明的状态更确切的状态。第二种解释得到了波尔和海森堡的辩护，冯·诺依曼也提出证明，表明量子力学与第一种观点不相容。这也成为人们对于此问题辩护的依据，一直到50年代，每当有人对辩护提出异议时，第二种观点的捍卫者都说，这种观点已经得到了冯·诺伊曼的证明。尽管反对意见有时很难对付，当捍卫者说到“但是冯·诺伊曼已经证明……”，他们都沉默了，第二种解释获胜了。“它的得救并不是因为冯·诺伊曼的证明广为人知，而是因为仅仅‘冯·诺伊曼’这个名字便是压倒任何反对意见的权威。它是因为权威的传闻的力量而得救的。”②

① [英]齐曼. 真科学. 曾国屏等译. 上海：上海科技教育出版社，2002：193
② 保罗·法伊尔阿本德. 自由社会中的科学. 兰征译. 上海：上海译文出版社，1990：98

第二，科学内容的"客观性"。科学通常在求"真"与求"用"的维度上不断地探索，科学家成了价值无涉的行动者，是默顿所主张的无私利性的代表。因为科学基于经验的观察，并以客观存在的科学仪器作为观察的手段与媒介，以及行业内的规则，使得科学成为客观性的表征。如夏平与谢弗在对波义耳与霍布斯的争论进行分析时频繁提及的一个概念就是"事实"，通过对实验科学阶段的争论进行研究，他们总结出"事实的建立运用了三种技术：镶嵌于气泵的建造和操作中的物质技术；将气泵所产生的现象传达给未直接见证者知道的书面技术；以及社会技术，即用以整合实验哲学家在彼此讨论及思考知识主张时应该使用的成规。"[①]因为价值无涉与权威性，科学被看成了一个"黑箱化"的存在。拉图尔对黑箱概念进行了研究，"拉图尔的另一个令人感兴趣的概念是关于黑箱(black box)的概念。这里的黑箱是指已经被承认被接受为真实、准确和有用的科学理论、科学事实和科学仪器，拉图尔用黑箱更经常地是指那些被当作其他理论的基础加以使用的科学理论。"[②]"只要科学这架机器生产出来的东西，在道义上对社会是可接受的，那么，其内部如何运转，则无关紧要。"[③]科学以经验的观察、仪器的实在性、价值无涉维持着自己的客观性。

第三，政治赋予科学的优越性。科学优越于其他文化形式而存在，但它自身的优越性不能通过它本身进行证明，不能为自己的合法性进行辩护，那么在现实中科学确实具有优越性，这种优越性是哪里来的呢？费耶阿本德讨论了科学的优越性问题，他开始寻找其他的方式，揭示出科学与民主政体密切联系在一起。"科学的优越性同样不是研究和论证的结果，而是政治、制度甚至军事压力的结果。"[④]科学因为与国家政体密切联系在一起，科学的内容具有了权利，并且积极争取在科学领域内的统治权，成为唯一的意识形态下的可遵循的权威，它为了维持自己的成果与权威就要确立一些制度上的内容，如怎样才是有资格的专家，哪些集团是具有权威的，哪些教育是可信的，哪些组织是可依赖的，科学的发言权受到严格的限制，通过权威化与政治化的过程，科学不断确立自己的地位，压制任何可能的挑战，因此科学的优越性逐渐明晰，现实情况被科学所操控的越来越

① [美]夏平，[美]谢弗. 利维坦与空气泵：霍布斯、玻意耳与实验生活. 蔡佩君译. 上海：上海人民出版社，2008：23

② 布鲁诺·拉图尔. 科学在行动——怎样在社会中跟随科学家和工程师. 刘文旋，郑开译. 北京：东方出版社，2005：译者前言第6页

③ [英]齐曼. 真科学. 曾国屏等译. 上海：上海科技教育出版社，2002：21

④ 保罗·法伊尔阿本德. 自由社会中的科学. 兰征译. 上海：上海译文出版社，1990：110

有利于它了。虽然费耶阿本德没有直接说科学的优越性是国家所赋予的，但是他却论述了科学与国家之间的关系。国家与科学微妙地结合在一起。而且这种结合并不能通过政治的方式强硬地进行分离，而是要达到高度理性的自由社会才能够分离。“国家和科学（理性主义）的分离是国家和传统的这种一般分离的必不可少的部分，这种分离不可能用一种政治行动来引进，也不应该以这种方式引进，因为许多人还没有达到生活在自由社会中所必须的那种成熟性（这尤其适用于科学家和理性主义者）。”①因此，科学以优越的形式存在着。

第四，科学在获得理论上的可信性之后，还要不断地维系与巩固这种可信性，那就是市场的转化，科学与商业结盟。“独立的科学很早以前就被依靠社会而生存并加强了社会的独裁主义倾向的商业科学取代了。”②科学本身作为一种社会活动，在与商业的共谋中获得双赢。科学与商业之间的联盟有很多种表现，如合作研究、合作发文资助研究、会议、杂志、合作发文等。在一系列的资助之后，受资助的科学研究者或是研究机构给予资金提供方一些机会亲自或者请代理人介绍自己的产品，而受资助的研究也会做出有益于资助方的研究成果。

如“英国最近一项研究发现国家营养和食品政策委员会的 246 位成员中有 158 位在食品公司任顾问或者接受食品公司的资助”。“1996 年的一项调查发现近 30%的大学教员接受行业资助；另一项调查发现，800 篇分子生物学和医学论文的主要作者中有 34%的人，或从事专利发明，或担任咨询委员会委员，或持有从研究中可能得到好处的公司的个人股票。”③很多大学和组织的科学研究、科研机构受企业的支持与资助。一些公司与企业的合作形式也是多样的，除了对其科学研究进行资助以外，还会对出版的杂志进行赞助。杂志的封皮上便出现企业宣传或是企业产品、企业工艺的介绍等。杂志中的广告收益也成为一些组织与协会的重要收益，如“美国饮食学会公布，1999 年它从杂志中获得大约 300 万美元的收入”。会议的食宿、茶歇、飞机票、场地的租借费、礼品都是公司提供的，因此会议会为公司腾出时间介绍自己的样品，在计划书中为其刊登广告并对他们进行鸣谢。

行业资助的研究是否会影响研究的结果和观点，研究这类关系的人员并没

① 保罗·法伊尔阿本德. 自由社会中的科学. 兰征译. 上海：上海译文出版社，1990：116

② 保罗·法伊尔阿本德. 自由社会中的科学. 兰征译. 上海：上海译文出版社，1990：107

③ 玛丽恩·内斯特尔. 食品政治：影响我们健康的食品行业. 刘文俊等译. 北京：社会科学文献出版社，2004：85

有说行业资助的研究总带有倾向性，而是得出可能有益于资助者的结论，之后这些资助者会利用文章的观点为自己的产品做广告，从而使自己的产品更有说服力，更加被需要。企业出资资助研究，研究为企业争取话语权，企业利用科学为自己谋利益。

特别值得注意的是，这些资助的公司会通过受资助的研究者把科学的“标准”定得很高。美国国家科学院食品与营养委员会的职责是通过科学研究，为人们确立人体所需的营养标准。它在进行研究的过程中受到了一些保健品公司及相关组织的资助，如罗氏维生素公司、美赞臣公司、第一精密化学株式会社、韦氏营养集团以及维生素E自然选择协会，这些公司和组织大都通过营养品的售卖而获得自己的利益，那么在资助的过程中，他们希望食品与营养委员会把营养的标准定得很高，更希望他们得出只有通过营养品的补给才能够达到标准，因此“委员会在建议摄入更多量的维生素C和E方面的行为也许会如此”。①

这个科学的“标准”正像贝克在风险社会中所阐述的危害的“可接受值”一样，其间包含着利益的共谋。如何打破这种可信性的禁锢，科学社会学家的研究给我们指明了方向。科学的“真”包含了两种维度：认识论维度和社会性维度，实证主义的科学追求的是“真”的认识论维度，所以不断建立科学的权威、“大一统”的局面，那么在这种状况下就给科学的可信性带来危机。人们用社会维度很容易就质疑了科学的客观性维度，“真”的可信性是两方面都不可少的，实证主义科学的“真”的认识论维度过于专制，需要现实的突破。

四、可信性危机：打破“黑箱化”的存在

科学的可信性实际上是科学家的“投资”，目的是获得更大的信用、更多的名望。可信性已经变成了一种个人资产，是研究者获得长期物质资助与社会尊重的资源，同时“只不过是一种博学的行为或者蓄意的策略”②。科学内部的可信性建立在科学共同体的同行评议基础上，新知识的产生必须在科学共同体的“核心层”内完成，以符合当前的科学共识、引用有名望的科学家的作品及观点或是共享实验室资源为依据。同行对知识进行了认可，那么知识的生产者才能得到资

① 玛丽恩·内斯特尔.食品政治：影响我们健康的食品行业.刘文俊等译.北京：社会科学文献出版社，2004：84

② ［英］齐曼.真科学.曾国屏等译.上海：上海科技教育出版社，2002：196

助，并进行下一步的研究，经过"仔细权衡"之后得出数据——被认可——获得更多的资助，信任的循环基于"优势积累"。"大多数的科学论断是其他科学家已发表的早期研究结果的延续。的确，科学家是科学知识最活跃的'用户'，对其可靠性有最大的需求。他们深深陷入信任之网中，既依赖别人，又希望自己的贡献被别人所接受。"①

拉图尔和伍尔加认为实验室中知识的生产并不如人们所想，是对"实在"的反映，而是"陈述"的"论争场"，"解释"的"修辞学"，社会等外部因素的介入打破了科学的权威地位，科学知识的生产要屈就于科学之外的社会因素，如资金的来源等。科学主义所树立的科学可信性很容易被打破了，"科学"的客观性与公正性也就陷入了危机。如一些论断："专家所研究的问题常常倾向于道德价值，而不是可靠的事实"；"知识本身不一定是完全有益的，并且很少能够真正解决它试图解决的问题"②；科学"诉诸于真理和合理性是为了产生修辞效果而并没有客观的内容"③。

我们不妨从拉图尔所列举的实验室主管的旅游线路入手来描述他的科学解构之旅。一位实验室主管"在全世界飞来飞去，与政府官员交谈，以争取更多的投资；与杂志编辑交谈，以说服他们开辟一个新专栏；与各种公司交谈，以使公司改进它们的仪器，从而使其实验室里进行的研究更有效率。在'科学'的通常意义上，这位实验室主管是在从事科学吗？"④拉图尔用技科学的思想对科学的"黑箱"进行解构。在《科学在行动》一书中他首次提出了技科学思想，技科学源于对科学研究的内部与外部的二分，用来描述所有与科学内容相关的因素，也揭示出科学研究中的外部因素的介入问题，呈现给我们一个科学研究的真相。拉图尔认为科学研究并非只限于科学的内部研究人员的工作，而事实上研究人员只是整个研究工作的冰山一角，除了内部从事研究的人员之外，外部的工作人员，即"有助于定义、协商、管理、控制、检查、教授、销售、修补、相信和传播事实的人，他们是'研究'的重要部分"⑤。科学研究越深入、越艰难，其需要的外部支撑越大，

① [英]齐曼. 真科学. 曾国屏等译. 上海：上海科技教育出版社，2002：196

② [英]齐曼. 真科学. 曾国屏等译. 上海：上海科技教育出版社，2002：218

③ 保罗・法伊尔阿本德. 自由社会中的科学. 兰征译. 上海：上海译文出版社，1990：85

④ 布鲁诺・拉图尔. 科学在行动——怎样在社会中跟随科学家和工程师. 刘文旋，郑开译. 北京：东方出版社，2005：9

⑤ 布鲁诺・拉图尔. 科学在行动——怎样在社会中跟随科学家和工程师. 刘文旋，郑开译. 北京：东方出版社，2005：274

所涉及的社会关系就越多。所以在研究中，我们不但要考虑科学家的行为，而且要关注那些尽管处于科学外部，没有直接进入科学的实验室研究细节却仍然参与科学的形成，促进科学的黑箱化过程的人。所要指出的是，在这里科学的内部与外部因素的二分，是为了分析的方便而进行的，但是在实践的过程中是统一于一体的，在实践的过程中并没有被割裂。最初，实验室的主管不过是接受国家的资助，在实践的互动中，逐渐地牵制国家委员会的资金分配，而后却成为了合法决定资金分配与控制的政府机构的人了。科学并非对所有的人都是黑箱化的存在，对于使用和被迫接受它的人是如此，但是对于生产知识的科学家来说则不然，他们往往在传播和研究的过程中加入自己的因素，或者通过修改论据使之得到强化并纳入到新的语境中来。

正如查尔斯·赖尔的《地质学原理》写作之前的价值考虑过程。19 世纪 20 年代后期，赖尔正在攻读法律系，但是他想研究地球发展史，他依靠父亲的资助而过活。那时的英格兰还没有与地质学家相关的稳定工作，所以他不得不在别的行当里谋生，但是他又想过上流社会那种闲适的生活，所以他不得不游说那些绅士、伯爵、男爵夫人们而获得资助，便于他能够进行采集。所以他面临两难的困境：如果要使《地质学原理》成为畅销书的话，那么他就要去掉太过专业化的细节，使大众能够读得懂，这样一来他就成了一个科普作家，而不是专业的地质学家，他就会出名，从而获得很多的资助；如果他想成为专业的地质学家的话，书中就会出现很多争辩的专业化细节，因此会失去很多的读者，也就不可能从绅士、爵士们那里获得钱从而使自己过上流社会的生活。所以在知识的生产之前，每一个生产者都会面临价值选择。

与拉图尔一样，布尔迪厄也看到科学内部各种力量的博弈。他利用场域理论对以科学为工具的资本积累进行反思，认为实验室是一种科学场，其间充斥着代表各种力量的活动因子，这些活动因子占有不同的资本份额，资本是一种权力的象征，“资本的分配结构决定着场域的结构，这也就形成了科学的各种活动因子的力量关系：掌握一定分量(从而占有一部分)资本的因子便能够在场域中施加一种权力，从而影响那些相对来说资本较少的活动因子或行动者(以及他们的‘入场费’)，并且决定获利机遇的分配”。[①] 此外，夏平与谢弗用发生在 17 世纪的真实案例给我们揭示了处于政治关系中的科学。代表经验主义的波义耳与代表

---

① 布尔迪厄. 科学之科学与反观性. 陈圣文等译. 桂林：广西师范大学出版社，2006：59

理性主义的霍布斯围绕着空气泵产生了真空与实空的争论，争论的实质是哪一种知识生产模式是真实的、科学的、可靠的、权威的。在这里重要的是“实验所制造的事实被嵌入恰当的知识根基中去的历史条件”[①]，也就是说他们所进行的实验活动本身对权威的科学知识的形成、对于决定哪一种知识能够成为科学的知识本身是没有什么实际的意义的，而进行试验的历史条件，即实验的情境却是关键的。波义耳所进行的实验是要维持科学的边界，霍布斯的实验是对固有科学的合理性进行挑战。争论的结果是波义耳成功了，原因有两点：其一，因为其皇家学会会员的身份获得了更多人的支持；其二，波义耳的实验满足复辟时期英格兰政府对科学所赋予的期望，脆弱的复辟政府需要一种平静的、无争议的、具有确定边界的科学。对于这部分的理论分析，我们将在第三章案例分析中深入展开。

对科学的解构，除了这些理论上的分析，我们在现实生活中，也经常遇见。正是这些带有风险的现实状况的解决过程，使得科学陷入了危机。在现实生活中，不乏老百姓对科学家以及政府发言人的不信任，为什么会出现这样的问题呢？科学的管理机构在现实中出现了独断的现象，在公众的日常认知中，他们的这种权威恰恰导致风险的形成。如河北沧县的环保局局长，面对被化工厂严重污染、苯胺超标 70 几倍的井水(正常饮用水苯胺含量不超过 0.1 毫克每升，而小朱庄村养鸡场内井水苯胺为 7.33 毫克每升)，语出惊人：“红色的水不等于不达标的水。有的红色水，是因为物质是红色的，比如说放上一把红小豆，那里边也可能出红色，煮出来的饭也可能是红色的。”[②]这位“红豆局长”虽然已经被免职，但是政府却再次失信于公众。又如肯德基所使用的 45 天长到 5 斤的速成鸡案例。某农业大学食品科学专业的副教授在自己的博客中写了关于快大型白羽鸡的成长快并不是因为激素的作用，而是现代化的养殖技术，“激素没有促进鸡肉生长的神秘力量，还会增加肉鸡患病风险……不断发展完善的遗传选育技术是 45 天出笼的内因之所在”[③]。对于这样的回答，不能得到广大网友的认同，有网友质疑这只是科普层面的理解，并不符合中国国情，并不能保证避免现实应

① 托马斯·吉瑞恩. 科学的边界.［美］希拉·贾萨诺夫等编. 科学技术论手册. 盛晓明等译. 北京：北京理工大学出版社，2004：327

② “红色井水”背后谁是黑手？——河北沧县小朱庄水污染事件调查.(2013－4－8)［2013－4－8］http://news.xinhuanet.com/local/2013-04/08/c_115305017.htm

③ 朱毅. 说说肉鸡的家长里短.(2012－12－18)［2013－3－6］http://songshuhui.net/archives/76381#comments

用中的问题。所以如何去科普，如何去使公众接受和理解科学涉及以下两个方面的问题。

在现实中，科学机构的操作表现在两个方面：其一，实验室实验的充分性与标准订立的可信性；其二，科学机构背后的基金支持。在一些食品安全事件出现之后，常会有所谓的“专家”出来辟谣，对于这样的言论，经常起到相反的效果，使公众更加坚信了问题的存在，这些“专家”也经常被拍“板砖”，常常被网友誉为“砖家叫兽”。我们从前述的两个方面入手来分析这种现象。一方面，对于实验室内部订立的这些标准，我们常常不知道是怎样形成的，是否带有利益的倾向性或者协商与妥协的成分。这种黑箱化的操作过程，很多都不是公开透明的，标准的制定缺少公众的经验、公众的关怀。另一方面，这些科学背后的基金支持。对于国外的科学研究来说，大部分是会获得企业资助，而国内的研究主要来自于政府的支持，政治因素的支撑使得科学结果反映了集团利益，科学的标准变成了政治的声音。面对现实中突如其来的状况时，“政府往往反应滞后，新闻办只管‘发布信息’，不做双向交流，而且只表明态度，不讲为什么，老板姓得不到很多该知道的东西”。[①] 因此，科普变成了一种带有政治倾向性的单向行为，公众对于不符合自己生活经验的状况就会表现出抵触情绪，也就会出现信任危机。那么要想得到好的科学普及效果必须把公众的因素凸出出来，从公众的生活经验出发去解释科学的标准，而不是简单的政府发言人或专家所谓的“没有问题”“符合标准”“没有毒”，就真的符合了标准和没有问题，标准的出发点要符合公众的生活经验、抓住公众的关注点。那么对于这个问题，科学松鼠会的成员也给出了解释“为什么国人会对科学的解释也持排斥的态度。在美国，科研机构会要求研究者做研究的同时考虑到如何向大众传播，规定他们的社会责任。而国内的科研工作者则只需要‘对经费机构负责，发表文章’就可以了”[②]。科学的评价标准不只是表面上所呈现的“客观性”维度的体现，还是一个社会建构的过程，恰恰是这种社会性的维度导致了可信性的危机，那么要想解决问题还要从社会性维度中加入公众的切实经验，因为公众是社会维度的一个重要的参与者。不但要让公众参与，而且科学标准的制定及执行要符合公众的经验性认知。

---

① 张亚利. 食品安全为何草木皆兵. 中国周刊，2013(3)：47

② 张亚利. 云无心：科学标准遇见社会问题. 中国周刊，2013(3)：45

五、公众的话语权与自身利益博弈

在第一波中，实证主义科学的权威维系模式，没有给公众的参与留有余地。公众只是科学家所设想的知识传播的对象，科学普及的对象。无论是在知识的生产还是在知识的应用中，科学权威网络的存在，“只要接受就好”“只要信任权威的机构”“科学家会处理”等这些信念就会在公众中流行，公众没有说话的空间，就没有意识去留意问题的解决方式，久而久之就变成了只追求一个“结果”或是“说法”，至于结果或说法是如何形成的则没有意识也没有权利去接近，就会使问题的处理“黑箱化”，以致于问题长期处于未解决的状态。

在第二波中，实证主义的科学遭到了社会学者的解构，社会建构主义者的出发点就是对科学权威的摧毁，引起人们重新认识科学知识生产与科学活动的过程，但是在这个过于理论化的过程中，公民的真正作用并没有体现出来。虽然社会学家们也注意到了公众理解科学的问题，这种理解的前提是建立在民主制的基础之上的。从理论的原则上说，公民是有权利参与科学的，但是在现实中公民没有参与进去，没有对科学的形成与应用产生影响，虽试图用民主制去摧毁科学的一统天下局面，但公众参与科学只停留在“口号”与“原则”上。虽然第二波对于公众理解科学的分析只停留在口号上，毕竟比第一波更进了一步，至少在民主的权利上，公众是有参与权利的，这也对公众在涉及到切身利益问题上的发言做好了理论上的、制度上的准备。

但是，在第一波和第二波中，公民的这种权利并没有实际的效果，常常被忽视，没有得到合理的地位。这在最初的疯牛病事件以及坎伯兰牧民事件中可以体现出来，虽然都是发生在民主制的英国，但是在处理问题的时候，民众则没有参与进来。这就促使我们去思考，公众参与在现实中必须转向技能的参与，即用自己的技能实际地参与进来，也就需转向第三波的技能积累。

第三波所探讨的问题与第一波是相同的——为什么科学是有价值的以及我们如何使用它。科学论的第二波并不能解决公众领域中的技术问题。尤其是，政治决策的速度为什么快于科学共识形成的速度。因此，它试图通过弥合技能与民主之间的区别去解决合法性问题。第三波处理的问题是：“在绝对的科学共识形成之前，基于科学知识怎样做决定?”哈里·柯林斯与罗伯特·埃文斯的科学论第三波理论，注重技能与经验的研究，打破了科学共同体与“外行人”之间的明显界限，提出公众作为经验型专家参与到科技决策中来，试图从微观的角度解决风险分析中的问题，把政治维度与技术维度分开进行分析。

第二节　科学论的第三波——风险解决的处方药

一、传统公众理解科学的困境

1. *以往的公众理解科学的三条进路*

自从英国皇家学会会员鲍默爵士1985年发表的“Public Understanding of Science”报告中正式提出了“公众理解科学(PUS)”的概念开始，公众理解科学就经历了一个STS视角的发展过程。从模型上说，公众理解科学经历了缺失模型、民主模型和内省模型；从进路上来说，有三条进路：定量研究、认知心理学的研究和定性研究。相应地，笔者认为公众参与科学经历了作为科学传播受众的参与、作为口号的形式参与与技能介入的实际参与三个阶段。

米勒和早期杜兰特的公众理解科学模型即为科学传播受众的参与。米勒体系是美国学者乔恩·米勒(Jon Miller)在20世纪80年代提出并逐步完善的。他认为，“针对公民的科学素质进行定量测量的一套测度体系，最初包含三个维度：公众对科学概念及术语的掌握、公众对科学探究过程和本质的理解、公众对科学技术对个人和社会的影响的认识”。① 通过对所关心的科学领域问题回答的正确性来衡量PUS的水平，当公众忽略或是抵制某个与科学有关的项目或是问题时，就认为公众误解了科学。缺失模式的弊端在于，公众所应该具备的知识带有科学家的预设。因此，公众在理解科学中的角色就是一种被动的角色。

在认识到缺失模型的弊端后，曾经追随缺失模型的英国学者约翰·杜兰特(John Durant)转向了“民主模型”(democratic model)的研究。在研究的过程中，对科学传播的单向度模式进行改良，把科学引入到生活领域，使科学变成“公共领域中的科学”，打破科学的神秘与权威，使得科学变成日常的知识，变成“公众的知识”。

布赖恩·温(Brain Wynne)“在其《与境中的知识》一文中，强烈批评占有支

① 李红林.公众理解科学的理论演进——以米勒体系为线索.自然辩证法研究，2010(3)：85—90

配地位的公众理解科学问题的形成，因为这个公众理解科学框架把公众问题化却没有对科学本身的问题内省”。[①] 因此，温在对缺失模型的摒弃、对民主模型批判的基础上提出了“内省模型”，对公众理解科学中的科学与制度进行反思。更加注重科学研究中的情景化，科学研究的背景。如在坎伯兰牧民案例中认为牧民对辐射污染源的认定上，表现出的“无知”并不是真正的无知，而是一种社会认同。

温在《科学技术论手册》中对成书之前的有关公众理解科学的研究模型进行了系统化，归结了三条研究进路：“对所选的‘公众’样本展开大规模的定量调查，从而不仅得出公众对科学的态度，而且可以测量公众的科学素养或是公众理解科学的水平；认知心理学，或是以外行的行为过程作为科学研究的对象，进行‘心理模式’上的重构；通过定性研究来观察科技专家在公众中的情景化，从而考察处于不同社会情境中的人们是如何经验并建构意义的。”

温本人承认自己的公众理解科学是建立在 PUS 的第三条进路——社会建构的基础之上的。他从社会情境、对相应机构或社会行动者的信任、科学知识的恰当性、社会行动者如何理解科学的预设方面对公众理解科学的建构模式进行了梳理，并对公众的无知提出了自己的思想。“无知不是认知的真空或是缺乏知识所造成的空白，相反，它是一个积极的概念，不乏在科学的社会维度上的认知内容。它是建立在潜在的社会关系和特定的认同模式上的建构物。”[②]他把人类学方法和科学社会学结合起来，认为“科学在反思上的缺失就表现在，它拒绝开启‘已经关闭’的知识，拒绝重新就标准化、决议、确定性、推论规则或其他承诺这样的一些根深蒂固的东西展开磋商”。[③] 在公众理解科学的问题中存在“能使科学及其相关制度合法化的隐含的文化政治学”[④]，他也在试图探讨这种文化政治学。无疑，温对于 PUS 理论的反思或是被学者们称之为“内省模式”的反思是透彻的，本身没有什么问题，但是这种反思停留在宏观理论的层面，如何把宏观的理论应用到微观，把问题剖析的理论变成问题解决的方法以有利于问题的切实解决，是需要思考的议题。

---

① 刘兵，李正伟. 布赖恩·温的公众理解科学理论研究：内省模型. 科学学研究，2003(6)：581—585

② 布赖恩·温内. 公众理解科学. 科学技术论手册. [美]希拉·贾萨诺夫等编. 盛晓明等译. 北京：北京理工大学出版社，2004：278

③ 布赖恩·温内. 公众理解科学. 科学技术论手册. [美]希拉·贾萨诺夫等编. 盛晓明等译. 北京：北京理工大学出版社，2004：295

④ 布赖恩·温内. 公众理解科学. 科学技术论手册. [美]希拉·贾萨诺夫等编. 盛晓明等译. 北京：北京理工大学出版社，2004：297

2. 公众理解科学的边界

人们对“无知”概念的认识经历了一个过程。从对自然知识的单纯科学意义上的不知道，到由于社会制度、政治原因的介入，使得原本知道的也装作不知道，再到由于政治、利益原因的涉入，我们得到的信息是不对等的，表面上我们好像是知道的，但是我们实际上并未知道，这三个层次可以简单地概括为“我们不知道”“我们知道我们不知道”“我们不知道我们不知道”。

(1)“我们不知道”

在缺失模型中，公众的作用可以用“被动”和“旁观”来描述。因此，科学上的无知就像杰罗姆·莱文兹(Jerome Ravetz)所定义的，“仅是因为人类活动的限制而导致的缺乏自然界之外的系统知识”，如公众在风险事件中仅能去描述一些最浅显的、科学为基础的表象。科学家把公众当成了储藏室，公众理解科学的知识上的缺陷与科学知识的客观目标和权威形成对立面，这样也使得英国皇家学会建议“不断提高科学教育的数量和质量，通过科学的媒体报道以及科学家在公众领域的推广：科学家是积极的传播者，是意义和中介的源泉，公众仅仅是消极的接受者和储藏室”。[①] 在此过程中，公众没有办法了解事情的真相，所有的了解都是通过大众媒体资源来实现的，公众只有被动地接受，或者不接受而充满疑虑。事实上，迈克·迈克尔(Mike Michael)认为这些路径忽视了外行公众的反思性与身份，这种理解是彻底的机械论，忽视了公众的反馈。同样，在贾萨诺夫看来，英、美等国为了促进公众对科学技术的理解成立的公众理解科学组织“并非是大众了解当今社会事物的方式，而是科学家们(其次是国家)对于公众应该知道什么所做的先入为主的假设。首先，虽然科学在西方社会受到大多数人的支持，公众理解科学的倡导是建立在这样一个事实上，即公众理解科学的程度没有达到科学界想要他们理解、甚至是有必要理解的程度。其次，知识和理解之间的差距被视作对科学的威胁。第三，科学界的领袖们无一例外地认为，加强沟通就能提高大众的科学意识。第四，这些观点和想法都是用来监控公众吸收科学知识的”。[②] 因此，公众理解科学的前提是无知的大众需要国家以及科学的

---

① Mike Michael. Ignoring science: discourses of ignorance in the public understanding of science. Alan Irwin and Brian Wynne. Misunderstanding science? *The public reconstruction of science and technology*. Cambridge University Press, 1996: 109

② 希拉·贾萨诺夫. 自然的设计：欧美的科学与民主. 尚智丛，李斌等译. 上海：上海交通大学出版社，2011：383—384

救助。

在风险社会中，贝克对“无知”概念的研究与风险起因的分析交织在一起，从批判风险与风险感知的二分开始。这种表面上的二分包含的是专家与非专家的二分，专家掌握科学风险界定的理性垄断权，科学“确定风险”，而人们“感知风险”。公众对风险的感知如果不符合科学界定就被指责为“非理性”、对技术充满敌意，这也是杜兰特的缺失模式所昭示的。在技术精英的眼中，公众是无知的，公众仅知道技术人员知道的东西才会生活得安逸。贝克认为风险陈述的可接受性的文化前提是错误的，因为专家在什么是公众可接受的知识上带有价值预设与假定。

(2)“我们知道我们不知道”

布赖恩·温在坎伯兰牧民案例中发现，牧民早就知道辐射的污染源不是切尔诺贝利而是谢菲尔德，但是他们出于对在谢菲尔德工作的朋友、邻居的保护，并没有对媒体袒露事实，所以温指出了公众的无知并不是真正的无知，而是一种“社会认同”“社会制度的无知”。

希拉·贾萨诺夫从“公众理解科学”的弊端进行剖析，深刻指出了无知的社会制度性。“‘公众理解科学’的最大弱点在于：它迫使我们去分析处于吸收科学技术过程中的有知识的公众，而不是扎根在文化和社会中的科学和技术。这种做法只是流于政治分析的形式。如果公众理解科学的模式让我们面临的是无知的、对科学一无所知的公众，那么我们就不能完成民主的任务。”[①]这种模式使得不具有科学知识的公众被排除在民主的范围之外。因此对于以往的“公众理解科学”来说，制度的性质才是公民是否参与的基础，它所反应的是一种政治文化。故而，在认识到了公众理解科学的弊端之后，贾萨诺夫提出了新的概念，即“公民认识论”。“我用‘公民认识论(civic epistemology)’这个术语来表达那些产生于特定文化中的、基于政治和历史的公众知识和方法。”[②]“公民认识论指的是一套制度化的做法，特定的社会成员通过这种做法来考察、反对某些用于作为集体选择之基础的科学主张。”[③]由此，给我们呈现出概念的内涵：公民认识论是对公众

① 希拉·贾萨诺夫.自然的设计：欧美的科学与民主.尚智丛，李斌等译.上海：上海交通大学出版社，2011：410

② 希拉·贾萨诺夫.自然的设计：欧美的科学与民主.尚智丛，李斌等译.上海：上海交通大学出版社，2011：380

③ 希拉·贾萨诺夫.自然的设计：欧美的科学与民主.尚智丛，李斌等译.上海：上海交通大学出版社，2011：388

理解的制度化的反思，反思建立在制度之上的科学主张。这也就把公众理解科学拉入到深层的社会制度的剖析中。

公民认识论的概念有助于匡正公众理解科学的“缺失模式”的弊端，注意到了民主权利之前的公众理解科学并没有注意到公众的智慧，看到的是如何按照科学家、专家的知识模式去提升公众理解科学的素养，这样是不合理的，公众理解科学要注重公众本身的智慧及集体认知的重要性，打破内外二分的观点。“集体认知是政治生活的特点，需要独立进行研究。那种假定社会知识只是人们对于一些孤立事实的理解，是极端的还原论想法。我用定义公共认识论的公众知识方法不能降低到外行与专家对于知识和观念的二元差异上。我们必须以意义赋予的形式来证明，而不是用更加有根据的、系统的、共同的办法来证明。没有意义的赋予，就没有任何政治体制能创造公众知识，更不用说保持公众对政治体制的信心，或者用它作为活动的基础。”[①]区分出公众理解科学中公众的智慧与科学家的智慧的不同并不是“公民认识论”的重点，公民认识论的重点在于赋予公众认识的“意义”，这种意义的赋予是根植于社会文化与政治体制之中的，在社会条件下，公众的活动才有根基。换句话说，公众所具有的民间智慧模式是公众作为知识代理人的一种表现，但是这种认识停留在对孤立事实的认识上是没有意义的，要挖掘到知识与事实所处的具体的社会情境、社会赋予知识的意义。对社会预设的反思这才是“公民认识论”的真谛。

近些年科学的社会研究以及STS的发展使得人们认识到科学是一种社会活动，研究所追求的是对世界理解的共识，而不是对科学本身的探索。公众的关注点是科技应该如何组织人们的生活，贾萨诺夫认为“公众理解科学”对于这个问题没能处理好，所以提出了“公民认识论”。面对科学技术的影响时，形成一种集体的认知方式，对原有的科学技术所形成的旧方式进行反思。但是这段公众理解科学的描述并没有落实到具体的实践层面，以致于哈里·柯林斯认为贾萨诺夫的公众理解科学概念是虚构了一种作为专家的公众，公众所具有的知识是抽象的，难以实现的。

因此，诺尔·塞蒂娜总结了“无知”概念，“首先，无知不是迟早用完整和可靠的知识能够代替的，而是日益来自于科学本身和社会与环境的技术应用。第二，

---

① 希拉·贾萨诺夫. 自然的设计：欧美的科学与民主. 尚智丛，李斌等译. 上海：上海交通大学出版社，2011：409

无知是多层面的与社会建构的综合体。”[①]公众无知是社会制度的产物。

(3)“我们不知道我们不知道”

随着公众理解科学研究的深入，人们除了研究公众本身、社会制度的原因，已经把问题深入到了综合层次的分析，不是单纯的科学上的不能理解，也不是单纯政治维度的弊端，而是把两方面因素综合起来进行研究，即在公众有能力理解的前提下，为什么公众还是不能获得知识的问题。那么这里所要谈论的就是知识遮蔽[②](agnotology)的问题。正如吉登斯所说：“信任过去一直被说成是‘对付他人自由的手段’，但是寻求信任的首要的条件不是缺乏权利，而是缺乏完整的信息。”[③]在斯坦福大学科学技术史方面的教授罗伯特·普罗克特(Robert N. Proctor)和兰达·席宾格(Londa Schiebinger)所编辑的书《*Agnotology*：*The Making and Unmaking of Ignorance*》中，普罗克特在研究了“烟草公司反对烟草被控制的斗争”后，正式提出了“知识遮蔽”的概念。烟草公司和行业组织的领导者并不希望得到“吸烟是否有害”调查的详细信息，为此，烟草公司一方面不惜重金启动很多项目去论证“烟草对人类的危害目前还没办法证明”或是“根本没有有效的数据”以便取信消费者。另一方面，积极通过新闻发布会表达自己或是本行业对于人类健康的关心。这种两面派的营销手段目的就是迷惑公众、消除公众的疑虑、维持香烟交易额。通过新闻发布会、广告、寻找其他致癌原因的出版物和研究资助，“流行病被控告为‘纯粹的统计学’”“动物实验不能反映人类的状况”“尸体解剖中肺的病理学被描述成是‘不可靠科学’”“小动物们不会从吸烟感染癌症”“很难进行人体试验”[④]。在医学中，我们常用动物实验来进行病理研究，因此动物实验在“吸烟是否有害”的问题上成为了争论的焦点。因为动物实验的结果是，通过吸烟，小动物的癌症病发症状并不是很明显，由此对香烟是否应该存在进行辩护。而实验中老鼠的生命是短暂的，相反人类却可以用几十年

---

① Stefan Böschen, Karen Kastenhofer, Ina Rust, Jens Soentgen, Peter Wehling. Scientific Nonknowledge and Its Political Dynamics: The Cases of Agri-Biotechnology and Mobile Phoning. *Science, Technology& Human Values*, 2010,35(6): 785

② “知识遮蔽”一词的英文为“Agnotology”，国内有学者把它译为“比较无知学”，此词的含义是对事物的认识并不是由于科学知识的缺乏而不能理解，更多的是有意的遮蔽、信息的不对称导致的无法认识。“无知”似乎带有贬义，因此文中将其译成“知识遮蔽”。

③ 安东尼·吉登斯. 现代性的后果. 田和译. 南京：译林出版社，2000：29

④ Robert N. Proctor, Londa Schiebinger. *Agnotology: The Making and Unmaking of Ignorance*. Stanford University Press, Stanford, California. 2008: 11－12

的时间患上癌症，所以这样的证据是不充分的。如果进行人体试验，烟草公司又摆出“并非纳粹”的人道主义面孔，所以香烟就在这种积极的辩护与不作为中存在，因为癌症的真正原因仍然处于争议与探索中。在 20 世纪 50 年代成立的烟草工业研究委员会（TIRC）以及从它分离出来的烟草协会作为行业组织积极建立科学联盟，并出版机构杂志，定期邮寄给上百万的公众，所以在“1966 年一项哈里斯的民意测验发现，这些人中把吸烟作为肺癌主要原因的还不到一半”。[①] 当科学的证据无争地证明吸烟是有害时，烟草公司一方面仍然觉得这是一个未被解决的问题、科学共同体内部缺乏有效的证据，另一方面就是故意造成一种公众的无知。如果想要对烟草行业立法的话，他们的反驳点有两个：一、没有足够的证据；二、既然是常识，每个人都知道吸烟有害的话，应该惩罚的就是吸烟者而不是烟草公司。因为诱发癌症的时间是很长的，所以烟草公司在法律的诉讼时效外存在。知识遮蔽是对文化上所导致的无知和怀疑的研究，尤其是不正确的出版物和错误的科学数据所导致的。那么从认识论上来说，无知不仅是知识的缺乏，更是文化与政治斗争的结果。

席宾格教授在其 2004 年的《植物与帝国：大西洋地区的殖民生物勘测》一书中，用 18 世纪欧洲殖民者对生物多样性进行勘测的例子为这个概念的提出做了铺垫。席宾格以植物为中心，从昆虫学家梅里亚 1705 年所写的文章出发，以堕胎药——孔雀花为案例，通过比较金鸡纳树皮——一种有效治疗疟疾的草药，天花疫苗的案例后，发现堕胎药并没有从殖民地传到欧洲，其论述了堕胎药的另类传播途径。席宾格不仅注意到了知识产生过程中的建构，更加感兴趣的是文化所导致的无知。在文中，无知表现在两个方面：一方面是语言所造成的无知。即 18 世纪在美洲印第安人和非洲奴隶那里发现这种孔雀花堕胎药效的博物学家并不了解本地的语言，无论从西方的药典、术语或是植物分类学来说，还是从林奈式的经典出发都没办法了解这种植物，本地人为了保守秘密不愿被他们的西班牙的、法国的殖民者所统治，或是出于维持子孙后代生活来源的目的都不愿意向外人泄漏。此外是欧洲殖民政治的需要，无论是在本土还是在殖民地，他们都不想发展这种药物。殖民地人口的繁盛可以让他们使用更多奴隶去维持殖民地的统治。另一方面，欧洲本土的堕胎行为已经非常严重，有 1/4 的孩子会被他们的

① Robert N. Proctor，Londa Schiebinger. *Agnotology：The Making and Unmaking of Ignorance*. Stanford University Press，Stanford，California. 2008：15

父母遗弃，在这种情况下，欧洲政府、王权不愿意去支持这种丑恶的行为。因此，一些航海的医师们选择性地带回他们认为重要的植物以及对这些植物的说明，但是却很少有堕胎药，或是关于这种药物的实践。堕胎药本是荷兰殖民地的女奴隶们所发现的，因为这些奴隶不想她们的孩子生下来之后像她们一样仍然作为奴隶，她们想自由、快乐地生活在自己的国度里，而不想生来就接受被奴役的命运。但是考虑到奴隶人口对欧洲殖民统治、欧洲经济和文明的重要性，欧洲政府颁布了法案限制堕胎药的使用，欧洲的医师们害怕实施这种手术或使用这种药物。因此这种本为平凡的植物便具有了重要的政治意义。就像拉图尔说的"采集的技术——无论是物质上的、还是智慧上的——都扩张了欧洲国家至高无上的权力"①。因此，席宾格在书中首先引入了普罗克特的"知识遮蔽"概念，"知识遮蔽重新关注'我们怎样知道的问题'去囊括我们所不知道的以及我们为什么不知道的问题？无知不仅仅是知识的缺失，而且也是文化与政治斗争的产物。我们所知道的和我们所不知道的在任何时间和地点被特殊的历史、本地和全球的优先权、资助模式、组织和纪律的等级、个人的和职业的远见、以及很多其他的东西所分享"。②

公众无知从科学上、理论上的无知进入到了信息不对称、信息不对等的无知。公众不能获得材料、公众不能理解科学的问题进入到了一个深的层次，从不愿透露信息到想方设法地歪曲信息，公众只能成为问题解决中的受众，政治上的参与也成为一种假设和口号，因为公众没有参与的空间，即使参与了，其意见因为"不符合事实"而被嘲笑、忽视与冷落。为了公众能够真正参与，对于公众本身来说，必须要具备参与的能力，即本身素养的提高。同时也需要权力的落实，首先要赋予他们参与的权力，不论是政治上的民主权还是科学上的知悉权。在民主社会中，公众参与的政治权利已经被赋予，但是怎么把它实施下去，落实到实处，就要从技能上去解读。

二、打破困境——相关技能的介入

在分析了公众参与科学的问题后，我们知道公众要想真正地了解科学必须

---

① 转引自 Londa Schiebinger. *Plants and Empire*：*Colonial Bioprospecting in the Atlantic World*. Cambridge：Harvard University Press，2004：11

② Londa Schiebinger. *Plants and Empire*：*Colonial Bioprospecting in the Atlantic World*. Cambridge：Harvard University Press，2004：3

要在实践层面上切实参与，行动者网络理论（ANT）则给我们提供了启示，公众作为食品安全问题中的一个行动者有权利参与到科学中来，同时除了公众之外，技能等因素也是网络中的节点，ANT 理论把技能纳入了问题解决的网络中，但是这种实践上的操作是由柯林斯完成的。

1. ANT：公众有平等的权利

在争取公众的话语权方面，巴黎学派的行动者网络理论是有利的。布鲁诺·拉图尔和米歇尔·卡龙提出了行动者网络理论（ANT），拓展了“对称性”原则，对自然与社会、主观与客观、内部与外部的二分进行了整合，认为实践中的平等性应该扩展到所有事物身上，如仪器、机械、技能、信息流、物质和人，人与非人的力量、存在或者物质都是行动者，有平等的权利参与行动，这些异质性要素组成行动者网络。在其中，每一个因素都是网络中的节点，任何一个节点出现问题，网络都会被破坏。这为其他因素的介入提供了机会，呈现出了多维度的问题解决模式，对问题的分析提供方法论启示。在 ANT 中，问题的解决是各要素之间相互交织、相互限制最终得出的结果。这也是安德鲁·皮克林在《实践的冲撞》中所主张的“去中心”的“力量的舞蹈”，在各种力量的相互纠缠中，没有一种力量是中心，最终结果的得出完全依靠这些因素在实际中的冲撞。

ANT 对于打破实证主义的科学权威，破除中心的控制提供了理论的指导。科学的形成是多种因素共同作用的结果，那么公众作为行动者之一，自然是有权利参与科学的。在风险发生的网络中，公众作为利益涉及者，或是受害者或者替罪羊，需要为自己的利益进行博弈，同时在这个行动者网络中，他们也是有权利参与的。

在实证主义科学中，行动者实质上是科学的研究者，仅限于科学家，他们成了语句的言说者，其他的“掌握技能的技术专家、知识的传播者、工具的制造者、教师以及众多实验仪器全部都消失了”[①]，社会被还原成简单的语句，广泛的能力被交付给少数行动者，即精英科学家，缺少公众自由讨论的空间。虽然如孔德所说，实证主义不排斥科学之外的文化形式的存在，但是科学的交流仍然存在着明显的界线，科学家的交流仅限于科学内部。科学并不是语句分析活动，它是一种社会性的存在，实证主义科学在实践中遇到了阻碍。

---

① 米歇尔·卡龙. 科学动力学的四种模型. 科学技术论手册. 贾萨诺夫等编，盛晓明等译. 北京：北京理工大学出版社，2004：25

科学是一种实践活动，它要回归到现实的日常生活中。在实践维度中，科学的行动者并不只是科学家、实验人员和理论家。当科学家以及实验室内的工作人员进行观察、收集数据、测量时，实验室外的工作人员也在为保证实验的顺利进行努力着。制造商、销售商、研究机构、资助机构、政府、场地提供者都在行动中。此外，科学研究人员并不是心无旁骛地进行实验，他们的能力也拓展了，"不仅包括表达和解释编码化的规则系统的能力，而且包括制定和控制默会技能或技艺规则的能力。"[①]换句话说，他们不但要编辑和解释科学知识，还要控制和制定规则。在这里技能与技艺也成为行动者参与科学所必备的。

实验室之外行动者的参与体现在加州大学伯克利分校的脊椎动物学博物馆的建造案例中。博物馆的建造中，涉及各种各样的行动者。"包括大学的管理者，这些管理者试图使加州大学伯克利分校成为一个合法的，国家级的大学；包括业余爱好的收藏家，他们想收集与保存加州的植物志与动物志；包括专业的设阱捕兽者，他们想用毛皮与皮毛去博物馆换取钱；包括农场主，他们偶尔充当田野考察者；包括安妮·亚历山大（Annie Alexander），她对收藏与教育慈善事业感兴趣，还有约瑟夫·格里勒尔（Joseph Grinnell），他想证明他那正在变化着的环境的理论是自然选择、器官适应与物种进化后面的动力。"[②]他们出于不同的目的但是却有着一个共同的奋斗目标——把博物馆建造成功，在行动中他们作为一种符号化的存在，具有平等的地位。为达成合作不断地博弈与协商，这种谈判为公众参与科学提供了理论上的启示，但是如何具体地操作下去，这也是 ANT 所揭示的技能的应用，柯林斯等人以技能为突破口，创造了第三波理论，为公众参与科学提供了可行性。

2. 技能周期表

对科学论第三波思想的描述，始于柯林斯与埃文斯的文章《科学论的第三波——经验与技能的研究》。在文中柯林斯等对技能进行分类与阐述，而后在《再思技能》一书中对技能理论进行了深化，详细阐述了技能的理论基础，区分了多种技能，目前对于技能理论的发展主要是一些文章和正在进行的跨国项目——模仿游戏，焦点为相互性技能的探讨。

在第三波的研究中，柯林斯首先根据技能水平的不同划分出两种技能，即相

① 米歇尔·卡龙. 科学动力学的四种模型. 科学技术论手册. 贾萨诺夫等编，盛晓明等译. 北京：北京理工大学出版社，2004：34

② 安德鲁·皮克林. 作为实践和文化的科学. 柯文，伊梅译. 北京：中国人民大学出版社，2006：172

互性技能（Interactional expertise）与贡献性技能（Contributory expertise），之后在实际问题的处理中发现了第三种技能——参与性技能（Referred expertise）。参与性技能作为一种派生的技能，是建立在贡献性技能与相互性技能的基础之上，是跨领域的贡献性技能的应用与相互性技能的理解。这是柯林斯及埃文斯在2002年的文章中首先引出与重视的几种技能，在五年之后出版的《再思技能》一书中，他们对技能理论进一步深化与细分，提出了“技能周期表”（the periodic table of expertises，PTE）见下图，把技能分成了四栏，即说明（Dispositions）、专业性技能（Specialist Expertises）、元技能（Meta-Expertises）、元评价标准（Meta-Criteria），其中最主要的就是专业性技能与元技能，每一栏又可划分多种技能，共包括啤酒垫知识（Beer-mat knowledge）、通俗知识（Popular understanding）、第一手资料知识（Primary source knowledge）、相互性技能、贡献性技能、一般性辨别（Ubiquitous discrimination）、地方性辨别（Local discrimination）、技术性的鉴赏力（Technical connoisseurship）、向下的辨别（Downward discrimination）、参与性技能10种。并且技能周期表随着研究的不断深入对于细节还在探索中，到2010年8月“元技能”与“元技能标准”两栏的内容就有变化，柯林斯的团队对技

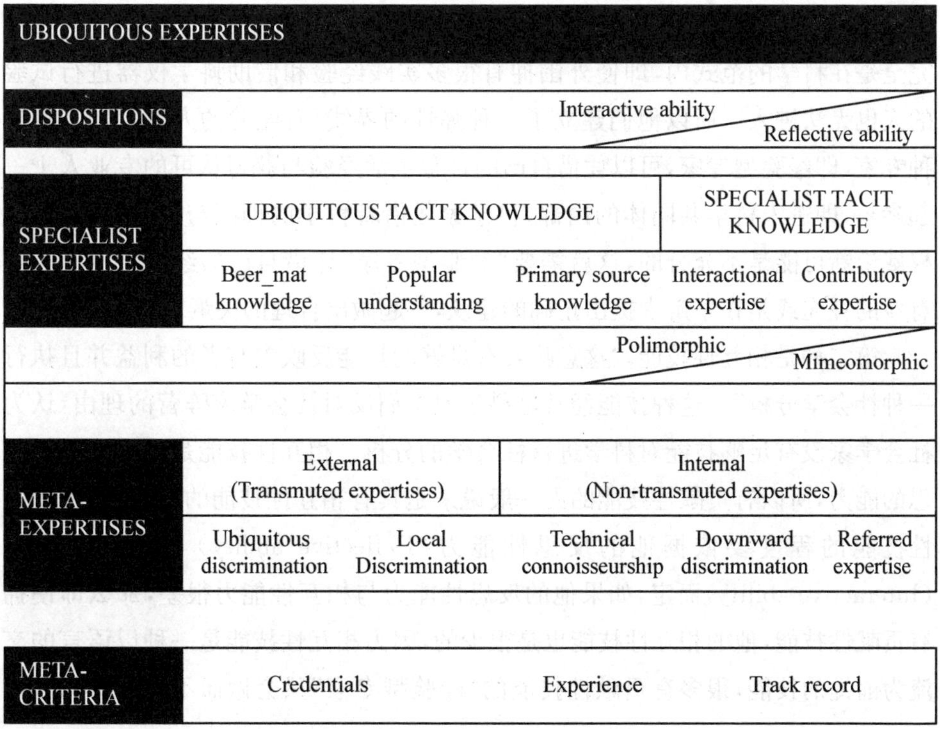

UBIQUITOUS EXPERTISES					
DISPOSITIONS	Interactive ability / Reflective ability				
SPECIALIST EXPERTISES	UBIQUITOUS TACIT KNOWLEDGE			SPECIALIST TACIT KNOWLEDGE	
	Beer_mat knowledge	Popular understanding	Primary source knowledge	Interactional expertise	Contributory expertise
	Polimorphic / Mimeomorphic				
META-EXPERTISES	External (Transmuted expertises)		Internal (Non-transmuted expertises)		
	Ubiquitous discrimination	Local Discrimination	Technical connoisseurship	Downward discrimination	Referred expertise
META-CRITERIA	Credentials		Experience		Track record

The periodic table of expertises(Rethinking Expertise, 2007, P14)

能的具体位置进行了调整，把“一般性的辨别”与“地方性的辨别”放入了“元技能标准”一栏中，在“元技能”一栏中增加了“领域的专业辨别技能”(Domain Specific Discrimination)。

根据本书案例分析的需要，在这里主要对以下几种技能进行介绍：

第一种是贡献性技能，“这意味着足够的技能为被分析的科学领域做贡献”。贡献性技能是为所研究的领域作出贡献，这就涉及到范围问题，即谁有资格作出贡献。柯林斯对实证科学进行了分析，在问题的解决以及知识的生产过程中，有资格的科学家组成了科学共同体，在科学共同体内部也分不同的层次，因此，主要的问题涉及者形成了三个同心圆，由外向内分别是公众、科学共同体、核心层。核心层位于最内圈，是问题的最终决策者，然而核心层的争论常常处于不确定状态，相反处于核心之外的广泛的科学共同体，对细节的不确定性不太注意，往往通过被筛除的资源信息就可以了解问题的趋势与走向，通过对资源的浓缩与简化，更容易最先知道事情的结果，而核心层内部的争论与辨别经常涉及利益与政治的影响便会出现细节的不确定性，对于这些附加的细节并不是人们想要知道与了解的。在这种同心圆的模式下，公众永远处于最外层，没有办法进入到广泛的科学共同体中，科学就会出现独断与缺乏人文关怀，缺少对现实情况的关注。柯林斯等人就打破了这种同心圆的模式，因为“有资格”的科学家的认可与批准完全是在科学的范式内，即使外围拥有很多实践经验和借助科学仪器进行试验的人也无法进入。所以他们建立了一种弹性的界线，有经验的人就可以是第二种专家，即经验型专家，可以凭借自己的日常生活经验与获得认可的专业人士一起参与，即进入科学共同体的内部，科学家凭借着科学的训练与资格，所进行的权威论断可能是不充分的，这就需要“经验型专家”凭借自己的经验给科学家以有益的补充或是在争辩中提出正确的建议，一起做出合理的决策。

第二种是相互性技能，“这意味着有足够的技能反映参与者的利益并且执行一种社会学分析”。这种技能经常是科学卫士们反对社会学家阵营的理由，认为社会学家没有足够技能对科学进行社会学的分析。相互性技能是一种谈论和反思的能力，所以有贡献性技能的人一般说来是具有相互性技能的，但是这种相互性技能的程度要依据他的反思性能力(Reflective ability)与相互性能力(Interactive ability)而定，如果他的反思性能力与相互性能力很差，那么即使拥有贡献性技能，他的相互性技能也是很少的，因为相互性技能是一种以语言的交流为前提的技能，很多有贡献性技能的“经验型专家”只会做而不会说。相互性技能就需要把自身的经验通过语言表述给科学家，并且能够理解科学的行为，它在理解力上有更高的要求，而完全不用身体力行。相互性技能首先基于人的社会性，作为社会性群体中的人，以交流为前提，所以相互性能力是人际之间的交往能力。在科学领域获得相互性技能并不是一件容易的事情，需要经历"'采访'到'讨论'到'约定'的过程"[①]。这种技能的传递可以从一代人到另一个人，一群人到另一群人，或者是一个人到另一代人，但是不具有代际之间的遗传性与寄生性。相互性能力与相互性技能的最主要的区别在于，相互性能力具有寄生性，父辈之间的性格特点会传染子代。而反思性能力通常是一种专业的能力，是在哲学或是社会学及其他重要的课程中学到的，这种反思性能力是不具有代际之间的遗传性的。反思性能力并不单纯就是对某物或某事的反思，而是指抽象层面的能力。相互性能力与反思性能力对于相互性技能的形成都是非常重要的，它们的专业性使得相互性技能在分析文化上的问题以及对科学的理解方面被委以重任。所以在模仿游戏的研究中，柯林斯把相互性技能用来对特殊群体的研究，理解少数群体对主流文化的融合与适应。相互性技能也是柯林斯团队着力研究的一种技能。

第三种技能是参与性技能，一般被大科学时代一些科学项目的管理者所应用。他们不但要懂得很多领域的科学专业知识，还要有管理能力，但是他们通常只是一或两个方面的专家，具有这一、两个领域的贡献性技能，这样他们作为项目负责人与管理者就需要具有其他方面或领域的相互性技能，以便做好项目工作。对负责人来说，把本领域的贡献性技能和相互性技能应用在专业之外就是他的参与性技能的体现，涉及在不熟悉的领域内做贡献。因此作为一个好的管理者，要具备转译与辨别的能力。转译就是当一个领域的专家群体在谈论技术问题时，他能够理解并合理地翻译给项目组的另一个专家群，所以对于他来说至少具有两个领域的相互性技能。辨别就是当领域内的专家做出科学判断时，依据自己的社会经验有能力判断出这种断言是否可信，是科学的还是非科学的，是否带有价值预设与政治内容。当然了，这种"参与性技能"并不是只用在科学项目的管理中，一些其他的社会科学项目也适用。

因为理论介绍的需要，在这里必须要先提一下"默会知识"(tacit knowledge)。这

---

① Harry Collins, *Robert Evans*. *Rethinking Expertise*. The University of Chicago Press, Chicago and London, 2007: 33

个概念是由波兰尼提出的被后续的社会学家所发展。柯林斯非常重视默会知识的研究，在技能理论中贯穿着对默会知识的理解。其实柯林斯对默会知识的理解一直贯穿他的学术生涯，从能够反应巴斯学派思想的《改变秩序——科学实践中的复制与归纳》到《再思技能》再到《默会知识与显性知识》，他对默会知识的理解不断深入。

在《改变秩序》中，他花费两年的时间对欧美国家的 11 个复制“TEA 激光器”(the Transversely Excited Atmospheric pressure CO_2 laser)的实验室进行研究，考察了这种特定设计知识是如何在不同实验室中的科学家之间进行转换的，之后提出了两种复制模型：一是“复制的算法模型”(The algorithmic model of replication)，即在实验中照搬照抄原理、符号、模型、设计等；二是“复制的文化适应模型”(The enculturation model of replication)，强调的是不同情境中知识的变动性与不确定性。

在《再思技能》中，柯林斯把默会知识广泛地应用于实践。他在技能周期表中把专业性技能分成了两类，一类是由贡献性技能与相互性技能组成的专业的默会知识(Specialist Tacit Knowledge)，另一类就是低层次的普遍的默会知识(Ubiquitous Tacit Knowledge)，包括三种技能，即啤酒垫知识、通俗理解与第一手的资源知识。

在《默会知识与显性知识》中，通过实践检验与验证后，柯林斯进一步深化理论，在词义上做出了“不是”与“不能”的区分[①]之后，发展了波兰尼的“不能”言说的理论。柯林斯的理论享有作为社会文化实践科学的典型特征，即科学所带来的确定性并不享有任何特殊性，科学是一种实践，并带有文化与社会的特征。科学并不是完全能够用编码模型所传播的，其中包含着意会知识，也正因如此，科学不可能进行一个完善的实验检验，“科学的”不等于“确定的”。他提出了默会知识的“三阶段模型”，用弱默会知识或相关的默会知识、中等的默会知识或躯体的默会知识以及强默会知识或共同的默会知识[②]去标识默会知识的三个层次。相关的默会知识仅是源于社会生活的本性，体现在普遍的默会技能中；躯体的默会知识受制于人的人体；强默会知识，是难于用语言表达的、嵌入在社会关系中、

---

① Harry Collins. *Tacit and Explicit Knowledge*. The University of Chicago Press, Chicago and London, 2010：4

② Harry Collins. *Tacit and Explicit Knowledge*. The University of Chicago Press, Chicago and London, 2010：11

人身体力行的知识，人作为社会性存在是可以通过学习而积累的，体现在专业性技能中。[①]

在理解了默会知识在柯林斯理论中的重要性与分类之后，我们将继续介绍技能周期表中的包含默会知识的技能。

第四种技能，普遍的默会知识，它正如前面所介绍的包括三种技能，即啤酒垫知识、通俗知识与第一手资源知识。啤酒垫知识，来源于西方的文化传统，当人们在公共场所或是酒吧饮酒时习惯性地在啤酒杯的下面加一个垫子，而这些垫子为了美观或是打发饮酒人的无聊时间，通常会印上一些图片和文字，但是因为啤酒垫的大小比杯底大不了多少，所以文字并不是很多，经常是一些简单的确定性描述。通过这些确定性的描述虽然能够拓展人们的视野，知道世间确有其事，但是人们并不知道为什么如此以及对此的一些更深入的描述。所以这里的啤酒垫知识通常是来指称"是"或"否"等这种简单的答案。那么具有啤酒垫知识的人就是那些仅了解简单性事实的人。通俗知识是比啤酒垫知识深一点儿的知识，这种知识的获得通常是从大众媒体、电视机、通俗读物、科普读物中得到，即我们通常的公众理解科学的层次，人们通过媒体对科学有一定的了解，然后对所发生的问题进行科学判断，但是这种科学判断与科学领域内的分析区别很大，无益于科学结论的得出，缺乏技术性的判断，最后由对科学的相信演变成对科学家的信任、对政府言论的信任。第一手的资源知识是比通俗理解更加深入的知识，就是在对科学进行理解时不满足大众媒体的宣传而去寻找一些专业书籍，知道哪些人是此领域的专家，而后对他们的文章与书籍进行研读，从而获得知识。这种知识的获得比起前一种更加专业与困难，不会带有大众媒体与政府的选择性，建构的程度会低一些。这三种技能虽然还停留在非专业的层次、领域之外，却是理解科学的必备过程，所以柯林斯等人称其为"普遍性的默会知识"。

第五种在这里所要介绍的技能就是可变技能，所谓的可变技能并不是一成不变的，而是在实践中随着人们的认识可以不断地深化的技能，它本是属于元技能的一种。它包含两种辨别，一种是普遍性辨别，一种是地方性辨别。所谓的普遍性辨别是指人的常规判断的一种表现形式，基于人对朋友、亲人、陌生人、关系、政治等的社会性判断，知道好与坏、对与错，为基本的日常生活提供保证。地

---

① 此处对于三阶段模型的介绍，可详见赵喜凤，柯文. 我国高铁技术的"大跃进"——"默会知识"维度的思考. 自然辨证法研究，2012(10)：42—47

方性辨别是基于一种群体或是地方性的划分，因为长期生活在此地，对此地的风俗习惯、风土人情、地方环境有更多的了解，如渔民知道什么时候涨潮什么时候落潮、坎伯兰牧民知道本地的污染来自于谢菲尔德而不是切尔诺贝利，一些从事非法食品加工行业的人士“异粪相食”等等。

这些技能理论对于解决实际问题提供了理论基础，在柯林斯等人现有的研究中，贡献性技能、相互性技能、地方性辨别占据重要的地位。尤其是相互性技能，在欧洲八国内进行的新研究项目——模仿游戏，就是对此理论的发展，目的是研究跨文化、跨地域、跨宗教信仰之间的交流，促进边缘文化、边缘群体被主流文化接受，融入到主流文化中，如在色盲、盲人、音高实验中这些人如何过正常人的生活，以及在北欧无宗教信仰的人如何乔装成有宗教信仰的人。

一个非常重要的案例就是柯林斯自己模仿物理学家的案例，他想表明只要具有相互性技能，即使没有贡献性技能，也能像引力波物理学家一样，通过相关的测试。在做这个实验之前，他用很长的时间去尝试获得属于引力波观察领域的相互性技能。直到现在，从70年代开始的引力波实验仍然在继续。在这个实验中，被测试者通过邮件接收到发来的很多组、每组七个关于引力波物理学的问题。在第一阶段，这些问题是由明白测试目的的引力波物理学家所提，回答者（他假扮成引力波物理学家与其他受测试的引力波物理学家一起回答问题）被要求根据已有的知识储备并且不参考资料去回答这些问题。之后，他和其他受测试者的答案同时被呈交给裁判。而作为裁判的引力波物理学家事先并不知道其中谁是假扮者。在这之前裁判们被传送了既包括专业知识也包括经验的问卷以便去做出判断。在第二阶段的测试中，把第一阶段产生的对话发送给新的裁判（引力波物理学家），裁判被要求去猜谁是谁，没有任何的参考答案，然后提供四个层次的置信水平：Level 1，我不知道谁是谁；Level 2，关于谁是谁我有一些看法，但是不确定多于确定；Level 3，关于谁是谁，我有很好的看法，确定多于不确定；Level 4，我完全知道谁是谁。并且，裁判能够解释是怎样做出了这样的判断。最后的结果是，裁判比较了答案之后不能分辨出他不是真正的物理学家，经过这种测试，他获得了相互性技能。但是，在两个方面他的答案与引力波物理学家的答案不同：一方面，是在技术内容上；另一方面是在回答的风格上。在技术内容上，他使用的是实践术语，而受测试的引力波物理学家们使用的是更加专业化的或是源于教科书的更加刻板的术语。也就是说虽然他能够骗得过作为裁判的物理学家，但是在问题的回答上还缺乏专业性术语，即缺乏贡献性技能，缺少专业的训练。

柯林斯设计模仿游戏的初衷是解决社会问题，如西方社会流行的同性恋团体以及在西方宗教文化的大背景下，却有一些人是不信教的，那么对于这些徘徊在主流群体之外的个人或是群体怎么在社会中生存呢，这里不但有融合也有被融合的问题。“我们主要的设想是模仿游戏这种新的研究方法可以用于跨民族的比较，通过对这些游戏中得到的数据的比较揭示出跨国的和跨区域的差异，且我们将有足够的理由相信这种方法能够用于强有力的纵向比较。”①

3. 问题指析：相互性技能与贡献性技能的关系

在技能周期表中，最关键的两种技能就是相互性技能与贡献性技能，对于这两种技能柯林斯也做了很多研究，尤其是相互性技能，那么对于两种技能之间的关系，柯林斯的理解并不具备很强的说服力。

柯林斯认为“相互性技能”是一个非常重要的概念，没有它将没有劳动分工；没有它也不会有任何一个社会：社会依据语言被划分开，进而也依赖相互性技能。相互性技能仅是通过语言而进行交流的，人因有语言而成为人，人是社会的人，因而有语言也就有了社会，人与人之间的“相互性技能”的获得仅通过语言交流就可以，而无需身体力行。

相互性技能通过持续的语言谈话而获得，并不需要介入到相关的物质实践中去。但是在社会科学中它的作用不容忽视，很多定性的研究都依赖研究者的相互性技能。具有了相互性技能不等于具备了贡献性技能，作为两种专业性技能，相互性技能比贡献性技能的层次要低，依照柯林斯的观点是“如果人们在一个领域内具有了贡献性技能，那么他也就具有相互性技能，但是如果他没有说和反思的能力，那么他就不具备相互性技能”②，而笔者认为，这个问题有待商榷，有了贡献性技能也不一定具有很好的相互性技能，有贡献性技能的人不一定能够把自己所具有的技能表达出来，并且使别人能够明白，但是作为低级的社会性交流是可能的，即使有说和反思的能力，他所说的也不一定被对方所理解。也就是说在不同的层级结构中，交流可能是困难的。具有贡献性技能的专家用科学的语言去表达问题，而作为普通的公众是很难理解的，相反亦如此，具有经验型技能的专家把自己的经验表述给科学家进行交流，也不见得能够使自己的经验被

① 赵喜凤. 科学论的第三波与模仿游戏——访哈里·柯林斯教授. 哲学动态，2012(10)：106—109

② Harry Collins，Robert Evans. *Rethinking Expertise*. The University of Chicago Press，Chicago and London，2007：37

理解，这个问题我们在坎伯兰牧民案例中将会分析，农渔食品部科学家与牧民都是专家，但是他们之间的交流很难进行。所以柯林斯所说的高层次的贡献性技能必然包含低层次的相互性技能是有待商榷的。

4. 模仿游戏对不同文化的认知

(1) 图灵测试——人对机器的识别

图灵测试(Turing test)，是依据著名的“人工智能之父”、英国数学家艾伦·图灵(Alan Mathison Turing)(1912～1954)在1950年发表的一篇名为《计算机和智能》的论文中提出的“人工智能”概念而形成的测试标准，测试的目的是判断电脑能否代替人脑，能否进行人类的思维活动。它的作用原理如下：一个测试由测试者和被测试者组成，被测试者并不都是人，一个是具有正常思维的人，一个是智能计算机，在测试过程中，测试者与被测试者之间是不见面的，他们之间的交流是通过计算机进行的，测试者通过键盘随机问两个被测试者问题，然后通过问题的回复判断哪个答案是来自人类的被测试者，哪个答案来自计算机，如果被测试者对测试答案的30％能进行准确的判断，也就是说计算机如果能够回答正确30％的问题，那么它就是智能的，被认为具备了人类智能，通过了测试，这就是著名的“图灵测试”。这种测试的标准一直被人们所遵守，后期的科学家们也不断地朝着这个目标在制造智能计算机。

如2012年6月底，在图灵先生诞辰100周年之际，“在英国著名的布莱切利庄园举行了一场国际人工智能机器测试竞赛。由俄罗斯专家设计的‘叶甫根尼’电脑程序脱颖而出，其29.2％的回答均成功‘骗过’了测试人。取得了仅差0.8％便可通过图灵测试的最终成绩，使其成为目前世界上最接近人工智能的机器”。①

(2) 模仿游戏——人对人的识别

模仿游戏在欧洲的几个国家间进行，包括意大利、西班牙、波兰、匈牙利、荷兰、英国、瑞典、丹麦。是由欧洲研究委员会高等研究计划资助200多万欧元，历时五年的一项研究。当笔者2011年秋在卡迪夫大学访学时，柯林斯等人已经在瑞典的阿普萨拉进行了一次模仿游戏。模仿游戏的研究计划分为两个阶段，正如柯林斯所描述的“我们试着执行一种比较研究，历时四年，在四个欧洲地区；如果进展顺利，第五年研究地区将包括美国和巴西。我们将先比较斯堪的纳维亚

---

① 俄罗斯科学家距人工智能机仅一步之遥.(2012-09-20)[2012-09-20]http://tech.cnr.cn/list/201209/t20120920_510954916.html

地区(瑞士、丹麦、挪威)、西欧(荷兰、德国或法国,以及英国)、南欧(意大利和西班牙)、中欧(波兰、捷克或匈牙利)”。[①] 这项研究基于社会调查的定量分析方法,利用专门设计的软件进行测试。“它是站在社会学和社会哲学的立场上,但是更接近于社会学;它源于思考科学知识的社会学,但目的是传统的社会学问题;采用源于定性研究的定量方法。这个项目的研究成果将包括新奇的跨文化研究、相对的跨民族研究的大量文件和强健的研究方法、一群研究者能够使用这个方法和新的研究网络。然而,不像调查,这种新的研究方法注重文化理解,而不是法律的和政治的态度。它仅仅是一种我们可以确认文化理解的方式。”[②]

相互性技能的获得意味着一个人能够复制另一个社会群体的谈话。但是在实践的层面上,相互性理解对于那个组织没有任何实质意义,只是增加一种有助理解的方式以及分析弱势群体与主流群体的不对称原因。因为模仿游戏注重的是一种文化研究,所以在测试参与者的选择上,是要求会本地语言的,这样就避免了在语言翻译中的意思表示与意思指引,使得参与者能够更加自主地做出选择,以保证结果的客观性。通过对文化进行一种系统的、定量的研究之后,比较不同地区的文化适应程度。测量和比较不断训练的特定组织对其他组织的文化技能的熟练程度,可能比较并监督一个社会与其他社会在时间上的变化。某种程度上,语言和文化的整合程度与对社会的容忍和权利关系相关,这种方法能够测量他们变化的方式,不但能够得出不同文化被理解的方法,同时也对社会的变化做出预期。

模仿游戏的运行原理是遵循它的先驱——图灵测试的。在图灵测试中测试由两个人与三台计算机组成,人类的裁判对隐性的计算机和隐藏的人提出问题。“而在模仿游戏中,参与者都是人,仅仅是在以计算机为媒介的询问中使用机器。用这种方法使一定数量的文化群体(目标文化)与假装成这种文化群体成员的非成员相竞技。裁判是目标文化的成员,问一些问题并试着辨别伪装者,裁判明白研究目的是测试一个人伪装成目标文化成员的程度,而不是判断谁正在说谎。所以裁判基于一个特殊群体成员的经验(如,活跃的基督徒或是无宗教信仰的人)去布置这些问题,而不是指出谁是不诚实的,或是为他们设置逻辑陷阱。目标文化非成员假装成成员的程度揭示出一个群体理解目标文化的程度。这依靠

① Harry, Collins. *Imgame research proposal*. 1 - 11

② Harry, Collins. *Imgame research proposal*. 1 - 11

裁判在一系列游戏中成功地辨别出谁是目标群体的人，谁是其他群体中的人的数量来衡量"[①]。在每一次测试之前都有一个针对参与者的打印说明，告诉受测试者自愿地参与并如实地做出回答。不要与其他的参与者讨论，不要求助于他人，并且在回答中不能出现"人们都这样""像你一样"这样的回答去愚弄裁判。测试前参与者需要详细阅读说明，同意履行协议并签名。这个游戏在安装了定制软件的计算机中被执行，并使用当地的语言，测试者被要求能够说当地的语言，不需要翻译而进行对话。同样，裁判需要使用计算机软件记录某种程度上(四个置信水平之一)的判断。每当裁判改变他的置信水平时，需要向实验员描述引起他置信水平改变的情节，即在屏幕上的方框内说明理由。裁判也需要签署协议。

5. 技能的拓展——公众理解科学

(1) 圈内与圈外——共同体内的知识与普遍性的知识

在实证主义科学中，科学家与普通公众之间有明显的界线，科学家在问题的处理或是科学的研究中处于科学共同体中，因此，理所当然地认为，他们所具有的是专业技能，即包括贡献性技能与相互性技能，也正因如此，科学家认为公众不具备相应的专业知识。在知识的传播模式中，科学家是传播的主导者，他们预想公众应该接受怎样的知识，什么样的知识是公众不需要知道的。对于专业的、技术性强的知识公众无需知道，只要被动地接受就好，享受这种技术所带来的便利就好，至于这种技术如何研发、如何应用、如何避免副作用，是科学的权威，科学家具有话语权。

相应地，公众作为知识的受众与终端，之所以称之为终端是因为公众只是接收器，并不要求意见的反馈，公众接受科学家的预想，接受被传播的知识，并且加强信念"关于科学技术只有科学家知道，我们不知道"，在这种情况下，公众的材料与信息获得是不完备的，公众所具有的是普遍性的知识，即啤酒垫知识、通俗知识、第一手资料知识，这些知识的获得对于应付日常的生活是没有问题的，但是对于大的科学技术问题以及政府决策是没有作用的。

因为科学界线的分明，科学家与普通公众分别位于圈子的内外，没办法进行交流，公众参与也难以实现。

(2) 打破界限——公众参与到科技决策中来

要使公众的参与成为可能，科学的划界标准就要变化，科学共同体与公众之

① 赵喜凤. 科学论的第三波与模仿游戏——访哈里·柯林斯教授. 哲学动态，2012(10)：108

间的界线就要被弱化。科学家的权威被弱化，公众不能只是科学知识传播过程中的受众与终端，而要成为积极的参与者，能够与科学家具有同等的机会去表达自己的想法与担忧，意见得到合理审议，公众的决策能够对政府决策或是科学决策的最后形成有一定的影响，这是公众参与的目的。

这种效果的达到，并不是公众单方的行为，而是处在一个多种异质性因素互动的"无缝之网"中。首先，公众需要具有民主权利。民主权利的存在是保证他们的话语能够被采纳的先决条件。第二，公众要能够获得完整的信息，完备的资料。这需要科学家在科学传播过程中正视公众的作用，向公众解释科学技术并不是简单的敷衍而已，还要了解公众的诉求。其实，事实上公众的需要才是科学进步的动力。第三，公众技能的提升。开放公众参与，并不是因为具有了民主权利就可以参与的，并不是具有了权利就可以无视科学，而是要在尊重科学的基础上，提升自己的相关技能，虽然没有专业技能，但是可以逐步发挥自己的经验型技能，以便为公众参与顺利进行发挥应有的作用，而不是"捣乱"作用。

柯林斯在坎伯兰牧民案例的分析中，就对牧民没有参与的原因进行了分析：牧民在羊群饲养和辐射污染源的认定上具备经验型的贡献性技能，但却没能参与到科学问题解决的过程中来，因其缺乏相互性技能。那么坎伯兰牧民如何才能够参与问题的处理呢？柯林斯打破了科学共同体与牧民之间的固有界线，建立了一种比较灵活的划分方式，不但解决了公众的话语权，也赋予了公众决策的合法性，对于这个案例我们将在第三章中进行详细分析。

(3) 鹰眼系统研究

鹰眼系统(Hawk-Eye)，学名为"即时回放系统"，是2001年英国汉普郡拉姆西的Roke Manor研究有限公司的工程师针对竞技体育中人类裁判观察的盲区、视力的极限所导致的误判的情况而研发的，目的是使误判率降低。"这个系统由8个或者10个高速摄像头、四台电脑和大屏幕组成。以网球为例，首先，借助电脑的计算把比赛场地内的立体空间分隔成以毫米计算的测量单位；然后，利用高速摄像头从不同角度同时捕捉网球飞行轨迹的基本数据；再通过电脑计算，将这些数据生成三维图像；最后利用即时成像技术，由大屏幕清晰地呈现出网球的运动路线及落点。"①它以2000桢/秒的速度获取图像，从收集到完成整个过程，四

① 揭秘运动场上鹰眼系统：价格不菲 只起辅助作用. http://sports.enorth.com.cn/system/2013/05/07/010929568.shtml(2013-5-7)[2013-5-7]

个步骤的运转，时间不超过10秒钟，也正是因为其精密的仪器、高超的技术、准确的判断、迅速的反应，从2001年被研发出来直到今天已经在板球、网球、足球、斯诺克、羽毛球、击剑、体操、柔道、篮球中应用。它因为在竞技体育中的杰出贡献而两次获奖——2001年英国电视协会的“科技革新奖”、2003年全美电视艾美奖的“科技贡献奖”。

通过鹰眼系统，公众参与是对权威的挑战。在传统的体育竞技中，人类的裁判是绝对的权威，经常会出现判罚冲突、判罚争论、判罚不公的现象，为避免这种现象的出现，人们发明了鹰眼技术。在应用鹰眼技术的比赛中，裁判的权利被弱化，鹰眼系统的监测结果成为了裁判判罚的依据。以网球比赛为例，当球落地，主裁判做出判罚之后，如果球员不满，可以“向主裁判清晰地提出‘challenge’（挑战）的要求并举手示意”，这时就可以回放鹰眼监测的画面，然后重新判断，既是考察鹰眼的过程也是对主裁判权威的挑战，如果挑战成功，将会继续保持所拥有的两次挑战机会，并获得合理的判罚。那么在此过程中，不只是球员本身可以质疑，公众也可以通过鹰眼的图像搜索，进一步参与到比赛的过程以及判罚的结果中来，打破单一视角的盲区，可以变换不同的角度去观看比赛，如在斯诺克比赛中球迷经常会因为视线的问题而不能完全地参与进去，而只能等待结果，但是应用了鹰眼技术之后，通过电视直播就会听到“这颗红球是否被绿球挡住了线路，让我们换个角度来看一下”。此外，球迷们能够在主裁判做出判决结果之前对判决有一定的了解，并做出自己的判断。所以鹰眼技术的存在能够在最大范围内保证比赛的公正、公平，使得球迷们有兴趣参与到比赛中来，削弱了主裁判的权利，扩大了公众参与的范围。

柯林斯注意到了体育运动中，鹰眼技术的应用对于公众参与的促进作用，这种分析问题的模式对于笔者在食品安全问题中的公众参与问题的分析起到了启蒙作用。

第三节　本章小结

从科学论的角度对风险问题进行解读的路径有三条，一条是科学论的第一波，实证主义的分析。实证主义自从它的始祖孔德那里就重视观察和实验，以及在观察基础上、遵循科学的普遍性预测。实证主义想要建立一种“大一统”的科学，追求不变的、普遍性的、可还原的科学，在对人本身以及外部世界的思考中，两条非常重要的标准就是科学性与逻辑性。当事实没办法用科学进行验证时，逻辑语言的分析则成为重要的衡量标准，就是逻辑实证主义所遵循的路径。在正向的证实论证方式遭遇困难时，转向了逆向的还原论证。逻辑实证主义盛行于20世纪50、60年代，科学的活动是精英的行为，社会分析家的主要目的是理解、解释和有效地促进科学的成功，而不是质疑它的基础。有资格的科学家进行权威的、决定性的发言。因为科学被神秘化，科学的统一性与权威被政治所利用，涉及到科学技术的很多问题的决策都是自上而下的，公众参与亦如此。在问题的处理中，科学的决策并不允许其他的行动者参与；公众所理解的科学是科学家所预设的，是缺失模式之下的参与。此种科学观是风险产生的催化器，现实问题不断出现。

实证主义的浪潮随着20世纪60年代库恩的书等作品的出现陷入学术的泥潭。库恩之后一批STS学者与书籍的涌现，关注科学的社会建构问题。受库恩的“范式”与“科学共同体”概念的影响，一批学者开始了对科学可信性的解构，揭示出科学的社会建构，这是风险解读的第二条路径——科学论的第二波，开始于20世纪70年代早期。齐曼、费耶阿本德、拉图尔、夏平与谢弗从可信赖的人与机构、科学本身宣扬的客观性、科学与政治的关系、科学中的商业宣传四个角度对科学的可信性进行了研究，揭示了科学与政治、商业之间的共谋。科学权利的不断扩张、科学权威地位的不断构筑，人为的风险被合法化。拉图尔、伍尔加、夏平、谢弗、布尔迪厄等人对科学的可信性进行了解构，科学的可信性是一种被建构的可信性，它的客观性是一种权力的修辞。因此在现实生活中，经常会出现公众对政府的不信任，对专家辟谣的敏感。原因之一，标准的制定缺少公众的经验以及对公众的关怀；原因之二，科普变成一种政治声音，不能体现科学家的社会责任，与公众的关注点不契合。这些都说明了无论是在实验室内还是实验室外，科学的可信性遭到了质疑，打破了科学的黑箱化存在，科学的坚冰被击碎。因此科学的可信性只是一种偶然的可信性，比起地方性的知识来说并不高明多少。科学论的第二波打破了精英主义的科学模型，各种社会的因素、技能介入到科学分析与建构中来，科学知识进入了人们的生活，公众参与的问题就转向了对科学制度与文化的反思。

ANT与技科学的发展，把技能引入到问题的分析中来，在问题的具体解决措施中，柯林斯开始了科学论的第三波——经验与技能的研究(SEE)，呈现出一种技能的规范理论，这是第三条路径。既然科学的可信性危机揭示出科学并非是精英的垄断行为，共同体之外的人可能进入到问题的解决中来，那么解决凭借技能谁应该或谁不应该贡献决策的问题就成了思考的重点。在技能周期表中，对啤酒垫知识、通俗知识、第一手资料知识、相互性技能、贡献性技能、一般性辨别、地方性辨别、技术性的鉴赏力、向下的辨别、参考性技能等 10 多种技能（2010 年更新后增多）进行了介绍。贯穿在技能中的"默会知识"是柯林斯从 70 年代开始研究，并持续发展的理论，在技能的理解中起到了关键的作用。技能理论的引入，使得公众参与的问题具备了合法性与有效性，为风险问题的实际解决提供了有效的措施，技能理论在模仿游戏和鹰眼技术中的应用为食品安全案例的分析提供了方法论武器。

第三章

食品安全中“公众缺席”的案例

第一节　坎伯兰牧民案例

一、坎伯兰地区核污染事件

时隔35年，当人们谈起切尔诺贝利事件依然恐慌。1986年4月26日，乌克兰境内的切尔诺贝利核电站的四号反应堆在进行半烘烤实验时失火发生爆炸，给人类带来了巨大的灾难，反应堆释放大量的辐射物质，主要有铯-137、碘-131和锶-90，它的辐射范围之广、辐射强度之大、辐射影响之深远，使人们如今仍记忆犹新。此次爆炸导致8吨的辐射物质泄漏，虽然发生在乌克兰境内，但辐射物质随风和大气飘到了欧洲的13个国家和地区，它的辐射强度是日本广岛原子弹爆炸所产生放射污染的100倍。因此它的辐射影响也是深远的，“导致事故后前3个月内有31人死亡，之后15年内有6—8万人死亡，13.4万人遭受各种程度的辐射疾病折磨，方圆30公里地区的11.5万多民众被迫疏散”。[①] 实际的死亡数字，可能比官方统计的数字更多，很多人因为核辐射而受到伤害，特别是新生儿的畸形，辐射影响至今存在。

在1986年5月，切尔诺贝利事件爆发之后的几天内，英国的高山地区、西北部的湖区发现了大量辐射物质——铯同位素的沉积物，因为英国温润的海洋性气候，常降暴雨，所以把空气中随风飘来的辐射物质冲刷入地表。政府并未紧急行动，但在1986年6月20日，根据英国的食物与环境保护条例对辐射物质的放射性的可容忍度的规定，政府突然颁布了一个禁令，要求对受到辐射尘污染地区

① 切尔诺贝利事故. http://baike.baidu.com/view/48444.htm[2012-10-8]

的羊进行屠杀或转移，包括坎伯兰地区、北威尔士和苏格兰西南部。在 1986 年，受禁令限制区域包括了 9000 个农场和 400 万头绵羊，两年之后，约 800 个农场以及超过 100 万头山羊仍然受禁令限制，到 2006 年，仍有 374 个农场约 20 万头绵羊受禁，而坎伯兰地区就在此之列。

坎伯兰地区的居民生活单一，放牧的品种也唯有绵羊。他们的主要生活来源就是春天喂养一批小羊，利用周边的天然牧场进行放牧，然后在夏秋季节卖掉，来获得生活开支。因为冬天是草的生长与恢复期加之当地有限的生态资源，所以他们注重保护自己身边的生态环境，为了恢复草坪的生长能力在此时期并不放牧。就是这样一种缺少选择性、非多样化的生活方式，也成为城市人旅游、追求宁静生活的向往之地。

同时，与牧民们的生活息息相关的，是一个叫谢菲尔德的核工厂，该厂位于高山地区旁，谢菲尔德风力核电站是一个化学再生工厂，进行核试验、处理核废物。谢菲尔德由于不充分的管理和制度、对环境的破坏、核燃料回收的不科学解释、员工的辐射问题早已成为争论的焦点，遭到强烈的批判。在 20 世纪 80 年代早期，工厂被认为是儿童白血病的发病源，这在 1984 年道格拉斯・布莱克所主持的官方的咨询中被证实。随着媒体不顾一切的报道，争论继续着。工厂的操作者后来指出误导了布莱克的咨询，推卸环境和辐射的责任。在 1984 年，这些操作者因污染了当地的海滨，却没有承担法律的责任而被绿色和平组织所控告，并且在 1986 年遭到健康与安全执行委员会的安全审查。尽管在公众关系上投资巨大，但却因为这些事件没有给公众留下很好的印象。

而在污染源的争论中，英国政府以及农渔食品部（MAFF）的科学家极力维护国家的形象，认为发生在坎伯兰区域的污染是源于切尔诺贝利，而当地的牧民认为辐射物质是来自当地的谢菲尔德，为此展开了政府与公众之间的争论。

二、农业部政策调整

1. 农业部对辐射羊的处理措施

切尔诺贝利事件爆发后，给人们的食品与环境带来了危害，英格兰北部湖区的坎伯兰牧民的生活受到了困扰，因为羊群受到了辐射物质的侵害，他们简单纯朴的生活被打乱。1986 年，有害的辐射物质随风飘到了几千公里外的英国地区。英国属于温带海洋性气候，常年温和湿润，特别是西北部的山区，降水量大，这种多雨的天气使辐射物质侵入了地表，污染了植被，而后被吃青草的羊群所吸收，羊群受到了污染。在污染源的确定上，政府从时间的相近性开始追溯，认为辐射污染源是切尔诺贝利，由此设想，随风飘来的辐射物质是偶然地、暂时地侵入地表，那么被羊群所吸收的辐射物质也会减少，逐渐代谢出羊的体内，因此政府出台了三个星期禁止屠杀羊并出售的指令。三个星期很快就过去了，羊群的辐射没有减少，地表中的辐射尘也依然存在。“且就在英国环境大臣肯尼斯·贝克宣布，这次事故不会对人们的健康造成危害时，农渔食品部(MAFF)的科学家从坎伯兰荒野带回来的羊肉样本却显示放射性的计量比官方和欧洲经济共同体所规定的‘危险指数’高50%。因为土壤中铯的化学性能是依据它在低地和黏土中的表现而定的，而坎伯兰地区的土壤却是酸性的泥炭土，并且坎伯兰丘陵地区特有的地貌使雨水不均匀流动，聚集在低洼地区。这样多方的质疑就出现了：关于辐射污染源的争论——是切尔诺贝利还是谢菲尔德；科学家对土壤的错误估计——普遍性的知识并不适宜地方性的要求；受污染的羊要怎样处理——标记销售还是喂麦秆等等。”[①]在羊群的处理中，科学研究为政治决策提供具有说服力的依据，MAFF 的科学研究是政府决策的直接依靠，因为 MAFF 的科学家最初对土壤的错误估计，使得政府出台了三个星期的禁令，随着时间的推移，政府逐渐意识到这个问题，调整了政策。在首次确定了切尔诺贝利核辐射污染地区的 3 个月后，再次发布了受污染地区的范围图，由最初的北部湖区缩小到围绕着谢菲尔德核工厂的一个月牙形的区域；坎伯兰地区销售羊的禁令被无限期地延长了；此外，对羊群的处理上，由禁止屠杀和销售受辐射的羊变成了标记出售。科学的研究需要试验与测试，在这段时间内就会出现原有的科学共识没办法解决现实难题的现象，即科学本身的不确定性。这种不确定性的存在，一方面使得政府的决策受到影响会出现摇摆，一方面迫使政治的决策快于科学共识。

(1) 农业部禁令的无限期延长

在切尔诺贝利事故发生 6 天后，英格兰北部的大暴雨把辐射的污染物质冲刷入地表，随即政府出台了三个星期的禁令，因为没有很好地估计辐射的污染程度以及污染源，1986 年 5 月 6 日，英国环境大臣肯尼斯·贝克向英国下院保证：“烟雾的影响已被评估，没有任何食物会对英国人民的健康造成危害”，放射性的程度“没有达到对健康有危害的指标”。5 月 11 日全国放射性保护委员会的官方

① 赵喜凤，蔡仲. 食品安全的“可信性”——基于“公众参与”的分析. 科学学研究，2012(8)：1128—1133

顾问、首席代表约翰·邓斯特也声称“如果烟雾不再折回来，那么在一星期或是十天之内问题将不复存在”。但是他也预测说，未来的50年内英国癌症的发病率将提高10倍左右。贝克在5月13日紧接着宣布：“虽然事件所造成的影响仍将继续，但是英国所发生的这次事件在本星期内可望结束。”果然，在三天后，政府每日公告发布放射性污染程度的危险性已经解除。政府认为这些羊的辐射污染程度在被市场化之前会降低，不会影响人们的身体健康。而这种轻松的状态并没有持续多久，在6月20日，农业大臣迈克尔·乔普林宣布了禁止迁移和屠宰坎伯兰及北威尔士部分地区的羊群。7月24日，人们发现坎伯兰禁令所限制的绵羊体内的放射性剂量继续上升，丝毫没有停止的迹象。政府随即对北威尔士、苏格兰和北爱尔兰的部分地区颁布了相似的禁令，问题变得极为严重，英国羊栏约1/5，即400万头羊被禁止出售或屠宰。[①] 两年后仍然有超百万只羊被禁止出售。

(2) 辐射地区的范围缩小

在1986年6月，受到辐射物质污染时，MAFF绘制了一个遭受污染范围的地图，在坎伯兰地区包括500个农场。基于充满信心的MAFF的科学家的保证，羊群所吸收的辐射污染物质铯的浓度会缓解以致降低，因此禁令最多持续三个星期。然而，事实上科学家的信心被现实中羊群的污染程度所冲散。三个月过去了，辐射的限制范围变成了围绕着谢菲尔德核工厂的一个月牙形的区域，覆盖150个牧场。这些牧场仍然被限制，与科学断言相悖，完全颠覆支撑先前政策的科学基础。

(3) 标记销售与转移

禁止销售或屠宰羊的禁令对于牧民来说，无疑是毁灭性的打击，这些牧民以出售羊作为生存来源。羊羔出售不但给牧民们带来可观的收入，而且还节约了牧场的资源。羊羔在没有超过牧场的维持程度之前被销售掉，防止过度放牧对牧场生态的破坏。如果按照国家的禁令，这些羊羔被禁止出售，牧民不但没有收入，还会引起生态问题。在涉及生存问题时，牧民们会想方设法出售被环境污染的羊羔，也防止羊群之间的生殖遗传的破坏。而且羊羔被饲养得过肥或是营养不良的话，也会因为不符合条件而影响羊的市场价值。

针对过度放牧，以及农场主的利益，政府出台了对策。“1986年8月13日，

① [英]哈里·科林斯，特雷弗·平奇. 人人应知的技术. 周亮，李玉琴译. 江苏人民出版社，2000：146—148

政府允许农场主将受污染的羊从规定的区域中迁移出来并予以出售，条件是用蓝色染料在羊羔身上作标记。规定地域内的所有羊栏必须进行污染测试，涂有印记的羊被严格禁止屠宰入市，直到这些地区被解除管制为止。”①同时也要求羊场主在打算以及确定在哪个市场出售羊之前，至少应提前5天向MAFF通报，接受检测，通常这样的检测会使农场主折腾2～3次，因为羊要被集中起来进行检测，然后再运回到放牧的荒野。

2. 政治策略：对事件原因的有意回避

（1）官方：切尔诺贝利事件的影响

在切尔诺贝利事件之前，人们就已关注谢菲尔德核工厂附近的环境变化，低地沿海地区的牧草污染、放牧动物的污染并展开争论，如地球的朋友环境组织、谢菲尔德的运营商英国核燃料公司、MAFF之间的争论。但是缺少科学监督，公众关注点在于高度的砍伐以及他们的羊群。关于羊群与羊皮是否受到污染还没有定论。然而，政府禁令被宣布并被不确定地延长时，真正的污染源问题被讨论。

关于污染源，MAFF认为是切尔诺贝利，这个宣称刚刚提出就遭到了当地人的质疑，“他们没有给任何人信心，因为他们没有公开1957年谢菲尔德的所有文件。我每周都与人们谈论——他们说并不是来自俄国。一直受到限制，不可能来自俄国，不可能落在你家门口”。② 在面对公众的质疑时，MAFF的回复是立即拿出1986年受污染地区的地图，指出污染并非只有1986年9月之后围绕着谢菲尔德的月牙形区域，它原来的范围是很大的，以此来排除谢菲尔德的嫌疑，但是人们并不相信后来的限制区域只剩下了谢菲尔德。

也许人们会想，为什么1957年发生大火的谢菲尔德会成为被怀疑的对象，用γ辐射能光谱来测试铯的两种同位素铯-134与铯-137的强度，以便对坎伯兰地区的辐射源进行辨别。铯-137的半衰期是30年，而铯-134的半衰期则少于1年，所以随着时间的推移，铯-137与铯-134之间的强度比是逐渐增加的。谢菲尔德的大火已经过去了很多年，如果现实中的辐射物质是来自于谢菲尔德，那么它应该有一个很大的比例。但是专家声称沉积物源于切尔诺贝利，并提供法

① ［英］哈里·科林斯，特雷弗·平奇. 人人应知的技术. 周亮，李玉琴译. 江苏人民出版社，2000：153

② Brian Wynne. Misunderstood misunderstandings: social identities and public uptake of science. Alan Irwin and Brian Wynne. Misunderstanding Science? *The Public Reconstruction of Science and Technology*. Cambridge University Press, 1996: 30

律上的辩护。科学的证据使得谢菲尔德免于被怀疑，MAFF 的科学家所达成的共识在公共场合被宣扬。但是在随后的研究中，下议院的农业委员会承认有50%的铯是来自切尔诺贝利，也有一些其他的元素是来自于武器测试和谢菲尔德。在 1957 年英国国防部成立专门机构进行书刊检查防止信息外流，所以事情可能比暴露出来的更加严重。

(2) 公众：当地的谢菲尔德核工厂的辐射

1957 年，谢菲尔德核电站遭受了世界级最糟糕的反应堆事件，当时一个反应堆起火并燃烧了几天。它放射出大量碘和铯的辐射同位素，但就在后来遭受切尔诺贝利辐射尘的坎伯兰地区，持续的大火和对环境影响的消息被隐蔽。尽管邻近的牧民被强迫倒掉了几个星期的牛奶，而牛奶本是当地人喜欢的饮品，之后却被永远地禁止了，但是他们对工业没有任何的敌意和批判。甚至在 1977 年当他们有机会在政治咨询中加入到环境组织中去反对谢菲尔德时，当地的牧民也保留了这个观点。但是在 1990 年一个电视节目中暴露出，谢菲尔德反应堆实际上是因为操作故障而起火发生泄漏，那就意味着高度辐射的燃料存留在空气流中，这就为当地的环境污染问题找到了源头。

由此，谢菲尔德核工厂进入了公众争论的视野，牧民们对当地生态被破坏，以及环境污染有自己的辨析。“我们离谢菲尔德并不远，如果发生了什么事，我们更可能获得信息。很多住在周边的人在想，在过去没有出现的事情，在未来几年将会爆发。就像是围绕在这些地区的白血病，它不是巧合。他们认为这些源于俄国，但是没有证据证明为什么聚集在谢菲尔德附近，他们认为我们都是傻瓜。”①

3. 科学认知本身的不确定性

科学在政治决策中起到关键的作用，科学发现的结果，以及科学证实是政府决策的依据，所以在事件的处理中，科学家的作用是重要的。但是在科学发现过程中，科学并不是既定不变的，它也遵循现有的共识对其不确定性问题进行不断地研究。科学不确定情况的出现是促进科学的发现，左右政府决策的关键。

在此事件中，科学的不确定性主要表现在两个方面，一是坎伯兰地区土壤性质的测定，二是何种浓度的皂土对辐射物质的吸收能力强。在这两个测试的过

① Brian Wynne. Misunderstood misunderstandings: social identities and public uptake of science. Alan Irwin and Brian Wynne. Misunderstanding Science? *The Public Reconstruction of Science and Technology*. Cambridge University Press, 1996: 30

程中，科学家的研究需要一定的时间，也使得政府的决策出现了困境。

首先，表现在科学家对土壤的断定上。起初，科学家认为坎伯兰地区是黏土，因为黏土对辐射物质没有很好的吸收能力，且坎伯兰地区是高山中的一块地势相对低平的地方，土壤中铯的化学性能是依据它在低地和黏土中的表现而定的，所以污染会很快解决。而坎伯兰地区的土壤却是酸性的泥炭土，且此地区特有的地貌使雨水不均匀流动，聚集在低洼地带。科学的判断是基于MAFF的科学家对碱性黏土的经验观察，因为在碱性的黏土中，辐射物质铯会发生化学反应，而被吸收与固定，失去了活性，并且不能够传递给植被，但是在事实上，坎伯兰地区是丘陵地区，具有酸性的泥炭土，铯不但不能被吸收与失去活性，反而进入了生态循环与人类的食物链。

其次，科学确证与实验需要时间。在对土壤的错误估计后，科学家试图对辐射尘进行处理，以减少对当地生态的破坏，尽快减少羊体内的辐射物质，用不同浓度的皂土对辐射物质进行吸收测试。在测试的过程中，需要对划定区域内的羊群进行对比研究，这样的测试方式并不是短时间内就可以得出结果的，对比区域的划定以及方案的实施都需要讨论与落实，现实中羊群的分配与选择也需确定，最终对比的结果也需要对羊群的多次测量与化验，所以为了使最终得出的结果能够令人信服则最少需要几个月的时间。如果落实得好则是一种可选择的方案，如果不能执行到底，或者其中任何一个过程出现了问题，方案就会被搁浅，既走了弯路，又需要更多的时间寻找新途径。在现实中也正是如此，科学家首先打算对野地里放牧的羊群进行分类对比测试，但是因为所提出的用围栏围起来对羊群进行圈定的方案，囿于经济条件而没有最终实现。他们最后采用的测试方式就是多次、大范围地测试坎伯兰地区的羊群，结果是在环境大臣说英国的羊肉是安全时，从旷野中提取的羊肉样本中辐射物质却超标50%。因为确证与实验所需的时间长，科学的共识经常比政治决策要滞后。

三、当地牧民的社会认同

1. 谢菲尔德核工厂在当地的社会地位

湖泊地区的高地放牧区是在工业化英国中很少保留的相对稳定和有特色的传统文化地区之一。牧民们分享不寻常的生活需求，占有着独特的、受追捧的地理位置，有独特的历史传统、地方语言和娱乐追求。也引来了外来的社会经济威胁，如政府对旅游、环境和城市的重建表现出越来越多的关心，而不是牧羊业。

而与当地民众生活的质朴性相比，谢菲尔德核燃料加工厂的地位则更加突出。谢菲尔德风力核电站是一个巨大的燃料储藏池、化学再生工厂、核反应堆、旧时的军事建筑群、钚处理和储存设备、废物处理和储存的仓筒的综合体。它已经从 20 世纪 50 年代的单纯生产武器级的钚发展成了综合的军事和商业再生设备厂，储存和处理英国内外的耗费燃料。到目前为止它是本地区最大的雇佣者，最多时劳动人口的总数是 5000 人。它所主宰的不仅仅是整个地区的经济，还有社会和文化。

2. 温：坎伯兰牧民深入思考后的认同

(1) 冲突不是牧民的无知

坎伯兰牧民与 MAFF 的科学家在问题处理中出现了冲突，表现在三个方面：其一，科学家建议山谷放牧。理由是，山谷并非是高度污染的荒野，通过山谷放牧可以降低羊的受污染程度。但对于大部分的牧民来说这并不是一个很好的选择，原因有两点，一是“山谷里的草需要在冬天晒干并青贮收割；一旦在草的生长期放牧，草恢复生产的过程是相当缓慢的”。二是因为在山谷中对羊群进行管理是困难的，“他们想象你站在荒野的尽头，挥舞着一块手帕，这样所有的羊都跑过去……”。其二，科学家建议选用进口饲料如“麦秆”喂养羊群代替山谷放牧，但是牧民们反对说：“我从来没有看到甚至没听说过一头羊以麦秆作为饲料。”其三，科学家为了测试不同浓度的皂土对放射性铯吸收的结果，试图对标记区域内的羊与荒野上吃草的羊进行对比，农场主批评说：“羊在吃草时通常会越过没有栅栏围起来的荒野地带，如果这些地带被栅栏围起来，那将是‘浪费’(超出了条件)。”[①]后来正如农场主们所料想的，科学家正是由于这个原因被迫放弃了实验。

布赖恩·温认为公众的无知，并不是真正的无知，而是社会机构的无知。坎伯兰的牧民早就知道辐射的污染并不是来自切尔诺贝利，而是来自附近的谢菲尔德核工厂。但是他们在媒体的采访中并不会承认，因为谢菲尔德核工厂在当地占有着重要的社会地位。牧民的亲戚、邻居等很多人都在谢菲尔德的工厂里工作，所以他们或直接、或间接地依赖谢菲尔德生存。他们对“实质的亲属关系、朋友关系和共同体网络的社会认同就必须相信谢菲尔德被控制得很好，并且包

① 哈里·科林斯，特雷弗·平奇. 人人应知的技术. 南京：江苏人民出版社，2000. 147—153

含着可信的专家”。[①] 他们表面上的无知,包含着深层次的社会认同。温遵循着道格拉斯所创立的风险文化理论,认为“风险定义的所有理性是在社会经验以及社会认同的保护和培养的整体主义的综合体中产生的。……我发现他们对放射性源头的认识有着矛盾心理,这取决于在特定时间,他们是把自己的身份看成家庭的一部分还是依赖于希拉费尔德核工厂提供就业机会的社区网络的一部分,或者把自己的身份当成是更大的农牧社会的一部分”。[②]

对于牧羊人观点与科学家建议之间的冲突,温认识到二者之间的关系“是在两种不同形式知识之间的文化错位;各方都代表一种不同的社会关系,在这种关系中知识生根发芽。”[③]也就是说,牧民相比于科学家来说并不是无知的,他们的知识是在另一个体系内,当人们知道了他们不说出谢菲尔德核工厂是辐射污染源的原因时,人们对于他们产生了一些同情,他们所拥有的地方性知识被科学家和权威所忽略。这并不是说,他们所拥有的地方性知识比科学家的知识更加丰富与深刻,而是他们的知识在一些方面是重合的,只是知识表现的方式不同而已。双方都具备处理问题的条件知识,但是单方的知识相对它的用途来说都具有局限性。在辐射污染源的确定上,我们可以看出原本可以从双方的知识和经验意识中获益,原本可以协商成为一个特别完整的形式,但是在现实中,因为一种体系的使用,一种社会价值的预设,使得另一方没办法参与进来,另一方被忽视。所以温主张采取跨文化协商和学习对方世界观的合理性、合法性的形式建立标准的认识论。

在坎伯兰牧民案例中,科学家与牧民之家的问题并不是牧民不能理解复杂的风险问题,不能处理社会问题而表现出来的一种无知,而是处于不同的社会地位对问题思考所选择的不同视角,所以牧民的认识是自己身份认同基础上的反应。

(2) 信任是一种社会建构

坎伯兰山区的牧场污染是相对稳定的。大多数牧民有亲戚、邻居或临时被

---

① Brian Wynne. Misunderstood misunderstandings: social identities and public uptake of science. In Misunderstanding science? *The public reconstruction of science and technology edited by Alan Irwin and Brian Wynne*. Cambridge University Press, 1996: 40

② 布赖恩·温. 风险与社会学习:从具体化到约定. [英]谢尔顿·克里姆斯基,[英]多米尼克·戈尔丁. 风险的社会理论学说. 徐元玲等译. 北京:北京出版社,2005: 331—332

③ 布赖恩·温. 风险与社会学习:从具体化到约定. [英]谢尔顿·克里姆斯基,[英]多米尼克·戈尔丁. 风险的社会理论学说. 徐元玲等译. 北京:北京出版社,2005: 329

雇佣而工作在谢菲尔德核电站。但是他们不仅仅是在物质上，而且是在精神上，远离谢菲尔德所推崇的信仰，切尔诺贝利事件之后引起更多公众的不满。

温认为公众的无知并不是真正的无知，而是一种"社会认同""社会制度的无知"。诺尔·塞蒂娜总结了这个概念，"首先，无知不是迟早用完整和可靠的知识能够代替的，而是日益来自于科学本身和社会与环境的技术应用。第二，无知是多层面的与社会建构的综合体"。[①]

温认识到科学风险分析中，为了创造科学知识而不得不使用社会假设，当知识不受信任时，才认识到社会假设的局限性，创造知识的社会条件受到了诘难。就像在对除草剂的使用中，科学家与工人之间的争论一样。他们基于自己的知识体系或经验对风险进行定义，建立起控制有毒物和剂量的不同实践模型。虽然科学家总是觉得自己的知识才是权威，农场和林场的工人的知识体系是虚构的，但是确实具有实在的经验。事实上，也正是农场和林场的工人"才对客观风险分析有直接相关的专家知识，但是这种知识不被承认，然后他们的社会身份就遭到贬低和威胁。当人意识到科学家在指导保护下不承认自己的客观知识是有条件时，以及意识到科学家们对工人高傲而又煽动诋毁时，人们很容易就会赞成人民大众对'群众的智慧抵抗专家的错误'的解释"。"然而，很重要的是要把两种知识看成是有条件的，因为它们有不同的基本社会预设。"[②]科学家与工人之间的知识是处于两种不同知识体系之中的，带有不同的社会价值预设与预期。

四、柯林斯：坎伯兰牧民技能缺乏与参与障碍

1. 牧民缺少相互性技能

从坎伯兰牧民与科学家意见的冲突，以及案例介绍中牧民们对政府决策的不认同，我们知道牧民对当地环境有更多的了解，在民主制度的英国，有经验的牧民本应该参与进问题的解决过程，但是却没能进入问题的讨论之中，因为他们缺少相互性技能。

---

① Stefan Böschen, Karen Kastenhofer, Ina Rust, Jens Soentgen, Peter Wehling. Scientific Nonknowledge and Its Political Dynamics: The Cases of Agri-Biotechnology and Mobile Phoning. *Science, Technology& Human Values*, 2010,35(6): 785

② 布赖恩·温. 风险与社会学习：从具体化到约定.［英］谢尔顿·克里姆斯基,［英］多米尼克·戈尔丁. 风险的社会理论学说. 徐元玲等译. 北京：北京出版社，2005：325

相互性技能是人与人之间交流的能力，是能够从他人那里获得信息或是把自己的信息传递给他人的过程，那么在坎伯兰牧民案例中，牧民们不具备这样的能力。原因有两个方面，一方面是因为 MAFF 的科学家认为牧民是无知的，不具备科学的专业知识，对于科学的调查和研究这种专业性的问题，不需要牧民插手，或是有意不让他们插手，如辐射污染源的争论上。因为科学家的专业性技能的存在，科学语言的表达，就把牧民们排除在问题之外，他们被科学家的傲慢态度所藐视，只是配合抓羊进行调查的助手而已。另一方面是牧民本身的问题，虽然牧民们知道的事情很多，但是没有科学的语言，不懂得怎样把自己的观点表达给科学家，不能与科学家进行交流，所以他们所具备的经验型的专家技能被忽视了。“鼓励在这个游戏早期经验型专家的参与——很可能鼓励这些组织寻找科学问题中具备相互技能的代言人，或鼓励为不被承认的专家的科学知识发言的中介组织的成长，不是作为竞争者，也不是作为专家本身，而是转译者。”① 如何能够把自己的知识传递给科学家，与科学家进行交流，是具有经验型贡献性技能的牧民应该具备的能力，这是柯林斯的观点，具备贡献性技能的人不一定具备很好的相互性技能。

在牧民的参与中，技能缺失是参与障碍的一个方面，政治制度也会是另一个阻碍。虽然是在民主社会，但是因为政府的决策以及问题的处理主要靠政府科学家的共识，公众不被希望了解事实的真相，政府的决策是一种“黑箱化”的存在。MAFF 对受污染羊群范围的缩减也是一种经济利益诱导下的决策。对谢菲尔德核爆炸资料的封锁，亦如此。所以有经验性技能的公众参与科学不仅需要公众本身素养的提升，还需要制度的保驾护航，保证有权利参与、顺利参与。

2. 牧民的地方性知识是一种有益的补充

牧民的地方性知识表现在两个方面：一方面是对羊群的处理上，一方面是对辐射污染源的认定上。这两方面的知识如果能够被政府部门的科学家积极吸纳的话，那么科学的确证就少走一些弯路，也少浪费一些时间。

对于羊群的处理上。在“冲突不是牧民的无知”问题中，我们描述了坎伯兰牧民对科学家建议的反驳，对山谷放牧、喂麦秆、不同浓度皂土的测试问题表达了自己的观点，在这些回应中包含了对当地知识、羊群饲养与生态的了解。因身

① H. M. Collins and Robert Evans. The third wave of science studies: studies of expertise and experience. *Social Studies of Science*, 2002, 32(2): 262

为牧民，所以知道山谷放牧对羊群管理的难度；因为长期饲养绵羊，所以知道绵羊的饲料；因为长期生存于此地，所以知道此地的生态需要保护，知道牧草资源的有限，需要在冬天恢复生产能力；因为了解羊的习性，所以知道不设置围栏对羊群进行对比研究是不科学的；因为了解天然牧场的大小，所以知道设置围栏是经济上不能承受的。如此种种都说明了牧民作为当地居民对于地方性知识的了解是更甚于科学家的，所以牧民的这种专业性技能如果可以被科学家所吸纳的话，科学家在对策的提出与测试过程中将会节省很多时间，也会获得很多有益的经验型知识。

在辐射污染源的认定上，他们知道辐射的污染源是谢菲尔德而不是切尔诺贝利。他们知道内幕的原因其一，"在1957年，(谢菲尔德核工厂的)一个核反应堆发生火灾并持续了3天。事故发生地方圆200平方公里范围内的牛奶，由于害怕受到污染而被丢弃。事故被严格保密，关键的数据或许永远都收集不到了"①。其二，围绕着谢菲尔德核工厂的区域出现奇怪的现象：这片区域发生很多白血病病例；冬日里站在荒野的高处，就会看到冷却塔顶部冒出的水蒸气，受污染最强处恰好处于水蒸气拍打之处。因为牧民长居与此，他们知道本地所发生过的事情，知道谢菲尔德的大火，以及报刊检查防止信息的外漏；虽然没有任何文件来说明问题，但是牛奶却被永远地禁止；因为生活中常见的一些怪异的现象以及围绕着谢菲尔德的月牙形的区域限制羊的屠杀和转移，却没能得到官方合理的解释，这些都使牧民对辐射的污染源有自己的见解。

科学家对于羊以及地方生态学的了解都是一般的规则知识，是科学的、专业的、普遍性知识，对于本地具体情况还缺少了解，牧民对于羊群的饲养以及当地的生态环境有着特殊的了解，这是一种地方性知识，也是一种经验型的专业技能，牧民的参与是有益的补充，防止科学家闹出建议喂羊吃麦秆儿的笑话。

3. 牧民应该参与MAFF的决策

MAFF的科学家多次与公众发生意见冲突，但是他们并没有听取公众的意见。如柯林斯所说，公众作为地方性知识的占有者，是"经验型的专家"，并不是"外行"，可以加入到科学共同体的内部，对MAFF科学家的意见进行有益的补充。而不是被当成无知，成为科学研究的对象或是受众，应该是"两种专家"之间的对话。"牧民在占有知识主体方面是一个小群体，与有资格的科学家群体一样

① 哈里·科林斯，特雷弗·平奇. 人人应知的技术. 南京：江苏人民出版社，2000：155

在行。牧民不是外行——他们不属于非专家——他们是没有被承认的专家。”①

牧民们生活在民主社会之中，理所当然地具有参与的民主权利，这一点不可置疑，但是并不是有了民主权利就可以进行技术性的思考，就能够对实验的方法有一些促进作用。柯林斯列举了一个案例，在切尔诺贝利爆炸之前，一群伦敦的投资家一起购买坎伯兰牧场作为他们私人周末度假胜地，雇用牧民作为管理者保护现有生态。这些投资者作为股东对牧场具有支配的权利，但是他们并不具备饲养以及观察的技能，而这些技能还是留在牧民手中，这些能力并不因为买卖而发生转移，所以在问题的处理中，谁应该参与到共同体内呢？显然应该是具备技能的牧民，而不是具备金钱支付能力的股东。牧场所有权的转移将不能使投资者成为核心组的成员，牧民本应该被包含在核心组中。政治上权利的具备不意味着技能的具备，政治权利与技能之间有区别，但是要想问题能够解决，必须使具备两种权利的人参与进来。牧民们的贡献性技能和辨别的能力，使得他们有资格成为专家，可以像科学家一样参与到科学共同体的内部。技能的划分与辨别使得他们的经验性言论具有了效用，同时也使科学家与外行之间的界线变得灵活。所以柯林斯等人的研究不但使牧民们具备了话语权，也具有了说服力，既解决了“合法性问题”，也解决了“范围问题”。

五、温与柯林斯 PUS 理论异同及其现实意义

温与柯林斯都对坎伯兰牧民的案例进行了研究，都是从公众理解科学的角度进行分析，二者具有相似的地方，如都重视地方性的知识、都认为公众参与是必要的，但是二者又有不同的地方，柯林斯以温的理论作为基础，发展了不同的技能，对牧民的技能进行分类，并且也对温的公众理解科学进行评论。

1. 都重视牧民的地方性知识

对于二者来说，都注重公众参与，而且也都重视公众的地方性知识，柯林斯的理论提出是建立在对温的研究的基础上的。

如在科学争论的分析中，温注意到了“科学家忽视了牧民关于当地环境的知识、高山地区羊的特点、高山放牧管理的现实，如在没有受到辐射污染的山谷中

---

① H. M. Collins and Robert Evans. The third wave of science studies: studies of expertise and experience. *Social Studies of Science*, 2002, 32(2): 261

吃草的羊群的可能性,在开放的区域内为了测试而赶羊的困难"[①]。没有重视牧民的地方性知识,MAFF 的科学家就认为牧民没有自己的观点,因为他们不知道。温在分析之后,认为这恰恰是科学家应该重视的地方,这也是柯林斯的观点。柯林斯用技能理论对牧民的公众参与能力进行了划分,认为牧民是具有经验型技能、能够进行地方性辨别的人,可以说是把牧民们所具有的知识进行具体分析,把温没有明白表述的问题,用技能进行框定。

2. 温的社会建构论有利于问题的分析

温对坎伯兰牧民案例的分析,是从社会建构论的视角对公众不能参与科学问题进行解析,温的社会建构论分析主要表现在牧民认知的社会文化背景,他的贡献更多在于牧民未参与的原因,以及牧民对自己身份的认同,而不涉及科学的可信性分析。虽然在材料的分析中,我们能够看到科学可信性问题的存在,但是这并不是温研究的重点,他的重点是处于社会制度之中的公众参与与社会身份认同问题。

温所分析的牧民的无知并不是完全的公众不能获得资料的无知,而是出于社会文化影响下的公众怎样对待自己身份、怎样在这样的制度中生存的问题。通过对辐射污染源的隐瞒,公众才能够维持既有的生活,这种公众参与问题着眼于制度的改变。所以公众的无知也是社会建构的产物,并不是因为公众知识的缺乏。这是第二波的视角,对于分析问题、指析问题具有很好的作用,能够使问题更加清晰,但问题是,在现实中有地方性知识的牧民怎样参与和 MAFF 科学家的对话呢?科学论的第二波虽然指明了方向,却不具备操作的可行性,因此从第二波的分析出发,进行实际技能的提升,对问题的解决是有益的。

3. 柯林斯的 SEE 理论更有利于牧民进一步参与实际决策

柯林斯在访谈中对贾萨诺夫与温的公众理解科学问题进行了评价,认为他们有一个非常天真的想法。"他们拒绝面对这样一个事实——公众不能理解科学。以'公众能够理解科学'的信念鼓励公众的做法将导致灾难——尤其是对拒绝使用疫苗的西方公众——导致无止境的疾病和死亡。贾萨诺夫和温已经看到在民主与技能之间的张力,但是解决的方法却是使'公众伪装成专家'。解决的

① Brian Wynne. Misunderstood misunderstandings: social identities and public uptake of science. Alan Irwin and Brian Wynne. Misunderstanding Science? *The Public Reconstruction of Science and Technology*. Cambridge University Press, 1996: 26

方法应该是把技术争论留给专家——包括经验型的以及不被认可的专家——然后，一旦政治问题解决了，就把政治决策权移交给公众。公众理解科学争论的核心是内行知识与普遍知识之间的关系。不足信的‘缺失模式’认为公众不能适应科学技术，是因为缺乏专业的知识：只要公众能够分享科学的专业知识，那么他们在新技术方面的重要性将与科学共同体的重要性一样。这显然是错误的，因为剥离专家制造知识的困难使知识适用于非专家，科学家本身——被认可的科学家，比任何人对科学理解的更多——在真理与价值上都不同。科学的社会研究通过日常的思考与决策揭示出科学的弊端：科学不是一个自动产生真理或是共识的程序——常人的判断依赖于他的心。因此这种科学可能引起在公众领域内的争论，这意味着一般人的判断在某些方面与科学家的判断有共同之处。当涉及到公众领域的技术决策时，这种发现在当代的科学技术论(STS)领域内已经成为一种广泛的趋势，把公众或多或少地看成是专家。最近，这种方法遭遇新的挑战，重点是用‘经验与技能’进行区分而不是接近真理。”①因此，在柯林斯看来，公众是没办法参与科学的。针对这个问题，在英国访学期间笔者跟柯林斯教授进行了探讨，其指出这里的公众概念需要明晰。虽然柯林斯说公众不能理解科学，不能参与科学，但是在坎伯兰牧民案例中，牧民是可以参与科学的，因为牧民并不是公众，而是经验型技能的专家，所以我们可以知道，公众在柯林斯的概念中已经被细化，普通的没有技能的人是公众，有技能的人就已经不是公众了，而在这里他之所以批评贾萨诺夫和温的原因就在于二者没有对公众作出区分，普通的公众在理解科学的技术性方面是有难度的。他也指出了增强的可能性，对于公众理解科学的技术方面的问题，这需要技能的提升，这是一个相对来说较难的过程；对于公众理解科学进程的问题，STS 的研究正在进行着努力，从不同的侧重点促进公众理解科学，柯林斯的勾勒姆系列三本书对于人们理解科学做了科普的努力。

第二节　基因探测案例

长期以来食品安全的“可信性”依靠“科学的”标准，科学变成了决策的依据。

---

① 赵喜凤. 科学论的第三波与模仿游戏——访哈里·柯林斯教授. 哲学动态，2012(10)：108—109

但是科学本身的不确定性不但使科学所树立的权威形象难以维持，而且还可能导致错误的政治决策，层出不穷的食品安全问题使科学与政治备受质疑。科学所面临的"可信性"危机使人们开始从科学内部反思科学在解决问题中是否充分。对公众维度的忽视，是问题不能彻底解决的重要原因。基因探测的案例进一步说明了这个问题。

在20世纪90年代和2008年美国的哈佛大学和塔夫茨大学分别对我国进行了两起基因实验，本节以这两起事件为案例进行论述。哈佛大学的"基因采集"主要发生在1996—1997年，与塔夫茨大学的儿童"转基因大米"喂养实验间隔10年。基因采集事件被揭露后，也引起了人们的关注，但是为什么在10年后，仍然会发生针对我国儿童的转基因测试呢？除了对科学家、研究者、研究机构的非人道主义的谴责外，更加令人关心的就是我国的伦理审查问题，两次事件之后，伦理审查中的"知情同意"问题都被人们所关注，"知情同意原则"本来是明文规定的，但是它为什么在现实中很难被执行，本节从认识论上的知识遮蔽(Agnotology)、修辞学的身份认同入手分析"知情同意原则"执行中的困境。

"生物勘探(bioprospecting)是生物多样性勘测(biodiversity prospecting)的英文缩写，是指探测生物(微生物、动植物等)是否具有或潜在具有工业 、农业、医药、能源 、食品和环境治理等方面的价值。"[①]生物勘测最初源于博物学中对植物物种多样性的收集，最为突出的时期是18世纪欧洲的航海家对西印度群岛、非洲、亚洲的植物物种的收集，把欧洲大陆上不存在的植物或种子带回欧洲培育以满足社会的需求。但是这也经常体现出发达国家对不发达地区的殖民剥削，把土著人的草药或是药方，经过开发而申请专利，很多情况下涉及到剽窃的问题，因此生物勘测多数导致生物剽窃。生物剽窃通常是发达国家对发展中国家的技术压榨，利用发展中国家的贫困与饥饿的劣势以为其解决问题为借口而进行的，通常这些欠发达国家和地区的人们在信息不对称的情况下充当技术开发与使用的试验品，但是没有得到应得的报酬。

中国作为发展中国家，也难逃被当成实验小白鼠的厄运，20世纪90年代美国哈佛大学和国内医学研究机构对基因样本的采集，对哮喘病和高血压进行研究。2008年美国塔夫茨大学也采取同样的方式对我国儿童进行"转基因大米"的人体试验。两次研究都得到了美国国立医学研究院(NIH)的支持，这种基因资源的

---

① 谢晴宜，洪葵. 微生物资源的生物勘探. 热带作物学报，2010(8)：1420—1426

生物勘测行为，受试者或其监护人不仅不知情，而且也没有得到合法的权益保护。

一、基因采集的人体试验

1994—1998 年我国安徽省安庆市 8 个县（枞阳、怀宁、潜山、桐城、太湖、望江、宿松和岳西）的部分农民享受了免费体检，但是这个体检并没有表面上宣称的那么光鲜，即在提高农村合作医疗的旗号下，由当地政府动员农村居民参与的抽血试验，而实为美国哈佛大学公共卫生学院与千禧年制药厂在我国安徽地区进行的大规模人类基因采集研究，旨在研究支气管哮喘、高血压等的实验项目。其中方合作伙伴有三家，即北京医科大学、安徽医科大学和安庆市卫生局。负责这些项目的美国哈佛大学公共卫生学院教授、流行病学家徐希平曾对美国记者介绍说，这些项目的基因取样，达到 2 亿中国人，其中仅在安徽的哮喘病样本的筛选，就涉及 600 万人。“拿‘哮喘病的分子遗传流行病学’的单向研究来说，批准招募的受试者为 2000 人，但实际招募的达 16686 人。研究者们就把每个受试者 10 美元的补偿改为提供便餐、交通加误工补助。实际就是两包方便面加 10 元到 20 元的误工费。此外，批准的每份血样的采集量是 2 茶匙，但实际增加到 6 茶匙，所用的支气管扩张剂也和报批的不一样。”①

据此项目的承担者哈佛大学的公共卫生学院的徐教授介绍，在得到 NIH 的资金以前，哈佛首先在哮喘病项目上“与美国千年制药公司合作”，获得了该公司的资金支持。与哈佛大学进行合作研究的好处有四点：“一是介入了复杂疾病遗传因素研究的行列；二是与公司的合作可以实现技术转移，转移到哈佛再转移到中国；三是得到启动资金；四是一旦开始以后，如果公司要求苛刻，就可以从 NIH 申请资金。”②

二、非议中存在的“黄金大米”

1. 转基因“黄金大米”研发阶段的学术争论

黄金大米（Golden Rice）是利用生物遗传技术产生的能合成 β-胡萝卜素（维

① 熊蕾，汪延. 哈佛大学在中国的基因研究“违规”. 瞭望新闻周刊，2002(15)：48—50

② 熊蕾，汪延. 令人生疑的国际基因合作研究项目. 瞭望新闻周刊，2001(13)：24—28

生素 A 前体)的水稻产品。其研发的目的主要是满足部分以水稻为主食的人群对维生素 A 的摄入量,以避免他们由于维生素 A 缺乏而导致的各种疾病。

"金稻(Golden Rice)的研发由瑞士联邦理工学院植物科学研究所的 Ingo Potrykus 教授和德国弗莱堡大学的 Peter Beyer 于 1992 年共同启动,2000 年正式对外公布。他们向水稻转化了 2 个 β-胡萝卜素合成基因,即水仙花的 psy 基因和土壤中的欧文氏细菌的 crtl 基因。""金稻已经与菲律宾、中国台湾的地方品种以及美国的水稻品种'Cocodrie'进行了选育杂交。这些品种在 2004 年美国路易斯安那州立大学进行了第一次田间试验。初步结果表明田间种植的金稻比在温室中种植时能多产出 4~5 倍的 β-胡萝卜素。2005 年先正达生物技术公司将金稻中的 crtl 基因与玉米中的番茄红素合成酶(phytoene synthase)基因结合,研发出了金稻 2。该品种能生产超金稻 23 倍的 β-胡萝卜素。"①

2005 年 6 月,黄金大米的研发者 Peter Beyer 得到了比尔和梅丽达盖茨基金会的资助进一步对黄金大米进行改良,以便提高维生素 A、维生素 E、铁和锌的水平。"虽然目前任何金稻品种还都没有被批准食用,但据估计最终的金稻品种可能会在 2013 年投放市场。"②截止到目前还未听说转基因的黄金大米被商业化种植。

对于黄金大米的接受性问题,不同的人有不同的看法,生物技术公司以及研究生物技术的大多数科学家认为转基因黄金大米可以给人类带来福利,是好的,但是作为消费者来说,对于转基因主粮是持谨慎态度的。不同国家也会出现不同情况,比如在印度,转基因的黄金大米是受欢迎的,因为大米的颜色为橙黄色并且伴有香味,印度对金黄色的食品具有好感,很符合印度人的饮食习惯,所以在印度可食用的黄金大米视为微笑与幸运的象征。

但是对于科学家以及社会学家之间的争论似乎没有那么简单。在转基因黄金大米进行人体试验之前,1999 年 3 月 26—29 日在法国里昂召开了生物技术会议,会议的关注点就是讨论生物技术的未来。印度女性主义者凡达纳·希瓦(Vandana Shiva)对转基因的生物技术进行了批判,认为"夸大了大米的营养价值;没有解释对个人以及家庭饮食的总的影响;忽略了贫困国家食物供应逻辑;忽视了更多传统的维生素 A 资源;威胁了大米的生物多样性;通过获得每一个实

① 转基因 30 年实践,农业部农业转基因生物安全管理办公室,中国农业科学院生物技术研究所,中国农业生物技术学会编. 北京:中国农业科学技术出版社,2012:105—106

② 转基因 30 年实践. 农业部农业转基因生物安全管理办公室,中国农业科学院生物技术研究所,中国农业生物技术学会编. 北京:中国农业科学技术出版社,2012:106

验的以及加工过程的专利对必备的谷物进行企业垄断"。[①] 在媒体的争相报道与争论中，迫于外界压力，作为黄金大米研究的资金提供者洛克菲勒基金会的主席戈登·康韦(Gordon Conway)，也是一位转基因技术的积极的支持者，承认"黄金大米不是对维生素A缺乏问题的解决措施，而仅仅是包含各种维生素资源的一种平衡化的饮食"。[②] 他也承认，媒体的大肆报道，对转基因技术的大力宣传，把黄金大米神化了，其实转基因大米的研究仍然在进程中，还需要进一步去探究。但是不得不说的是，黄金大米对于符号化的政治来说是一种更有用的资源，是一种利用西方的先进技术对不发达国家或是其他国家进行政治交流的一种手段，生物政治是后殖民语境中的一种新外交政策。

2. 塔夫茨大学的"黄金大米"人体实验

2012年9月份曝光的美国塔夫茨大学"黄金大米"的实验项目也是NIH资助的。美国塔夫茨大学2008年在湖南衡阳市衡南县江口镇中心小学进行了转基因"黄金大米"的临床喂养试验，成果论文发表在《美国临床营养学杂志》上，主要作者为美国塔夫茨大学教授汤光文、湖南省疾控中心胡余明、中国疾控中心荫士安、浙江医学科学院王茵。实验[③]持续35天，包括14天的饮食准备期，以及21天的试验期，并对实验的1、3、7、14、21天的五个血液样本进行采集和分析。实验从112名儿童中筛选出72名6—8岁的健康受试儿童并将其分为三组进行β胡萝卜素胶囊、黄金大米、菠菜补充维生素A的对比研究，其中23名儿童[男孩12人，女孩11人，中国疾病防御控制中心(CDC)通报食用黄金大米的儿童数是25名]在21天里每日午餐进食60克转基因"黄金大米"，并对其体内维生素A含量进行抽血检测，得出的结论是，黄金大米与纯β胡萝卜素胶囊补充维生素A的效果相当。实验用的黄金大米和菠菜是在休斯敦的儿童营养中心用重水(氧化氘)溶液培养，富含氘。重水主要被用于核反应的减速剂，对于人体的代谢具有

① Sheila Jasanoff. "Let them eat cake": GM foods and the democratic imagination. Melissa Leach, Ian Scoones and Brian Wynne. Science and Citizens : Globalization and the Challenge of Engagement. London: Zed Books Ltd, 2005: 184

② Sheila Jasanoff. "Let them eat cake": GM foods and the democratic imagination . Science and Citizens : Globalization and the Challenge of Engagement edited by Melissa Leach, *Ian Scoones and Brian Wynne*. London: Zed Books Ltd, 2005: 184

③ Guangwen Tang, Yuming Hu, Shi-an Yin, Yin Wang et al. β-Carotene in Golden Rice is as good as b-carotene in oil at providing vitamin A to children. *The American Journal of Clinical Nutrition*. 2012 (96): 658 - 664

抑制作用，破坏人体的迅速代谢。抛开转基因黄金大米本身的影响不说，重水对儿童也存在潜在风险。

该项研究以“吃营养餐”为名，通过学校开家长会动员，确定被测试的孩子。吃学校免费提供的“营养餐”的条件是“每月要抽 3 次血，每次分餐前餐后各抽 2 毫升的血，每次抽血后会给学生每人一盒牛奶和一个苹果”。[①]

此消息一经暴露，很多专家学者、新闻媒体、组织和政府机构对此实验给予了高度的关注，很多当年吃营养餐的学生家长要求学校做出解释，塔夫茨大学和其他合作机构也表示要进一步调查。在 2012 年 12 月 6 日 CDC 对汤光文等在 2012 年 8 月发表在《美国临床营养学杂志》上的《“黄金大米”中的 β-胡萝卜素与油胶囊中 β-胡萝卜素对儿童补充维生素 A 同样有效》研究论文进行了通报，并对合作发文的中国学者荫士安、王茵、胡余明进行了惩罚。湖南政府对参与测试的儿童给予每人 8 万元的经济补偿。事情虽然告一段落，但是湖南省衡阳市参与测试的儿童家长的担忧没有减少，事件呈现出的伦理审查的问题也不能被掩盖。

三、生物勘测中“知情同意”原则执行的困境

生物勘测是与西方殖民化过程相伴随的。在乔治·巴萨拉的文章[②]中，其对西方科学进入非欧洲国家的殖民模型进行了研究，指出西方科学传播经历了三个阶段。第一阶段，欧洲在世界范围内采集动植物群，对不发达地区的本土知识进行挖掘，将研究结果带回欧洲，为欧洲科学提供资源，丰富原有的典籍。正如席宾格教授的《植物与帝国》所揭示的，探测生物多样性的科学研究由旅行者、传教士、博物学家、商人、航海者、军人、昆虫学家、医师等进行，这些人往往在进行航海或旅行前都会翻看博物学书籍以便发现新的物种。第二阶段，殖民地科学，“在新土地上的科学活动主要依附一个既成科学文化国家的组成和传统”，即欧洲的殖民者直接把自己的教育机构、著作和书籍搬到殖民地，本土人、移居的殖民者或居住者都可能是殖民地科学家。本土科学家开始介入到由欧洲观察者所

---

① 部分家长：只知营养餐不知是“试验”. (2012-09-06)[2012-09-06] http://www.bjnews.com.cn/feature/2012/09/06/221202.html

② 乔治·巴萨拉. 西方科学的传播——西方科学进入非欧洲国家的三阶段模型. 田静译，蔡仲校. 苏州大学学报 2013(1)：2—10

掌控的研究环境中，接受正式或非正式的欧式训练，梦想融入西方科学，成为欧洲科学团体中的一员并获得荣誉，把他们的研究发表在欧洲科学刊物上，但是他们不能得到科学前沿最新的观点和信息。第三阶段，完成了移植过程，达到了一个相对独立研究“西方科学”的现实，就像目前非西方国家或地区中科学研究机构与大学所做的那样。巴萨拉的第三阶段只是看到了殖民地科学在第三阶段的崛起和对西方的独立研究，但是对于西方的防范与反应没有揭示，由于殖民地科学不断地逼近西方的成果，西方并不想单纯地普及自己的知识、炫耀自己的知识，也开始了攻守，使科学知识变成了一种地方性的知识，严格限制专利权，区别于第一阶段的采集或掠夺式的资本积累，现在开始了新一轮的以“地方性知识”为基础的资本积累和操纵过程。那么这三阶段可以简单地概括为收集加工到传播扩散再到专利保护的过程。

“地方性知识”概念的扩展正是遵循了巴萨拉的知识传播模型，经历了从传统科学哲学到科学实践哲学的解读。席宾格在其文本中提出了一个非常重要的词汇——“本土的”(indigenous)，指代原始的、不平常的，而且是非西方的资源和知识。“‘本土知识’经常与‘科学的知识’相对，有时甚至是西方疾病的灵丹妙药。这个术语最适合来描述欧洲内陆人的知识或从遥远国度收集来的知识。”[①] 这个术语的使用与我们现在所强调的地方性与全球性的问题是一样的。本土知识就是一种传统的知识，一种地方性的知识。

而“地方性知识”在科学实践哲学的解读中，不仅指传统知识、地域性知识，可以说科学知识就是一种地方性知识。科学社会学的研究，尤其是社会建构主义的研究，使我们知道科学知识并不是传统科学哲学对自然的表征，不是“理论优位”的，而是在实验室中“制造”出来的，是一种“实践优位”的体现，涉及很多倾向于资金提供者的结论、共同体内权威人士的话语权、协商、谈判等社会活动。科学不是一种表征，而是涉入，是人、物质、仪器等异质性要素参与的过程。因此人们原来所认为的普遍化的知识，现在也变成地方性的了。因为在知识的生产过程中，实验的条件、情境、工具、仪器的选择都是带有地方性特征的，每个实验室所选取的材料不一样，倾向性不一样，都会产生不同的结果。这是科学实践哲学与传统科学哲学的不同之处。

---

① Londa Schiebinger. *Plants and Empire: Colonial Bioprospecting in the Atlantic World*. Cambridge: Harvard University Press, 2004: 15

正因如此，科学实践哲学赋予了地方性知识一种新内涵，地方性知识的范围扩大了。区别于传统的地域性的地方知识，新的地方性知识更容易成为资本积累的工具。"哈佛与千年公司在1994年12月达成的合作协议规定，在中国安徽表型500个家庭，并把从这500个家庭获取的DNA送往千年公司，以通过匿名标记做基因组搜索，寻找哮喘病基因……千年公司对他们所发现的任何基因享有唯一的专利权。""千年制药对哈佛哮喘病项目的资助不过300万美元，但在它于1995年7月宣布能获得安徽的哮喘病基因5个月之后，瑞典制药业巨头Astra公司给千年公司投资5330万美元用于在呼吸系统疾病领域的研发。而千年公司对来自安徽的肥胖症和糖尿病基因的掌握，则吸引了另一世界制药业巨头Hoffmann-LaRoche 7000万美元的投资。千年制药的股票价格，从1995年5月上市之初的每股4美元，飙升到2000年6月的每股100多美元。其若干高层人员通过股市交易，每人净赚1000万美元以上。"[①]可见，国外研究机构和制药公司把中国安徽地区农民的基因资源作为资本积累的工具，不断地聚敛财富。在资本积累与维持的过程中，认识论上的"知识遮蔽"与"修辞学上的身份认同"起到了积极的促进作用。

1. 认识论上的"知识遮蔽"

普罗克特在研究了"烟草公司反对烟草被控制的斗争"后，正式提出了"知识遮蔽"的概念。他说烟草公司和行业组织的领导者并不希望得到"吸烟是否有害"调查的详细信息，当科学的证据无争地证明吸烟是有害时，烟草公司仍然觉得这是一个未被解决的问题[②]。在这里烟草公司的行为就是故意造成一种无知，并且寻找其他的导致肺病的借口并出版和虚构的科学数据。

席宾格以"知识遮蔽"为工具探讨了"生物勘测"。在加勒比地区，欧洲的殖民者想方设法地从他们的信息提供者那里获取信息，或是以诱骗的方式博得他们的同情，或以经济的方式付一定的费用，或以威胁的方式，通过这些途径骗取信息，但并没有使信息的提供者获得应有的报酬，他们所打的旗号就是"收集植物"，把加勒比地区的植物移植到欧洲种植，减少国库对国外奢侈品的花费。而在信息和技术从它的获取地传到了欧洲之后，人们并不知道这些信息的获取途

① 熊蕾，汪延，文赤桦．偷猎中国基因的活动——哈佛大学基因项目再调查．瞭望新闻周刊，2003(38)：22—25

② Robert N. Proctor，Londa Schiebinger. *Agnotology*：*The Making and Unmaking of Ignorance*. Stanford University Press，Stanford，California. 2008：1－35

径，植物学家们通常也不会提及，应用知识的人更不了解。“知识遮蔽”概念的应用使我们知道了信息的获得过程中，跨文化的交流所存在的问题，如加勒比人不希望外来人口、殖民者了解自己的语言和文化，这些植物学家所获得的信息并不全面；同时骄傲自大的欧洲殖民者自认为了解了堕胎药的药效，并且在传播的过程中省略了其获得的途径。

但是“生物勘测”经常涉及我们今天所说的专利权问题。很多欧洲的殖民者把从殖民地获得的消息、技术、实验结果带回欧洲后，利用“文明国度”里建立起来的典籍、分类方式、描述方式进行总结然后申请专利，如制药业巨头辉瑞公司利用一种有冠仙人掌（Hoodia cactus）中的活性成分制造了减肥药物获得专利保护。而 San 部落几千年来一直利用这种仙人掌克制饥饿。另一个就是 1995 年授予美国辛辛那提大学的使用姜粉治疗创伤的专利，而这种姜粉的用法在印度人尽皆知。笔者认为在信息的传播过程中，“知识遮蔽”的含义是多方面的，既有秘密掘取人的无知、信息使用者的无知，正如席宾格所说：“欧洲的博物学家趋向于仅仅收集样本和关于这些样本的特殊事实，而不是关于用途的观点和图解，或理解和治理这个世界的叙述方式”[①]；同时也有信息泄露者的无知，包括对本土资源被窃取后的开发利用。所以“知识遮蔽”就是信息传播过程的信息缺失、不对等所导致的无知。

在“基因采集”和“黄金大米”两个案例中，“知识遮蔽”主要表现为后一方面，即信息被采集一方的无知。首先，对于中方的合作者来说，关于“美国媒介所报道最初给哈佛项目投资的美国千年制药公司仅仅因为可以接触安徽的 DNA 资源，便在哮喘病等几个基因研究项目上获得投资一亿多美元的事，刘副校长毫不知情。他感到，合作是在‘信息不对称’的情况下进行的”。[②] 对于国内的合作机构和合作者来说，他们更多看重且只能看重与国外知名研究机构合作的机会，附带有国外机构或资助者所设置的一些“小的恩惠”，如免费的体检或只是国外科研合作机构获得资助的零头的研究经费等。那么对于此合作项目国外科研机构获得经费情况、资助机构后续的获利情况往往并不知情。

此外，对于受试者来说，科研机构并没有发给这些人以及他们的监护人“知情同意书”，反而以“免费体检”“健康成长”为名去诱导受试者积极参与。如在基

---

① Londa Schiebinger. *Plants and Empire*: *Colonial Bioprospecting in the Atlantic World*. Cambridge: Harvard University Press, 2004: 87

② 熊蕾，汪延. 令人生疑的国际基因合作研究项目. 瞭望新闻周刊，2001(13): 24—28

因采集中，当地农民反映"胳膊从一个小洞伸进布帘里，医生在布帘后面，看不见"。对于这些农民来说，检查哮喘是否需要抽血他们不知道，体检需要抽多少血他们也不知道，体检背后隐藏的目的他们就更不清晰了。据瞭望周刊记者的调查，"很多受试者参与试验的同意表格是倒签时间的，而且明显是第三人的笔迹"。① 在涉及人类医学实验的法典《赫尔辛基宣言》第24条对"知情同意"的内容进行了详细的论述，即"每个潜在的受试者都必须被充分告知研究目的、方法、资金来源、任何可能的利益冲突、研究者所属单位、研究的预期受益和潜在风险、研究可能引起的不适以及任何其它相关方面。必须告知潜在的受试者，他们有权拒绝参加研究，或有权在任何时候撤回参与研究的同意而不受报复"。② 并且第24条也指出"知情同意"是"在确保潜在的受试者理解信息之后"做出的书面同意。如何确保受试者了解实验的信息是一个过程，通常要通过一段时间的培训和测试之后才签订书面的《知情同意书》，而不是形式化的签字而已。而对于湖南儿童的家长来说，他们没有见过《知情同意书》，仅知道的就是江口小学家长会上获得的信息：学校正在受国家专项资助，将免费向学生提供特制的"营养餐"，可让学生"更胖、更高、更健康"。这一点也得到了CDC的证实，在CDC的通报中指出"2008年5月22日，课题组召开学生家长和监护人知情通报会，但没有向受试者家长和监护人说明试验将使用转基因的'黄金大米'。现场未发放完整的《知情同意书》，仅发放了《知情同意书》的最后一页，学生家长或监护人在该页上签了字，而该页上没有提及'黄金大米'，更未告知食用的是'转基因水稻'"。③

在对于受试者的实验回报方面，研究机构承诺的10美元变成了误工补助，"头一次每人10元，第二次20元，外加两包方便面"。④ 对于他们承诺的治疗依然没有兑现："因为大女召华的病情比较重，一到春天就咳喘得厉害，希望她能得到治疗，但是并没有得到。只给了一个美中生物医学环境卫生研究所开的居民

① 满洪杰. 论跨国人体试验的受试者保护——以国际规范的检讨为基础. 山东大学学报(哲学社会科学版)，2012(4)：39—46

② 世界医学会《赫尔辛基宣言》——涉及人类受试者的医学研究的伦理原则. 杨丽然译，邱仁宗校. 医学与哲学(人文社会医学版)，2009(5)：74—75

③ 中国疾病预防控制中心. 关于《黄金大米中的β-胡萝卜素与油胶囊中的β-胡萝卜素对儿童补充维生素A同样有效》论文的调查情况通报.(2012 12-6)[2012-12-8]http://www.chinacdc.cn/zxdt/201212/t20121206_72794.htm

④ 熊蕾，汪延. 令人生疑的国际基因合作研究项目. 瞭望新闻周刊，2001(13)：24—28

健康检查报告单。另外说老储有高血压,给了两瓶降压药。"[①]

我们可以看到,这些科研机构为了获得自己想要的资源与信息,使用了欺骗的手段。阿姆斯特达姆斯卡在读了拉图尔的《实验室生活：科学事实的社会建构》一书后,指出"在事实的建造过程中,人们利用了广泛的资源,包括说谎、错觉、夸张、欺骗与误传等,这些资源被用来建构作为事实的陈述"。[②] 哈佛大学和塔夫茨大学亦如此,开始了拉图尔所称的"以狡猾的手段谋取利益(captation)的论证"。虽然拉图尔所说的是实验室中的知识生产,但是知识的生产并不局限于实验室内部,而是一种社会化的过程。田野调查是实验室的延伸,实验研究人员为了使更多的资源能够为己所用,开始了技术化、专业化的过程,表面上看这些受试者是愿意接受调查和实验的,但是在这种狡猾的论证之下,他们也只有这一条路可走。

2. *修辞学上的身份认同*

从拉图尔的解构中,我们得知实验室就是一个存在争论与狡猾论证的场所,布尔迪厄称之为科学场。布尔迪厄在《科学之科学与反观性》一书中,利用场域理论对以科学为工具的资本积累进行了反思,认为实验室是一种科学场,"科学场的概念像其他场域一样,是一个汇聚了具有一种结构意味的各种力量的场,同样也是一个进行着力量的转变和保持斗争的场"。[③] 在科学场中,知识的产生过程充满了活动因子,这些活动因子包括研究者、设备或者实验室。活动因子之间的力量博弈决定着场域的结构,也反映在科学实践和研究中。他们的活动方式也遵循库恩的科学共同体内的范例论以及规则模式。此外,每一个活动因子都占有特定数量的资本,"一个活动因子所具有的力量取决于他的各种不同的获胜手段,即能够保证他在竞争中占据有利地位和获取成功的各种差异性的因素,更确切地说,也就是取决于他所拥有的各种不同类型的资本的数量和结构"。"科学资本是建立在认识和再认识(承认)基础上的一种特殊的象征资本……掌握一定分量(从而占有一部分)的资本的因子便能够在场域中施加一种权力,从而影响那些相对来说资本较少的活动因子或行动者(以及他们的'入场费'),并且决定获利机遇的分配。"[④]

---

① 熊蕾,汪延.令人生疑的国际基因合作研究项目.瞭望新闻周刊,2001(13)：24—28

② 转引自蔡仲.后现代相对主义与反科学思潮——科学、修饰与权力.南京：南京大学出版社,2004：223

③ 布尔迪厄.科学之科学与反观性.陈圣文等译.桂林：广西师范大学出版社,2006：57—58

④ 布尔迪厄.科学之科学与反观性.陈圣文等译.桂林：广西师范大学出版社,2006：58—59

由科学场中的资本积累方式，我们不能忽视修辞学上的身份认同问题。这两起基因实验的共同点都是美方的项目由具有华人身份的研究者主持，如“基因采集”事件中的徐希平教授（当时任美国哈佛大学公共卫生学院副教授）、转基因“黄金大米”事件中美国塔夫茨大学华裔女教授汤光文，美国名牌大学和“华人教授”的身份，为什么能深入中国的农村，开展违背伦理道德的研究，在当时还被人们所欣然接受呢？

夏平与谢弗在《利维坦与空气泵》中给我们揭示了原因。波义耳与霍布斯围绕着空气泵产生真空与实空的问题展开了争论。作为自然哲学领袖的波义耳，同时是英国皇家学会的会员，用实验观察的方法进行空气泵的实验，已经验证真空的存在。其皇家学会会员的身份成了“有效的证明”，“波义耳利用空气泵与修辞学的‘技巧’去规训与说服那些能够成为其证人的听众”。人们倾向于像波义耳这样的“绅士的语言”，模糊了事实与辩护之间的界线。而霍布斯主张精确的推理，他首先向人们表明什么是知识，坚持社会秩序需要理性来仲裁，反对真空的假设，提出了实空论的观点。他否认建立在观察基础上的任何科学，认为实验方法只看到了表面，没有注意到现象后面的因果解释。并批判波义耳一直是通过人为的手段来狡猾地欺骗公众，并没有创造知识。波义耳也反驳霍布斯，认为理性不能产生公众的统一性，只能走向政治的垄断和独裁。而实验则是获得真正科学知识的唯一途径，因为实验是由科学共同体内的成员反复操纵和验证而获得的，是一种通过事实说话的民主，通过自由、公开的争论达到一致性。最后的争论结果是，霍布斯的观点并没有被广泛接受而失败了，波义耳成功了，因为其皇家学会会员的身份。

在“基因采集”和“黄金大米”案例中，一方面，国外的知名研究机构成为掌握先进技术、设备、理论的代名词，也一直成为国内学者效仿的对象，与他们联系在一起的行为不仅在规范上更能令人信服，而且也能获得更多的尊重。另一方面，徐希平与汤光文的华人教授身份也更容易被信任，普通百姓对知识有一种崇拜，“教授”的身份特别引起人们的敬意，再加上“华人”的面孔，同胞之情，语言相通，容易获得更多的信赖，这是一种修辞学上的身份认同。在“基因采集”的科学场中，哈佛大学、千年公司和国内的合作者都是活动因子，哈佛大学凭借着自己国外顶尖、权威的科研机构与先进技术，吸引了国内的合作者对其认可与其合作，这是一种象征资本，隐性的权力。国内的合作者为研究提供基因资源，也成了与其合作、共同署名的“入场费”。且千年制药公司作为资本的提供者，其获胜的手段就是提供研究经费，这也使其成为最终的受益人，在项目研究之后，获得了丰厚的利润。

四、后殖民视角下的民主境遇

在殖民的语境中，乔治·巴萨拉把科学传播分成了三个阶段：对非西方的物种或是知识进行“科学化”的过程；把西方的思想和文化强加给被殖民的国家；对“西方文化”进行独立研究。这样的三个阶段只是西方殖民的一种历史化过程，在现代化的今天这些过程可能是同时，或者交叉进行的，例如在进行第二阶段的科学传播过程也会对这些非西方国家的基因进行采集，如在我国所进行的转基因大米的实验、安徽省的基因采集事件，可以说是三个阶段的融合。

在后殖民语境中，就是要打破殖民语境中的中心、西方化的科学传统以及研究模式，建立一种地方性的、流动的、多因素融合的、多元文化并存的模式。在地方性知识体系中，发展自己，阻抗西方的文化中心控制的同时，使本土化与西方化相结合，使双方在阻抗与融合之中达到共塑。后殖民的思想与技科学的理论不谋而合。技科学是指把科学与技术融合在一起，并置于社会、文化、政治的背景之中，所以包括科学、技术在内的多种异质性要素共同组成了行动者网络。后殖民理论中追求的去中心、多元文化的共同发展，与技科学理论中的多种要素的共同参与呈现出异质性，以至于后殖民理论的著名研究者沃里克·安德森(Warwick Anderson)说“‘后殖民技科学’的视角‘会以崭新方式去研究资本主义和科学之间不断变化着的政治经济，全球化和地方性之间相互重组，日益增长着的社会、实践、技术的跨国交易’”[①]。

这种“后殖民技科学”的视角对于全球化中的生物技术的传播提供了很好的分析视角。在全球化与生物技术发展的背景下，西方国家的殖民不再是赤裸裸的洋枪洋炮的抢劫，而是在全球化外交的基础上，在不平等的贸易关系的基础上的一种生物技术的输入，如转基因技术。中国在2003年加入WTO之后，在美国农业部和华尔街金融家的联手炒作下，中国大豆的生命已经掌握在美国人手中。美国先是以“天气不好，大豆会减产”使华尔街的金融家炒高大豆的价格，而中国

① Warwick Anderson. From subjugated knowledge to conjugated subjects：science and globalisation，or postcolonial studies of science? *Postcolonial Studies*，Vol. 12，No. 4，2009. 393

最需要大豆的食用油压榨业囤积了两年加工油所用的大豆，之后美国农业部又更改了原来的信息，说“大豆不会减产，会增产”，华尔街的金融家们心领神会，降低了大豆的价格，使大豆的价格低到了原来的50%，中国的很多食用油压榨企业都破产了，而这时国外的四大跨国粮商ADM、邦吉、嘉吉和路易达孚以最低的价格收购了中国大部分榨油企业，目前已经控制了中国80%以上的食用油加工能力，他们入主之后，掌握了中国大豆的采购权，认为中国的非转基因大豆产油量低，所以每年只能从美国、南美采购转基因大豆，这就是为什么中国的非转基因大豆囤积、价格低还要从国外进口大豆的原因。因此，在国外认为是垃圾的转基因生物，在国内变成了黄金，使转基因市场起死回生，也打开了作为野生大豆生产国——中国的转基因大豆市场，值得关注的是，中国的食用油加工能力提高了，食用油的安全性是否也提高了呢？面对中国非转基因大豆在中国市场上的劣势，中国政府想要去保护也是心有余而力不足的，因为美国和WTO规定：“只有美国可以补贴，别人不可以”“美国农民每生产一吨大豆得到的政府补贴从90年代初期的15.2美元增加到2004年的59.1美元，补贴率从6.5%提高到24%，而中国却受制于WTO的条款，如果政府补贴豆农，就犯了法。”[①]还清楚地记得某年的春节联欢晚会上的小品中“以前是一个人啃三个鸡腿，现在是三个人啃一个鸡腿啃不利索”的笑谈吗？虽然当时多数人是出于赞赏和惊讶，转基因发展到今天，转基因产品的种类除了大豆、马铃薯、玉米、油菜籽、棉花等经济作物之外，还扩展到了南瓜、辣椒、胡萝卜、小白菜等蔬菜，现在中国人更多的是担忧和震惊。

对于不发达的第三世界国家来说，在生物技术发展的今天，似乎成为西方国家的试验场与倾销场，打着“提高全人类的健康”“拯救营养不良儿童”的幌子，进行着科学实验，因为不发达国家对于基因技术的害处并不了解，因而持不抵抗的态度；或者即使知道一些争议与害处，鉴于国际贸易的不平等，而被动地接受。如，美国在疯牛病之后，为了恢复牛肉市场，开始在政治力量的压制下，向日本、韩国、中国台湾等施压。如2009年“美国强迫台方开放牛肉内脏进口，不但引起民众公愤，更使马英九声望暴跌！依据最新民调显示，72%的受访者不能接受美国这种鸭霸做法，68%的民众不赞成政府让步，如果民间发起抵制拒吃活动，69%的人表示会响应。马英九声望也降至33%，大幅滑落14个百分点。”“在美

① 顾秀林. 转基因战争：21世纪中国粮食安全保卫战. 北京：知识产权出版社，2011：4—6

方压力之下，马政府已同意开放美国牛肉内脏等产品进口，民众对此多抱持反对立场。”[①]2003年“迫于国内畜牧业支持者的压力，布什曾亲自致电小泉纯一郎，希望解除牛肉问题。此后美方也不厌其烦地向日本暗示‘日美关系优先于食品安全’”[②]。那么在这样的一种新情况下，民主怎样体现？公众参与怎样发挥作用呢？

在涉及全球化与贸易背景中，国际关系与民众的健康有时存在矛盾，在这种背景下，公众参与就具有了更广泛的意义。从后殖民技科学的视角出发，在打破西方殖民模式的控制，发展地方性知识，建立多元的参与模型具有启示意义。多种行动者的共同作用，公众参与只能是为这种技术或是产品的接受与否做出决策，而政府的决策则是涉及问题的关键：怎样在不违背民众意愿的前提下，做出有利于国家发展的决策。就像欧盟与美国在90年代初所建立的跨“太平洋贸易联盟”，联盟的存在没有阻挡欧盟民众的反抗，在民众的反抗之下，美国的转基因玉米很难进入欧洲的食物链。公众参与要以国家的政策为前提，如果国家充分重视公众的决策，那么对外的国际关系也可为民众更好地服务。

在全球化的今天，随着生物技术的发展，食品的风险对于发展中国家来说，呈现出新形式，发达国家利用先进的生物技术、基因工程技术向发展中国家、第三世界的不发达国家掘取基因资源进行生物偷窃，同时把转基因的新产品试用于这些国家和地区，人们在不知情的情况下成了实验的小白鼠，这种情况的发生不仅是一种实在，即生物工程的产品和技术实实在在地出现在第三世界国家和地区；而且也是被建构的存在，即发达国家以经济利益为诱饵，进而获得政治上的支持，在政治上架构了贸易联盟与文化支援的合法性，从而使自己的实验与偷盗行为“合情合理”，这种思考是“生命政治”的思考，“生命政治”的视角在当下的中国是一个热点问题，这也是笔者即将研究的一个视角。

五、公众参与亟待凸显

美国科研机构相隔10年在中国进行两起人体试验，构成了“生物剽窃”，其

① 美强迫台湾开放牛肉进口　马英九声望暴跌14%.(2009-10-28)[2011-07-16]http://www.stnn.cc/hk_taiwan/200910/t20091028_1167066.html

② 日韩拟近期对美牛肉解禁.(2005-10-25)[2011-07-16]http://www.foodqs.cn/news/gjspzs01/2005102585023.htm

形成原因有两个方面：其一，很重要的原因就是认识论上的“知识遮蔽”。“知情同意原则”的目的就是让受试者明白测试项目的来龙去脉，自己的利益与危害，但是实验的研究者却利用信息的不对称、不对等掩盖实验的目的与收益。“知识遮蔽”背后以科学为手段的资本积累，把发展中国家的传统资源，变成了具有专利权的“地方性知识”，科学不仅成为资本积累的工具，科学本身作为一个场域也聚集大量的资本。其二，“知情同意”在实践中充满了修辞学的成分，国外顶尖的研究机构、研究者的华人身份都成了吸引国内合作者、受试者的修辞工具，他们成为先进的医疗技术、治疗理念的代名词，像“绅士的语言”般让人信服。这也是知情同意原则在现实中难以实行的原因。

此外，伦理审查制度本身的问题也应引起我们的重视。在 20 世纪 90 年代“基因采集”事件之前，国内显然还没有伦理审查委员会，就像《瞭望周刊》的记者所调查的：截止到 2003 年 9 月 14 日，在安庆市卫生局的网页上遍查不到哈佛大学的研究人员所提到的“安庆医学伦理委员会”这个机构①。但是，我国卫生部在 1998 年 11 月，成立了“涉及人体的生物医学研究伦理审查委员会”，2007 年，我国又颁布了《涉及人的生物医学研究伦理审查办法（试行）》。那么在 2008 年为什么还会发生湖南儿童的转基因大米人体试验呢？

原因是我国在伦理审查的过程中主要存在以下几个方面的问题②：1. 大多审查流于形式，“睁一只眼闭一只眼”，一般百分百通过。2. 科研机构自己的伦理委员会审查自己的项目。“中华医学会科技评审部刘俊立于 2007 年进行的一个全国性的伦理委员会工作情况的调查结果也显示，所调查的 199 个伦理委员会中，59%的伦理委员会主任委员是院长或书记。”③3. 事后补材料，做完试验后等待刊发论文时才“进行”伦理审查。4. 有些试验是在伦理审查“超期”几年后进行的。5. 伦理委员会专家一般是兼职的，“招之来审，审之就过，过完就散”，对于一些擅自改变试验时间、地点、方式的，伦委会很难发现，叫停与问责更无可能，项目实施过程中的跟踪与监督全无。6. 审查不全面，不深入。“当时的医学科学院基本只是针对新药、医疗器械做一些审查，对于像黄金大米这样涉及公共卫生范

① 熊蕾，汪延，文赤桦. 偷猎中国基因的活动——哈佛大学基因项目再调查. 瞭望新闻周刊，2003(38)：22—25

② 伦理审查中的问题是参考邱仁宗的观点梳理、系统而成.
参见 http://money.163.com/12/0917/02/8BIP2C3100253B0H.html#fr=email

③ 邓蕊. 科研伦理审查在中国——历史、现状与反思. 自然辩证法研究，2011(8)：116—121

畴的试验，医疗科研工作者对此领域几乎是不了解的。”①

如果说20世纪90年代我们没有建立伦理审查委员会的意识，那么在10年后，即哈佛大学的基因采集事件之后，我国开始有意识地建立涉及人的医学伦理审查机构及试行办法，我们也从国外学习一些相对完善的办法及监督机制。正因为伦理审查制度的不健全，才使问题愈演愈烈，使诱骗研究的魔爪伸向了我国的儿童。转基因大米事件将加快我国伦理审查制度不断完善的步伐。

为了防止问题愈演愈烈，除了制度上的伦理审查外，公众参与的问题已经凸显出来。无论是坎伯兰牧民事件还是基因采集事件，都说明了公众的参与亟待解决，一方面是具有技能的公众不能参与进去，另一方面是无知的公众受到了蒙蔽，公众参与已经成为问题解决中的突破点之一。

第三节　本章小结

本章介绍的是食品安全问题中公众缺席的案例。从坎伯兰牧民到基因采集中的安徽农民以及黄金大米事件中的湖南儿童及其家长都未能参与到与其具有利害关系的问题中来。坎伯兰牧民具有对羊群饲养和当地生态环境保护的地方性知识与地方性辨别，但因没有科学的语言、没有民主权利，故而没能参与问题原因的调查和辐射羊群的处理过程；安徽农民和湖南儿童及其家长在没有公开、透明信息的情况下，成为了实验的小白鼠，在进行基因采集和转基因的人体试验中，知悉权受到了侵害。科研机构在受试者不知情的情况下，打着“免费医疗”“提供营养”的幌子进行了科学实验。生物勘测问题已经从发达国家对不发达国家和地区的生物物种的采集进入了基因的采集阶段，那么食品安全问题也从传统的食品进入了转基因食品阶段。

坎伯兰牧民因为生活在谢菲尔德核工厂附近，亲历了谢菲尔德的大火，之后也知道了发生在家门口的怪现象，知道了辐射的污染源是谢菲尔德而不是切尔诺贝利，但是在现实中因为社会认同而装作是“无知”的，这种无知并非科学上的无知，在对科学家意见的反驳中表现出经验型的贡献性技能。又因没有相互性

① 黄金大米疑似曾在山东济宁进行成人试验(二).(2012-9-17)[2012-9-20]http://money.163.com/12/0917/02/8BIP2C3100253B0H.html#fr=email

技能、没有话语权，故而没能参与到科学家的决策中去。同样地，在基因采集与黄金大米案例中，受试者作为直接利益相关人对于科研机构的研究目的并不知情，也没能平等地参与到科学研究中去。笔者认为最根本的原因是以科学为手段的利益追求。以科学为手段的资本积累，把发展中国家的传统资源，变成了具有专利权的"地方性知识"，科学不仅成为资本积累的工具，科学本身作为一个场域也聚集大量的资本，特别是后殖民背景中的生物政治的手段，发达国家利用先进的生物技术手段对第三世界国家进行控制。具体原因有两点：其一，认识论上的"知识遮蔽"。实验的研究者与受试者或其监护人之间的信息不对称、不对等。其二，"知情同意"在实践中的修辞学，国外顶尖的研究机构经常与先进的医疗技术、精湛的技艺相联系，研究者的华人身份都成了吸引国内合作者的有利条件。

有经验者的技能参与、科学研究中的公众知情等方面问题的存在以及后殖民视角中民主的复杂性，都使得公众参与问题被重视，公众参与作为科学研究与问题调查和处理中的一个维度是必不可少的。

第四章

食品安全中"公众形式上参与"的案例——英国疯牛病的分析

第一节　英国疯牛病的案例介绍

一、疯牛病引起欧洲对风险问题的重视

20 世纪 80 年代中期,英国首先爆发了疯牛病,它是传染性海绵状脑病的一种,而在疯牛病之前就存在羊痒病。因此疯牛病最初的发病原因,被认为是牲畜吃了被羊痒病所污染的副产品而被传染的,或者是发生在其他动物身上的病毒基因突变的结果,或者是有机磷农药激发了牲畜对此种疾病的易感性。在科学结论上,最初疯牛病只在动物之间传播,并不能证明与人类有什么直接的联系,但是海绵状脑病在人类中的一种普遍的形式就是克雅氏病,它包括医源性克雅氏病、库鲁病等。随后这种病像瘟疫一样在欧洲范围内传播开来。目前比较能令人接受的疯牛病起因——疯牛病是获得诺贝尔生理学或医学奖的美国生物化学家斯坦利·普鲁辛纳(Stanley B. P Prusiner)发现的传染性蛋白的因子朊病毒(Piron),这种病毒传染到牛的身上而产生的。朊病毒耐 360 度的高温,而普通植物油的沸点在 160—170℃,并且它能够耐甲醛、耐强碱。牛被喂食的动物饲料,是由动物的死尸、脑、内脏以及屠宰场的各种废弃原料加工而成的,正常情况下,经过多次长时间的高温消毒,这种传染性蛋白是可以被杀死的,但是饲料生产商为了降低成本,不仅减少了高温杀菌的次数,而且减少了时间,使病毒得以在动物饲料中存活,然后传染给吃了动物饲料的牲畜,这种病毒不仅在牛类身上得以传播,还可以在羊、猪、貂、鼠、猫、麋鹿、河马等 20 多种动物中引起疾病,其中也引起人类的新型克雅氏病。此事一出引起了全球的恐慌,不但英国乃至欧洲的

人民都不敢吃牛肉了，世界范围内的其他国家也是如此，不敢再从欧盟进口牛肉、动物饲料、血液制品、医学所用的人类器官等。

疯牛病的传播途径有食源性传播、血液传播、母体传播。虽然欧洲成为疯牛病的重灾区，很多人不敢吃牛肉、不敢使用欧洲血库中的血液，但在欧洲的牛肉市场、饲料市场受到重创后，欧盟把这些物品销售到非洲、中东、亚洲，很多亚洲人因为使用血液制品或是医疗的人体器官和脑组织等被感染。联合国粮农组织总干事迪乌夫说："在1986年到1996年期间，全世界共有100多个国家和地区从英国等西欧国家进口过牛、牛肉和动物性牛饲料。"[①]

刚开始，英国封锁消息，不许媒体进行报道，不许进行科学研究，如"一位英国微生物学家关于疯牛病的研究，被政府认定为是不合法，不但他的研究经费被取消，而且他的住所被秘密搜查，研究资料被盗走"[②]，并且也说疯牛病不会被传染给人类，但是随着越来越多的人得了新型克雅氏病，政府的掩盖已无益，甚至是可笑的。在1983年Surrey小农场就出现了几例疯牛病，但是农场主从来没有见过这种怪病，英国有关部门下令封锁了消息，并把被感染的病牛焚毁。

在疯牛病被发现10年之后，即1996年，英国政府才承认疯牛病会传染给人类。在1996年3月，"由杜瑞尔(Stephen Dorrel)博士和农业部的霍格(Hogg)先生分别发表演说，承认已有10人患了新型克雅氏病，其中8人已经死亡。他们还承认，新型克雅氏病与被疯牛病病毒污染的食物有关"。[③] 为什么在疯牛病传播了至少10年之后，政府才肯承认疯牛病在英国可以传染给人类，才开始采取措施呢？这与科学的认识不无关系。

二、疯牛病问题处理经历三个阶段

疯牛病的处理在英国经历了三个阶段，这三个阶段是以科学研究以及政府的政策为划分标准的。第一阶段是1986—1996年，官方不承认疯牛病是可以传染给人类的，只认为它仅在动物之间进行传播，科学的任务主要是在探索疯牛病的起因，以及如何去预防；第二阶段是1996—2000年，经过对科学不确定性的探索，虽然在理论上还没有确切证据证明疯牛病对人的传染性，但是现实中人被感

① 秦贞奎主编. 世纪恐慌：疯牛病&炭疽. 北京：中国城市出版社，2001：8—9
② 秦贞奎主编. 世纪恐慌：疯牛病&炭疽. 北京：中国城市出版社，2001：31
③ 秦贞奎主编. 世纪恐慌：疯牛病&炭疽. 北京：中国城市出版社，2001：14

染并死亡的案例屡屡发生，使得政府不得不承认疯牛病是可以传染给人类的，并且为了加强政治统治以及维持政府在公众面前的信任，积极地加强风险的管理及与公众之间的风险交流，关注公众健康；第三阶段是2000年之后，随着疯牛病问题越来越清晰，各种学科如政治学、哲学、管理学、社会学、科学论研究的分析与揭示，政府在处理风险问题以及突发状况时的人文关怀与管理机制备受质疑，所以这一时期的主要变化就是政府不断加强制度的建设，促进风险交流机制的形成。

1. 疯牛病仅作为动物疾病——共同体内部的争论

在1986年11月，首先发现疯牛病的是英国农渔食品部(MAFF)下面的一个中央兽医实验室(CVL)，他们在发现疯牛病后立即汇报给了MAFF，因为MAFF是当时负责疯牛病研究与处理的政府组织。当时的MAFF也是处于矛盾之中，一方面它作为一个国家机构，应该为公众的健康考虑，因为疯牛病的传播可能是食源性的；但是，另一方面，作为代表农民与牧民利益的行业组织，它要为产业的前景考虑，一旦发布疯牛病会传染给人类的消息，行业的经济前景将会陷入低谷，所有与牛相关的产品，如牛肉、奶制品都会受到不可估计的损害。但是后者毕竟是农渔食品部存在的根基，所以在利益的权衡中，行业的经济利益与前景要比公众的健康更加重要，因此在最初的十年间MAFF也就声称疯牛病的危险没有证据证明会传染给人类。

所以对于疯牛病的研究一直推迟到1988年，索斯伍德工作组(Southwood Working Party, SWP)成立，索斯伍德就是理查德·索斯伍德(Richard Southwood)，他是这个小组的负责人，先前就任于英国皇家环境污染委员会以及国家放射防护委员会。这个工作组的人都是科学家，而且是一些对海绵状脑病和朊病毒没有什么经验与技能的科学家，他们被任命为MAFF的官员。SWP与MAFF一样，依据它所产生的母体以及科学家的背景，具有双重的使命，表面上看是进行科学研究，为公众提供科学防御的忠告，事实上他们所进行的是与动物食物相关的风险研究，以及怎样为政治决策提供建议去处置风险。他们所提出的建议是为MAFF保护牛肉相关企业以及保护经济利益服务的，并不是出于对陷入恐慌中的消费者服务的。所以SWP在1989年2月所作的报告中指出"疯牛病不可能与人类的健康有任何关联"。① 但是这种为风险管理和公众交流策略

① Andrew Webster, Conor M. W. Douglas, Hajime Sato. BSE in the United Kingdom. H. Sato (ed.). *Management of Health Risks from Environment and Food*. 2010: 225

服务的结论并不能得到人们的认可，一方面，人们认为这样的结论是仓促的并且是不充分的，因为此结论必须遵守两个假设前提，一是疯牛病来自羊痒病，二是疯牛病能够在不同物种间传播，并且已经从羊传染给了牛。另一方面，SWP 的科学家虽然得出了这样的结论，但是如何解决疯牛病的风险，他们并没有基于结论提出具体措施。因此在此报告出台之后很多组织跟风似的兴起了一批咨询委员会，如 MAFF 的动物饲料专家组（MAFF's Expert Group on Animal Feedingstuffs）、CVL 的疯牛病研发小组（CVL's BSE Research & Development Group）、海绵状脑病的医学研究协调委员会（Medical Research Council Coordinating Committee）。但是这些小组的成立对于公众风险交流政策是无益的，他们并不具有政治的决策权。

即使在咨询委员会的报告中也是如此。面对公众的询问，海绵状脑病研究的咨询委员会如此回答："我们这里有很多生物医学的专家，他们正在进行了疯牛病起源的研究，我们将出台 SWP 的报告。"①

在政策上，疯牛病的危机被描述成"屠宰与补偿"的政策，有病的牛与正常的牛一样被屠宰提供给人类，MAFF 设置此政策的原初目的是给病牛所属农场或产业提供补偿，其细则为"临床上确认的疯牛病牛被屠杀并禁止供应给人类，将会补偿 50%的成本加上屠杀费用"②，但是在这个措施出台之后，很不幸的是，牛患上了疯牛病。因此在后续的研究中，MAFF 不鼓励 SWP 在报告中再提出类似的建议。

此时官方对公众采取隐瞒的策略，在风险交流中关注的都是与食物不相关的产品，一些活动也都是被官方设计好的，目的就是不要提醒公众，而此时 SWP 所关注的就是从牛身上提取的疫苗的安全性，这种关注点被卫生署（Department of Health，DoH）悄悄地维持着，"因为卫生署害怕泄漏这些关注点后会引起公众的担忧"③，并且卫生署与卫生安全局也劝说其他机构发表声明说"风险已经远离了"，而且在 80 年代后期和 90 年代早期，官方一直通过各种各样的正式报告来确认英国牛肉是安全的，他们所依据的结果就是疯牛病的顾问委员会以及咨

① Andrew Webster，Conor M. W. Douglas，Hajime Sato. BSE in the United Kingdom. H. Sato (ed.). *Management of Health Risks from Environment and Food*. 2010：225

② Andrew Webster，Conor M. W. Douglas，Hajime Sato. BSE in the United Kingdom. H. Sato (ed.). *Management of Health Risks from Environment and Food*. 2010：227

③ Andrew Webster，Conor M. W. Douglas，Hajime Sato. BSE in the United Kingdom. H. Sato (ed.). *Management of Health Risks from Environment and Food*. 2010：228

询委员会的报告。

在1989年之前，针对疯牛病的危险与这种新型疾病，MAFF等官方的组织还没有与代表公众利益的食品安全组织之间有什么交谈，疯牛病的话题离公众的舞台很遥远，直到《每日电讯报》发布了疯牛病的报道之后，疯牛病的议题才引起公众的关注，这也说明在疯牛病发生后的2年多的时间里，针对疯牛病的问题与危害，官方组织并没有就此与公众或是代表公众利益的组织进行风险交流，而且疯牛病有4年左右的潜伏期，大部分在潜伏期内的牛被当作健康的牛提供给了消费者。

在1996年之前人们批判最多的就是SWP针对风险管理和风险交流没有向MAFF提供有益的、独立的建议。就像贸易工业部对它的评价："它历来都不清楚咨询委员会的职责在哪里终止，政府的职责在哪里开始。"①

2. 承认人类可被传染——公众健康被关注

1996年3月20号，卫生部大臣（Secretary of State for Health）杜瑞尔在下议院声称，疯牛病将可能与新型克雅氏病有关，这一声明之后，政府机构、食品销售商、代表公众利益的组织被纳入到公众危机模式中，公众的风险交流被凸显出来。那么这一时期的交流把疯牛病视为一种危机，交流的目的就是使公众恢复对牛肉以及牛肉制品的信心。一些公众组织开始对MAFF及其咨询委员会缺乏信任，代表公众利益的组织成了这一时期风险交流的主要力量之一，如消费者协会的主要任务就是为消费者提供信息以及促进食品管理机构的改革。并且消费者协会与苏格兰罗威特研究所的学者一起提议成立独立的食品标准机构。

媒体在疯牛病危机中有两个关注点，一个是风险交流，另一个是政府的风险管理策略。在风险管理领域，最有影响的行动者就是欧盟和欧洲委员会，他们在疯牛病的风险被证实可以传染给人类一周后就颁布了牛肉禁令，禁止所有牛肉以及牛肉制品的出口。

因为风险问题被曝光了，为了争得公众的信任，政府必须采取措施去治理。1996年3月份之后，英国政府和欧盟都采取措施来应对风险。首先是英国政府，他们出台策略的目的一方面是应对疯牛病可能带给人们的风险，另一方面是要拯救牛肉以及相关企业。所以他们采取的措施一方面让公众觉得政府一直在积

---

① 转引自 Andrew Webster，Conor M. W. Douglas，Hajime Sato. BSE in the United Kingdom. H. Sato (ed.). *Management of Health Risks from Environment and Food*. 2010：230

极地治理风险，另一方面又在稳定公众，使其确信在危险发布之前公众所吃的牛肉及其制品都是安全的，因为之前政府一直在严格地监控牛肉行业，如此前MAFF及其附属组织SWP一直致力于疯牛病的研究。所以牛肉并不是都不安全，只有年龄超过30个月的牛才会有危险，它不应该进入到人类或是动物的食物链之中。英国对于牛肉的限制是有附加条件的，并不是针对所有的牛肉。但是对于英国这样的解释与政策，欧盟是不认同的也觉得是不充分的，英国是欧盟国家牛肉及其制品的主要供应商之一，所以欧盟出台了禁令，禁止所有的英国牛肉及其产品的出口。在这种形势下，碍于欧盟干涉的外力，英国虽然不愿意承认所有的牛都受到了感染，但也不得不执行屠杀的禁令，虽然说确定区域内的牛仍然是安全的，但也出台了一系列的政策，如大于6个月的牛都必须被屠杀销毁、肉骨粉不许进入动物食物圈。在1996年到1999年间一直严格控制牛肉生产并屠杀符合禁令条件的牛，鉴于英国在这段时间以来的禁令执行力度，欧洲委员会在1999年8月放松了对英国牛肉出口的控制。

此阶段的风险管理政策。英国国内主要采取了两种风险管理政策限制疯牛病的扩散，一个是“根除计划”，一个是“交易条例”。理查德·帕克在1993年到2000年是农渔食品部的部长。因为疯牛病的爆发与新型克雅士病相联系，导致欧洲委员会在1998年的4月末颁布了《牛肉及牛肉制品的交易条例》，限制对牛肉、牛肉制品、来源于牛的宠物食品的出口。1996年5月31日，英国政府采取了根除措施——“疯牛病根除计划”，就是把大于30个月的牛全部销毁，以防止疯牛病的扩散。而欧盟采取的是“以生产日期为基础的出口计划”，虽然欧盟的大多数国家不愿意进口英国的牛肉但是迫于欧盟的压力也解除了禁令，但是德国和法国却是在欧洲法院的威胁和干预下才肯解除禁令。当疯牛病的问题只是被确定为是动物的健康问题时，风险交流只是在相关的政府部门和咨询委员会之间进行的，而当政府承认疯牛病能够传染给人类时，风险交流政策就面临着详细的审查。

此时，在风险交流上的突破就是菲利普斯调查报告（The Phillips Inquiry and Report，PIR）。这个报告主要由英国上议院任命的菲利普斯法官（Lord Justice Phillips）、牛津大学临床兽药研究的教授马尔科姆·弗格森史密斯（Malcolm Ferguson-Smith）、高级公务员琼·布里奇曼（June Bridgeman）牵头在1997年12月22日开始对疯牛病进行调查咨询，直到2000年10月初最终完成，整个报告包括16卷412页。这个调查报告的主要优势表现在两个方面，其一，并不回避 MAFF 在疯牛病处理中的问题，认为 MAFF 在处理问题时缺乏公开和透明，因此把调查研究的报告发布在网上，公众可以随意索取；其二，指出以往公众交流是一个薄弱的环节，为了加强与公众的交流，在报告中涉及公众所关心的、担忧的问题。在菲利普斯调查报告中最大的突破就是知道了疯牛病危机的症结不在于对企业经济的风险管理，而应该是对公众的交流，他们注意到了工作交流的重要性，但是他们没有深入到实践上的措施。

3. 制度的变化——风险交流

在风险管理过程中，MAFF 有偏向性的作为方式，使得公众对 MAFF 失去信心，即使在欧盟和欧洲委员会的压力下，英国政府采取了一系列的措施去限制牛肉和牛肉制品的出口与消费，但是在这个过程中增加了人们对英国出口以及日期为基础的国内牛肉消费的担心，如何定义风险也成为公众担心的事情。因此在 2000 年之后，英国政府为了挽回消费者的信心，在制度上做出了一些转变。在 2001 年夏天英国环境、食品与农村事务部（Department for Environment, Food and Rural Affairs, DEFRA）取代了 MAFF，并且花了三年时间去建立英国食品标准局（Food Standards Agency, FSA）。Philip James 是罗威特研究所研究食品与公众卫生政策方面的教授，也是提议建立代表公众利益、提供公众咨询的 FSA 的人员之一。FSA 从 2000 年开始接管 MAFF 来处理与食品相关的管理，因为它不是部门内的机构，所以政治的干预性比起政府部门来说要小很多，因此独立性强。从结构上说，FSA“有一个由 12 人组成的利益相关者的理事会，提供技能、经验和消费者利益的咨询，希望去‘避免规制俘虏’”①。因为 FSA 具有独立性，所以在食品问题的回应中能够更加透明，所以它的任务就是期望去进行风险评估与决策制定，加强公众对政府在食品管理上的信心。此时疯牛病的咨询委员会的任务就是对疯牛病或是克雅氏病有关的食品安全与公众健康提供咨询与合理的建议，同时提供以科学为基础的风险评估，以及合理地解释科学的不确定性和假设。

在 2001 年 11 月，FSA 举行了利益相关者会议，有 100 多位利益相关者参会。之后在 2002 年人们对于疯牛病传染给人的细节问题进行了研究，这种细节的研究主要体现在亨利·罗斯坦（Henry Rothstein）的研究论文中。受经济

① Andrew Webster, Conor M. W. Douglas, Hajime Sato. BSE in the United Kingdom. H. Sato (ed.). *Management of Health Risks from Environment and Food*. 2010: 252

与社会研究会的资助，罗斯坦对疯牛病进行了风险与管理上的分析，他的这种分析试图解释这一时期风险交流存在的问题，即一方面随着MAFF、卫生部等政府部门的不作为，或是有利益取向的保护政策，而兴起了FSA代表公众利益的非政府部门的出现，另一方面又指出这种非政府部门是否真的对疯牛病的危机有效，或者是否真的代表了公众的利益。FSA的出发点不仅是与这一时期的特点相适应的，而且也带有过渡时期的无奈，它的出发点与它实际中的有效性也带有了过渡时期的特点。罗斯坦主要针对疯牛病的潜在风险中利益相关者的决策制定过程进行研究，这篇文章的观点就是“广泛的参与不一定产生更加民主或是强的政治结果，尽管它能够提升公众对管理政权上的信心”。这篇文章发现，制度方面的原因阻碍了利益相关者的进程，如在怎样去代表消费者的利益与预防概念方面解释的灵活性；限制利益相关者的公开性与排除性；超国家的管理背景的影响。文章研究的目的就是看看这一时期的广泛参与的改革进程能否收到预期的利益与好处。对于风险管理中的广泛参与问题，罗斯坦总结出了三种理性，其一，规范理性。风险管理不能是价值无涉的，风险管理带有道德的、民主的、启蒙的作用，因此在风险管理中存在着一系列的道德、社会的判断，考虑民主的合法性，增强公众风险管理的知识。其二，认知理性。管理决策者经常被不确定与信息的不对称所阻碍，因此为了减少政策失误需要引用传统管理结构之外的资源，如咨询专家、利益组织或外行公众等一些补偿措施。其三，工具理性。广泛的参与是确保政治可行性的一种有用的工具，尤其是在政治制度的信任水平下降的时期。广泛的公开和参与增加了公众在风险管理上的合法性与廉正，避免利益相关者的收买、影响决策的制定者，最后直接形成公众的观点和行为。①

人们针对食用牛肉的哪些部位的发病率更高的问题形成了不同的派别，一派认为牛肉的风险并不是很高，而牛肉中隐藏的淋巴结会使感染率大幅度提升；另一派则认为肠衣感染性更高。为了做到公开和可接受，FSA会议的参与者要包括更多的利益涉及者，如牧民、消费者、零售商、屠宰场、香肠企业家等。公众在疯牛病的危机与咨询中要求的公开透明，不只是政府对于疯牛病原因的探索以及人感染疯牛病的危险上，而且要表现在专业的科学研究人员与外行公众的

① Henry Rothstein. Precautionary ban or sacrificial lambs? Participative risk regulation and reform of the UK food safety regime. London School of Economics Discussion Paper(2003), 15: 2. Retrieved March 10, 2013, from http://www.lse.ac.uk/collections/CARR/pdf/DPs/Disspaper15.pdf

关系上。

FSA 的任务就是解决被食品安全管理所困扰的问题，因为先前的政府都不习惯管理食品安全问题。它指出了老的体制存在着三个问题，因为农渔食品部的双重任务，所以存在着内在的利益与规制俘虏的冲突；政府部门之间的联系是疏远的，不论是横向上的部门之间，还是纵向上的上下级之间的关系在疯牛病的危机中都没有起到一定的协同作用；决策也是不透明的，没有给外行人机会去揭发管制俘虏，因此公众对于管理的信心下降了。FSA 秉承着三个指导原则，即“把消费者放在第一位”“公开与易接近”“独立的声音”①。

罗斯坦是如何质疑 FSA 的呢？就是从这三个原则开始的。在第一个原则中，即“把消费者放在首位”的原则，在 FSA 的分析中，当面对不确定性的时候采取预防性的原则，对于疯牛病感染人的风险问题，帝国理工学院（Imperial Collage）与挪威船级社（DNV）之间有了分歧，前者认为把肠子制成香肠会减少 1/10 的传染性，肠子的使用相当于暴露出的疯牛病风险的 1/3；而后者认为，加工肠子的过程中能够减少 1/100 的风险，使用肠子作为肠衣的风险大概有 9%，超过 80%的风险来自于遍布畜体内的淋巴结。② 对于这种预防性的争论，FSA 委员会倾向于帝国理工学院的研究结果，认为不使用肠子做成的肠衣从理论上可以减少风险的 1/3，之所以会有这样的偏向，是因为如果疯牛病易感性的主要问题在淋巴结上，那么羊肉将都不能食用，而挪威船级社则认为每餐吃一只羊腿是每餐吃 250 克的香肠的危险性的 5 倍，所以我们应该禁止的是使用关节和排骨等，而不是肠衣。

对于第二个原则的反对，即对公开与透明性的分析。在 2001 年 12 月举行的会议中有核心相关利益者群体 12 人，主要是 5 个 FSA 代表，包括首席执行官、委员会主席与副主席，2 个代表政府咨询委员会立场的科学家，1 个非政府部门的肉类与畜牧养殖协会的代表，1 个威尔士议会政府代表，1 个农民代表和 2 个消费者代表。除此之外还有来自于 FSA 和其他政府部门的 12 个观察者，以及 2 个人类疯牛病基金的外行者，但是却没有零售商、屠宰场和香肠厂相关人员，然

① Henry Rothstein. Precautionary ban or sacrificial lambs? Participative risk regulation and reform of the UK food safety regime. London School of Economics Discussion Paper(2003), 15: 5. Retrieved March 10, 2013, from http://www.lse.ac.uk/collections/CARR/pdf/DPs/Disspaper15.pdf

② Henry Rothstein. Precautionary ban or sacrificial lambs? Participative risk regulation and reform of the UK food safety regime. London School of Economics Discussion Paper(2003), 15: 7. Retrieved March 10, 2013, from http://www.lse.ac.uk/collections/CARR/pdf/DPs/Disspaper15.pdf

后“FSA解释说香肠企业可以通过农业和肉类企业代表而融入这个过程，尽管香肠企业说他们没有被咨询”。[1] 此外，利益相关者的报告在FSA的委员会考虑这个问题之前的两周就出具了，这比最佳时间的12周时间缩短了10周。委员会的成员们利用有限的时间去搜集相关材料和重要论文，尤其是在会议中没有参加的香肠企业的紧急回复，也只比会议提前1—2天的时间，在这种强势的决策和快速的行动中，一些关系被掩盖了，一些利益并没有很好地被呈现出来。FSA会议中的快不仅表现在会议之前的筹备阶段给利益相关者的消化和反映的时间短这一个方面，还表现在会议召开过程中主要内容的讨论时间上。在委员会的会议上，关键问题的讨论只有半个小时，一些参会的会员们对这个问题表示出了极大的不安，关于香肠企业所关注的羊肠衣到底有多大的传染性问题的反驳中，人们并没有足够的时间去理解与消化香肠企业提供的材料。因此在这个问题的争论中，FSA委员会无形中给自己增加了压力，所以在此过程中仍然带有政策决策过程的倾向性，所谓的公开与透明成为了一种说辞，一种修辞学，存在着风险咨询的修辞学与风险咨询的行动之间的矛盾。

对于第三个原则的反对则是对独立性的解构。欧盟对食品安全管理的法律体系限制了FSA独立行动的能力，很多FSA的工作贴近欧盟的政策，因此单方面的管理使得FSA在政治上和法律上与欧洲委员会和其他的成员国之间存在着冲突，它使用了欧盟对于回肠使用的禁令，欧盟认为如果不使用回肠或是回肠制品，风险将会减少，而之所以存在着被感染的风险，是因为香肠企业并没有很好地遵循禁令。同时，因为FSA本身的作用，它自从成立以来长期作为一个机构为政府提供有用的建议，转发欧盟的公告不仅减轻了英国大臣们的不舒适感，同时也减轻了FSA的负担，因为这种决策的做出并不是FSA或是英国政府针对香肠企业的，而是欧盟的法律规定。然后它对公众宣称，在即将举行的公众会议中，利益团体会有充分的时间去提出建议，因为他们只能向欧盟去建议，所以在责任转移的这种状况下，FSA的独立性是很难保证的。

---

① Henry Rothstein. Precautionary ban or sacrificial lambs? Participative risk regulation and reform of the UK food safety regime. London School of Economics Discussion Paper(2003), 15: 11. Retrieved March 10, 2013, from http://www.lse.ac.uk/collections/CARR/pdf/DPs/Disspaper15.pdf

第二节　对疯牛病案例的科学论分析

一、路易斯：从科学的不确定性到共识

1. 早期：探究中的争辩

从1986年英国发现第一例疯牛病开始到1989年人类的SBO（Specified Bovine Offal）禁令。这是风险咨询的早期，在此时英国的官员说还没有证据证明疯牛病可以传染给人类，但是并没有说疯牛病没有风险。此时科学家的主要任务并不是关注风险，而是探究、咨询。在此时的科学探究中，科学家认为疯牛病来自于羊痒病，而羊痒病在英国已经存在了250年，在这250年中并没有发现人会被传染，也就是说羊痒病并不是一种人畜共患的疾病，所以没有证据证明疯牛病会传染给人类。因为没有证据，所以疯牛病就不会传染给人，这也是经过了一系列实验的结果。在疯牛病发生之后到1988年的这一段时间内，一些实验室的科学家对狨猴、貂、山羊、老鼠、绵羊、仓鼠接种了羊痒病的病毒，到了1988年这些物种都换上了羊痒病，这也说明了羊痒病可以在不同的物种之间进行传播，因此科学家在疯牛病的研究中使用了类比的方式，因为疯牛病与羊痒病相似，而羊痒病可以在狨猴等不同的物种之间传播，那么疯牛病也会在这些物种之间传播。事实上，在前期实验中，科学家并不能得出完全确定的结论，因为这些确定结论的得出需要很长的时间，疯牛病或者说是海绵状脑病的传染存在一个很长的潜伏期。这就出现了政治决策的及时性与科学实验的不确定之间的矛盾问题。很多时候，科学家所能提供给人们的除了是已经确定的事实之外，就是运用科学的经验对实际发生状况的一种可能性的推测或是对目前研究现状的一种呈现。Richard Kimberlin是一个海绵状脑病的咨询者，“他在1989年6月给加拿大兽医学研究杂志投递了一篇文章，陈述了羊痒病与克雅氏病之间缺乏联系，并且说即使羊痒病可以传染给人类，但它通常也不会发生的，因此，疯牛病并不是一种对人类的主要威胁”。[①] 也就是说在此阶段，科学的推理采用的是类比方式的证明，因为没有充分的证据证明，以及对问题的来源还不能确定，所以问题结

① Louise Cummings. *Rethinking the BSE Crisis*: *A Study of Scientific Reasoning under Uncertainty*. Springer Dordrecht Heidelberg London New York, 2010: 99

果的得出缺少演绎的证明，而是一种推论。科学家对这种新型的疾病还没有了解，甚至可以说是完全不知道，所以说它不能传染给人类也是没有根据的。

最初科学家研究的假设前提是“羊痒病是疯牛病的起源”，这是索斯伍德工作组提出的，也是他们的研究出发点。相比于为公众提出有效合理的预防措施，科学家更喜欢的事是致力于科学研究的前沿，趁此风险的产生，为自己的科学研究创造更多的造诣，如增加流行病方面的研究，或是搞清楚被羊痒病传染的其他动物的发病机理。羊痒病是疯牛病的起源这是一种合理的科学推测，但是这种推测并不能作为科学上的真的前提，这需要科学家在试验中不断地证实与证伪。而在最初疯牛病风险的研究中，这却成为科学家研究的逻辑前提，并运用三段论的命题进行推理，这种推理的方式并不能揭示出事情的本质，因为三段论的逻辑大前提是疯牛病与羊痒病是相似的，相似性并不是一种具有本质必然联系的关系命题，所以用相似的关系去推论出疯牛病不能传染给人类的结论是不能令人信服的。换句话说，此时期人们对于科学研究的质疑在于不充分证据基础上的结论。

2. 中期：争辩策略的解释

在 1990 年 6 月，英国下议院宣称，疯牛病是安全的，问题开始升级。媒体和公众越来越关心疯牛病的危机了。因为在 1989 年年末，英国已经确诊的被疯牛病感染的牛达到了 10091 头，一年之后这个数字翻了一翻，达到了 24396 头。更为爆炸性的研究是，1990 年 5 月科学家发现，家猫感染了海绵状脑病。因为在此之前，科学家断定作为假设性的疯牛病起源的羊痒病不会传染给人类，家猫也被科学家认定是不易感染羊痒病的，而在 1990 年的研究中，科学界的这一发现，无疑说明了科学家之前对疯牛病的认识是不充分的，疯牛病在现实中可被传播的物种要比预想的羊痒病的物种更加广泛。并且随着时间的推移，猫感染海绵状脑病的数量也不断增多。使公众对疯牛病担心的另一个研究，科学家发现小猿也会感染疯牛病，小猿在遗传学上，是离人类最近的物种，在实验上的疯牛病会传染给小猿的结论更加让人们忧虑。在生活中一些长有蹄子的动物通过使用牛肉骨粉不断地感染疯牛病。

那么在实验过程中发现了小猿可以感染疯牛病的结果后，为农渔食品部和卫生署提供与疯牛病相关的意见的疯牛病咨询委员会(SEAC)在 1992 年报告中声称：“尽管以前我们没有发现小猿感染疯牛病，但是通过相似的方式，小猿已经感染了海绵状脑病和羊痒病，所以实验的结果是不足为奇的。我们目前所采取的措施能够为人类和动物的健康提供充足的保障。”①

在1990年5月的会议中，SEAC就声称，没有足够的科学证据反对饲养病牛的后代，到了1994年1月首席卫生官员科尔曼医生（Calman）说：“到目前为止，还没有证据说疯牛病引起克雅氏病，同样的，没有证据说吃牛肉或是汉堡会引起克雅氏病。”②并且也认为疯牛病通过口服进入人体这种观点是危言耸听的。

在1992年10月，SEAC第一时间考虑了明胶问题，因为人们担心口服药物中含有的明胶成分是从牛身上提取的，而SEAC并没有对口服药采取一定的限制措施。他们认为，如果食用牛肉是安全的，那么口服含有低剂量的明胶药物就是安全的。即使我们不考虑“食用牛肉是否安全”这个前提的正确性，单以“食用牛肉是安全的”为前提，考虑服用明胶制成的药物的安全性，也是有问题的。首先，从提取明胶的部位来说，疯牛病对牛的影响主要在于牛的神经中枢，即脑和脊髓，所以由这些部位加工的产品所产生的疯牛病的危害就更大，特别是老奶牛，具有丰富的牛油和明胶，传染的风险就会大些，但是实验室的科学家却说牛油和明胶使用在医学或是化妆品上是安全的。其次，从加工工艺来说，科学家把药物的安全性放在了胶囊皮的低剂量明胶的使用与明胶加工、提纯工序的使用上。事实上在明胶加工的过程中，并不能充分地保证排除含有疯牛病的传染成分，也是没有办法做到的，因为引起疯牛病的朊病毒对物理和化学的工序有非常强的阻抗力量。因此这样的一个推理的过程本身也是受到质疑的。

3. 晚期：无挑战性的科学共识

在1996年3月，英国的国会宣布，疯牛病最可能在年轻人中引起克雅氏病。并且在1994年到1996年这一段时间的研究发现，通过口服的方式在小于6个月的牛的回肠末端和腓肠中发现了疯牛的传染性。这是令人惊讶的，因为先前的疯牛病的传染性只在牛的中枢神经，而且政府部门以及欧盟对欧洲牛肉的禁令是针对6个月以上的牛。中央兽医实验室（CVL）从1992年开始致力于疯牛病传染的患病率的研究，直到1994年才揭示出，口服1克牛的脑浆足以感染疯牛病。这是预想不到的疯牛病与羊痒病之间的差别，因为此前科尔曼说过口服途径并不是一种有效的可以感染疯牛病的途径。

---

① Louise Cummings. *Rethinking the BSE Crisis*：*A Study of Scientific Reasoning under Uncertainty*. Springer Dordrecht Heidelberg London New York，2010：121

② Louise Cummings. *Rethinking the BSE Crisis*：*A Study of Scientific Reasoning under Uncertainty*. Springer Dordrecht Heidelberg London New York，2010：125

此时,羊痒病与疯牛病之间的相似性被打破了。1995 年 2 月,首席兽医官基斯·梅尔德伦(Keith Meldrum)向农渔食品部的常务书记提交了最新的研究发现,这些实验的结果显示羊痒病可能通过精子传播。在试验中,神经病研究小组的科学家把带有羊痒病病毒的胚胎植入到绵羊的体内,之后他们发现了一些令人不安的结果,这些带有羊痒病的绵羊并没有通过体外传播传染给其他的羊,而他们的后代们却患有羊痒病,依据科学家原有的类比推理,遗传将丰富疯牛病流行病学的研究。

其实在疯牛病的起源问题上,并不是所有的科学家都坚持,疯牛病与羊痒病是相似的这样的假设前提。这主要是 MAFF 和 SEAC 与他们之外的科学家进行的争论。如利兹大学的临床微生物学家理查德·莱西(Richard Lacey)教授和伯恩利总医院的微生物学家史蒂芬·迪勒(Stephen Dealler)与政府科学家和官方组织之间的争论。莱西教授在《营养与环境医学》杂志上发表文章声称"事实上没有流行病的数据,也没有实验的数据能够证明疯牛病的传染性是来自于羊痒病……虽然牛被制成了肉骨粉,但是不能说明疯牛病就是一种牛的固有疾病"[①]。另一位科学家,迪勒医生也说道"最初的观点是疯牛病是通过牛吃了带有羊痒病的食物被传染的,但是对于这个假设前提已经出现了各种各样的问题"[②]。在 1994 年迪勒医生被拒绝与时任农业部部长威廉姆·瓦德格拉夫(William Waldegrave)见面,因为迪勒长期与 MAFF 和 SEAC 的科学家争论疯牛病的问题。在 1993 年 8 月,SEAC 的主席允许讨论迪勒医生的论文,MAFF 对迪勒的研究结果做了很多批判,但是没给迪勒机会去回应批判,相反他所收到的只是来自于委员会主席的回应,他们并没有给迪勒医生参与会议的机会,以避免他挑战关于疯牛病的科学共识,那么在中央医学实验室的布兰德里(Bradley)的话中我们也知道了官方科学家的担心,即"如果我们允许了这种请求将开了一个先例,那将是很难限制有其他观点的人出席会议"[③]。在随后的电话会议中,迪勒向卫生部述说了自己的没有被允许参加 SEAC 会议的遭遇,卫生部的李斯特(Lister)先生建议迪勒参加 SEAC 的全体会议,但是这个建议很快被布兰德里所拒绝。

---

① Louise Cummings. *Rethinking the BSE Crisis*: *A Study of Scientific Reasoning under Uncertainty*. Springer Dordrecht Heidelberg London New York, 2010: 143

② Louise Cummings. *Rethinking the BSE Crisis*: *A Study of Scientific Reasoning under Uncertainty*. Springer Dordrecht Heidelberg London New York, 2010: 144

③ Louise Cummings. *Rethinking the BSE Crisis*: *A Study of Scientific Reasoning under Uncertainty*. Springer Dordrecht Heidelberg London New York, 2010: 145

"如果事与愿违,SEAC 将名誉扫地。当然了我也可能是错的,他们通过参加会议将彻底地清楚这个事情,这样的话是令我们称心如意的,从总体上说,他们如果不能实现的话,SEAC 的风险将是微不足道的。"①与此同时官方研究机构对于莱西教授的文章的批判也是如此,带有人身攻击,认为他的文章对疯牛病是无知的,不可能申请到科学奖金。

政府科学家们,一直在苦苦地遵循着疯牛病的发病机理,在探讨羊痒病与疯牛病之间的相似性,坚持没有科学的证据可以证明疯牛病可以传染给人类,通过探寻羊痒病与克雅氏病之间的联系来证明疯牛病与克雅氏病之间的联系。在这种相似性的推理中虽然也压制了一些问题,如疯牛病的传播物种的不断扩大超越了羊痒病的范围、羊痒病的传播途径的不断丰富,这些科学探寻中的发现都时刻破坏着羊痒病与疯牛病之间相似性假设的脆弱联系,以及坚持此假设前提固步自封的科学家的敏感神经。同时他们在科学探寻中,排除异己,对科学共同体之外的科学家的研究不能很好地考虑,这也使得疯牛病研究中的问题逐渐暴露出来。这个问题已经被科学论的研究揭示出来。

二、贾萨诺夫:不过高估计专业知识的能力

1. 不确定性使科学遭受质疑

在疯牛病发生之后,因为科学家并没有发现海绵状脑病与人之间有什么直接的联系,所以没能提供很好的证据。MAFF 第一时间成立了 SWP 工作组,表面上是应对风险危机,为国家、政府部门排忧解难,实际上出于本身对农业保护的立场,所以不可能把工作的重点放在疯牛病预防措施的探索与提出上,他们的目的恰恰相反,是隐瞒疯牛病相关研究的发现,在这样一种积极的不作为和科学不确定的交互存在情况下,公民与专家之间的距离被极大地缩短了,外行公众与专家一样能够就怎样避免疯牛病的风险做出合理的决策。试图探讨科学不确定性的政府专家"一直采取各种各样的常识措施,这些措施是如此地被渴望吸纳以致于没能更好地了解疯牛病传播的不确定性"。② 讽刺的是,帮助传播预防措施

---

① Louise Cummings. *Rethinking the BSE Crisis*: *A Study of Scientific Reasoning under Uncertainty*. Springer Dordrecht Heidelberg London New York, 2010: 145

② Sheila Jasanoff. Civilization and madness: the great BSE scare of 1996. *Public Understand*. Sci. 6 (1997)229

的大学里的科学家没有话语权，始终处于弱势。

SWP的科学家本身对于疯牛病也没有什么经验，因为当时人们还不能确定疯牛病的来源，只知道疯牛病与羊痒病之间有一定的联系。而政府在突发情况下，必须要提出应急措施，政府决策的提出又是以科学为依据，科学本身的不确定性使得英国疯牛病工作组的主席理查德阁下，抱怨缺乏适当的科学指导："我认为科学家必须试着指出各种结果的可能性。说假设没有被证实并且因此它可能没有大的危险或者根本就没有危险是很容易的。这是一种去确保一个人没有错的方式，但是我个人认为提供给观众这样一个回避的借口是科学家对社会职责的玩忽职守。"[①]

在危机出现的时候，被给予厚望的科学家和政府部门没有合理的决策，在这种状况下，人们对政府失去了信心，对科学进行指责。科学风险理论家们，已经解释了风险存在或是风险处置不力的一个因素就是科学的不正当力量的应用，专家的观点变得不可信与具有局限性。在这种混乱的局面下，英国的民主制度受到了质疑，公众能否参与科学，怎样参与科学的问题就凸显出来了。

2. 公众可以和专家一样做出合理的决策避免风险

政府在食品安全问题中试图建立自己的可信任形象，自然会导致在问题发生之后，成为受指责的对象。疯牛病危机产生之后，人们开始指责农渔食品部和英国的制度。而贾萨诺夫认为这两个原因都是不充分"英国的社会在深层次上已经改变了，它要求在公民和他的政府之间介入的新形式，并且在疯牛病产生的时代足够强大的制度不得不重新考虑一些基础的设想以适应事态的变化。"[②]

就像贾萨诺夫所意识到的，长期以来的对科学本身不确定性的指责或是寄希望于依据科学共识的政策是食品安全问题解决的惯用方式，但是这两个方面都是不充分的，没有办法从实际上解决问题，因为这里缺少了一个公众维度。公众可以忍受科学本身的不确定性，却不能忍受科学家的傲慢。公众可以忍受不健全的制度，但是不可以忍受没有话语权。

贾萨诺夫不仅意识到了政府"合理有效"的改革项目没有为外行的介入留有空间和理由，并且反驳了关于公众参与"可能会导致经济上和科学上的不合理结

---

① Sheila Jasanoff. Civilization and madness: the great BSE scare of 1996. *Public Understand*. Sci. 6 (1997)225

② Sheila Jasanoff. Civilization and madness: the great BSE scare of 1996. *Public Understand*. Sci. 6 (1997)226

果”的言论。认为疯牛病危机的一个重要的教训就是公民没有及早地参与，“外行的询问，尽管无知和没有很好地考虑，也能引导对专家知识的局限进行深入的反思，并促使公民、科学家和政府之间关于怎样去管理疯牛病的多元不确定性进行更多的合作”。①

公众的介入不但不会阻碍对未知风险的认识，反而在有利于风险解决的同时，使“两种专家”②之间的距离缩小了。“在科学上非见多识广的公众与专家一样可以做出合理的决策去避免不明确的和(现已发现的)很少的疯牛病的显著危险——例如，采取各种各样饮食的限制。”③事实上，疯牛病的危机已经严重影响到了英国公众的饮食习惯，因为疯牛病的潜在风险，以及科学上的不确定性，在疯牛病发生之后已经有 70%的英国公众改变了饮食习惯。虽然人们不知道疯牛病的确定传染源是哪些部位，如内脏、淋巴结还是牛肉，但是公众可以通过避免食用牛肉或是在烹制的时候使其完全煎熟的方式来预防可能的危害。

第三节　公众参与的逐渐实现

一、政府的信任危机：公众参与不能仅是口号

1. 风险管理

风险管理是“一个在与各利益方磋商过程中权衡各种政策方案的过程，该过程考虑风险评估和其他与保护消费者健康及促进公平贸易活动有关的因素，并在必要时选择适当的预防和控制方案”④。这是国际食品法典委员会对风险管理所下的一个定义。

在食品安全的问题中，政府的食品安全官员通常扮演着风险管理者的角色，他们通常对风险的评估、分析负有一定的责任，并且最终也对食品安全问题提出

① Sheila Jasanoff. Civilization and madness：the great BSE scare of 1996. *Public Understand*. Sci. 6 (1997)：230

② H. M. Collins and Robert Evans. The Third Wave of Science Studies：Studies of Expertise and Experience. *Social Studies of Science*，2002，32(2)：261

③ Sheila Jasanoff. Civilization and madness：the great BSE scare of 1996. *Public Understand*. Sci. 6 (1997)：229

④ 食品安全风险分析：国家食品安全管理机构应用指南．樊永祥主译．北京：人民出版社，2008：6

一定的管理与决策措施。全面的风险分析与代表消费者利益都是其重要的任务。

但是在上述分析中,我们知道疯牛病出现后,英国政府委派 MAFF 进行疯牛病问题研究,找出疯牛病的起因,为危机的解决提出措施,在 MAFF 内部由官方的科学家成立了 SWP 进行疯牛病发病原因的研究,同时为农渔食品部提供策略建议。MAFF 作为政府部门的食品管理机构,本应该对公众的健康进行保护,但是在面临经济利益的时候,却做出了倾斜,采取了保护经济利益,牺牲公众健康的选择,在 1989 年 2 月所作的报告中指出"疯牛病不可能与人类的健康有任何关联"。与此同时,与食品安全另一个相关的政府部门就是 DOH,他们本来是保护公众健康的机构却也对公众采取隐瞒策略,在风险交流中关注的都是与食物不相关的产品如疫苗的安全,目的就是不要让公众知道疯牛病的危害以及疯牛病的存在。"因为卫生署害怕泄漏这些关注点后会引起公众的担忧",因此和其他机构一起发表声明说:"风险已经远离了。"可见,在疯牛病的危机中一些关注点与结论也都是被官方设计好的,官方并没有发挥在风险管理中的管理者应有的作用,而是在权衡中做出了偏离保护消费者健康的轨道。

2. 引导科学活动

在风险管理中,作为一个管理者,疯牛病处理中的英国政府官员们并没有为科学家的研究起到引导作用。科学是政治决策的依据,合理的科学研究结果,就会影响政府做出适当的决策,当然这并不是一个充分条件,存在着两个方面的情况。

其一,有时科学研究的结果是正常的,但是这个结果却不是政府决策想要的,因此在协商的过程中,会隐蔽掉一些内容。如 SWP 作为政府科学家的工作小组,它有责任凭借自己的研究承担一定的社会责任,提出一些建设性的意见。因此,在科学研究中,最初 SWP 在呈交给 MAFF 的报告中提出了的"屠杀与补偿"的风险管理建议,即"临床上确认的病牛被屠杀并禁止供应给人类,将会补偿 50%的成本加上屠杀费用",细则出台最初的时间内并没有什么大的问题,因为疯牛病临床确认的病例并不多见,目前的发现只是在实验室中,但是随着时间的推移,牛患上了疯牛病,这将意味着 MAFF 将要为此蒙受巨大的经济损失。因此在后续的研究中,MAFF 不鼓励 SWP 在报告中再提出类似建议。

其二,政府避重就轻。在风险发生的危急时刻,作为政府部门应该关注的是如何为公众做出合理的决策,但是在现实中,政府科学家最关心的恰恰是问题的发病机理的研究，目的是获得最新的数据，争取最新的研究成果。在疯牛病的案例中，在 1996 年 3 月份之前，也就是在还没有宣称疯牛病会影响人类之前，科学家在做着各种研究，目的是弄清楚疯牛病的发病机理，这一点本是无可厚非的，但是在研究的结果与预想的假设存在问题时，依然声称“没有科学的依据，证明疯牛病会传染给人类”，在公众担忧方面并没有提出什么科学的建议，并且还在宣称牛肉是安全的。这是科学家对社会责任的忽视。

在这两种情况中，政府对科学研究结果的选取，以及研究重点的选择上具有不可推卸的责任，因为此时疯牛病危机的研究是在政府部门中进行的，政府部门没有对科学研究进行正确引导，包括研究的重点，以及研究结果的得出。

3. 风险交流机制的建立

何为风险交流，国际食品法典委员会给出概念，风险交流是指“在风险分析过程中，就危害、风险、风险相关因素和风险认知在风险评估人员、风险管理人员、消费者、产业界、学术界和其他感兴趣各方中对信息和看法的互动式交流，内容包括对风险评估结果的解释和风险管理决定的依据”。[①] 风险交流是风险分析与风险管理框架中一个不可缺少的组成部分。

联合国粮农组织和世界卫生组织提出了 11 条食品安全风险分析中与外部利益相关者有效交流的策略：

- 收集、分析并交换有关该食品安全风险的背景信息；
- 确认风险评估者、风险管理者和其他利益相关方对该食品安全风险或相关风险的理解和认识，以及他们相应的态度和与风险相关的行为；
- 了解外部利益相关方对该风险的关注点，以及他们对风险分析过程的期望；
- 对一些利益相关方来说，某些相关问题可能比已确定的风险本身更重要；要识别这些问题并保持敏感性；
- 识别利益相关方认为重要并希望获得的风险信息类型，以及他们拥有并希望表达的信息类型；
- 确定需要从外部的利益相关方获得的信息种类，并确认谁能够提供这些信息；

① 食品安全风险分析：国家食品安全管理机构应用指南. 樊永祥主译. 北京：人民出版社，2008：50

- 确定给不同类型利益相关方散发信息、或从他们那里获取信息的最合适的方法和媒介；
- 解释风险评估过程，包括如何说明不确定性；
- 在所有的交流活动中确保公开、透明和灵活性；
- 确定并使用一系列策略和方法，参与到风险分析小组成员和利益相关方的互动对话中；
- 评估从利益相关方那里获得信息的质量，并评估其对风险分析的作用。①

风险交流的目的是：管理者和科学家针对当前所发生风险的解释，既是对包括公众在内的相关利益群体的一种交代，也是对政治决策得以进行的依据。所以笔者认为在风险的交流中也分有不同的层次，第一层次是科学专家与风险管理者之间的有效交流，如在疯牛病最初被发现时，SWP 的科学家与 MAFF 的专家之间的交流，在 SWP 递给 MAFF 的报告中指出了疯牛病的存在，MAFF 出于经济利益与公众恐慌方面的考虑并没有向公众发布这样的信息，这是科学家与风险管理者的交流。有时，因为食品管理方面的官员是临危受命，他们常常既需要急于解释问题出现的原因，又要忙于做出合理的决策，并不是每一个官员都有专门的技术知识并参与科学分析，这就导致了不能开展有效的风险交流。第二层次，也就是高级层级，是政府与科学家主动把收集到的风险信息与目前科学研究的状况发布给相关的利益团体，包括公众和相关的企事业单位，从而获得这些利益相关者的反馈，在公众知情的前提下，获得更为科学的、可接受的数据、观点和看法，这个过程不但是一种民主的展现。而且提高了政府的决策水平，同时也能够提高政府的公信力，使其做出合理的决策，从而使得风险的措施在多方利益相关者的共识中出台。在疯牛病危机后期的分析中，FSA 组织的建立促成了利益相关者群体的交流，但是在这个会议中，交流的利益相关者群体是不全面的，会议所收集的资料也是不完善的，香肠企业作为疯牛病危机的非常重要的一个利益相关者并没有足够的时间为自己的利益争辩，没有更多的空间表达自己的观点，这样的风险交流会议虽是民主管理下的一个尝试，但却是一个不彻底的尝试，所以在疯牛病的危机之后，风险交流还有很长的路要走。

风险分析中所涉及到的行动者有很多，从概念中我们知道，风险的评估者、

① 食品安全风险分析：国家食品安全管理机构应用指南. 樊永祥主译. 北京：人民出版社，2008：58

管理者、消费者、产业界、学术界以及其他的外行的感兴趣的人都可以是风险的交流者，但是这些人必须具有交流的技能与意识，因此有些食品安全机构会配备专业的风险交流人员，这样在风险的调查和评估过程中就会有交流意识，提高问题的敏感性，提高科学家的社会责任，也能够了解哪些问题是公众所想知道和关注的，这样就可更好地加强管理。

其实风险交流的过程，也体现了贝克在风险社会中所揭示的反思性现代化问题，在现阶段我们的主要问题是不同国家、不同地区、不同社会组织、当代与后代之间的风险分配和风险容忍性问题。风险分析的专业化和风险交流的制度化依赖于大多数情况下风险沉默特性，风险并不能表征自己，食品安全也是如此。食品安全的传统决策过程依赖科学上的确定性结果，而在突发情况下的决策常常衡量不同观点的成本和利益。

二、科学论第二波的启示：公众参与的理论建构

1. 公众参与科学的方式

美国学者约翰·克莱顿·托马斯认为公众参与有两种形式，即“‘由上而下和由下而上’。由上而下即决策者在任何形式的公众参与之前都应充分考虑：哪一类公民可能对某项问题感兴趣？谁会或者可能会受到决策的直接影响。在这个过程中既不能过分宽泛，也不能随意排斥，尤其是后者将产生极大的风险；由下而上意味着公众自己界定自己，在高度持续性的参与过程中逐渐表现其性质和意愿，决策者根据公众的利益要求选择特定决策的参与主体。”①

这两种公众参与科学的方式标示着不同的民主模式与程度。在由上而下的民主中，公众的参与在政治统治的强权控制之下，公众关注的议题是国家所制定好的，是在政治与科学家的预想之中的参与，那么，公众决策的结果对于政治决策的影响也是微弱的；而由下而上的公众参与模式发生在高度发达的民主社会中，公众的关注促使政府制定会议去探讨与解决问题，政府的服务性明显，公众参与的作用突出，公众的参与意识与自我服务意识突出，那么政治决策的结果也是偏向于有利于公众问题解决的方向。

由此可见，从纵向来说，公众参与方式有以上两种。从横向来说，公众的参

① 王周户. 公众参与的理论与实践. 北京：法律出版社，2011：138

与形态也是多样的。在韦尔巴(Verba)和尼尔(Nie)1972年的重要著作《美国的参与：政治民主与社会平等》中，两个人在核对了一系列相关数据后，将公众参与者分为几种主要类型①：

- 非活跃者——不介入政治活动，且心理上远离政治的公民。
- 专业投票者——除投票之外不参加其他政治活动，不大会在政治派别冲突中或极端事件中倾向于一方的公民，其行为受到所属政党的影响。
- 狭义参与者——政治参与活动集中于与自己个人生活有关的狭隘范围内的公民。他们会比一般公民掌握更多的信息，但在心理上对政治的介入程度很低。
- 社群主义者——频繁置身于相对无争议的活动，目的在于获得更广社交圈的公民。他们倾向于对政治具有高于一般水平的心理介入和感知信息效用的能力。
- 活动者——与社群主义者相反，对所有有关参与的活动看的都很重，置身于冲突之中并选择立场，但对政治派别在整体上有一种贡献意识。

从以上的描述中我们可以看出，公众参与政治的方式是多样的，所关注的事情不同、所属的党派不同、代表的利益集团不同，在实际的参与中所起的作用也是不一样的，所以公众参与科学或是政治事务的方式也是被社会所建构的。

2. 风险交流

在风险交流的概念中，我们知道了风险交流是一种互动式的交流，既然是互动，就是一个双向的过程。“它涉及无论是风险管理者与风险评估者之间，还是风险分析小组成员和外部的利益相关方之间的信息共享。风险管理者有时会把风险交流看作是一个‘对外公布信息’的过程，即就食品安全风险和管理措施向公众提供清晰、及时的信息。的确，这是风险交流很关键的功能之一。但是，‘获得信息’的交流也同等重要。通过风险交流，决策者可以获取关键信息、数据和观点，并从受到影响的利益相关方那里征求反馈意见。这样的参与过程有助于

① [美]珍妮·卡斯帕森，(美)罗杰·卡斯帕森. 风险的社会视野(上). 童蕴芝译. 北京：中国劳动社会保障出版社，2010：10

形成决策依据;借此,风险管理者可以更大可能地使风险评估和风险管理者作出有效的决策,这些决策能更充分表达利益相关方所关注的问题。”[①]既然风险交流是一种发布信息与获得信息的双向互动过程,那么在交流的过程中就要避免两个问题。其一,交流并不是一种科普活动或是公众教育。在这个过程中不但要求风险的评估方与管理方摆正位置,在发布信息的时候并不是一种高高在上的不可置疑的心态,同时要求参与者能够对风险的信息进行交流,能够对自己的担忧进行了解,而不是单纯地接受对方所发布的信息。其二,这在交流的策略上要杜绝“据目前的科学研究,这种风险是没有危害的”这类语言的回复,这样以科学的研究为借口或是托词的交流会把公众拒之门外,不利于拉近交流的距离,反而会加重公众的担忧,所以在这种情况下,政府部门应该详细地解答公众的担忧,从细节上,从日常生活的经验出发去解答问题。

在现实中风险交流的实现也经历了一个过程,正如在对风险交流的研究中,威廉姆·雷斯(William Leiss)确认了风险交流实践革命的三个阶段[②]。在最初的风险交流中,交流的重点就在于对一般的公众传递思想并教育外行人认识和接受值得尊重的制度。第一阶段风险管理的目标是让公众接受这样的结论,即“公众知道的风险比实际发生的风险更少”,但是事实上人们不愿意接受风险的平均分配。当规避风险的意图失败时,风险交流就进入到了第二个阶段。管理者开始劝告并且重视公众并使公众相信自己的一些行为和忧虑是不可取的,因为公众提高了风险水平,对技术的和环境风险的担忧和关心是过度的。这种交流的过程导致了一些行为在个人水平上的改变,如改变一些不健康的习惯。然而,它没有令大多数人信服,对于很多技术设施和环境风险的现有的管理实践事实上以及在政治上对风险能够做出合理回应。单向的对于观众传递信息的过程,劝说语言起到的作用是很小的。各种各样的对于食物的关心始于疯牛病,大多数人总是寄希望于专家所说的关于食物的所有条款是安全的,事实上为了避免经济的损失,科学的不确定性和政治野心已经纳入其中。针对这些问题,公开透明、合理有效的交流被期望,第三阶段就展开了双向的互动过程。在这个过程中参与社会学习过程的公众成员、风险的评估者和管理者参与进来。交流工作的客观性将依赖于公众的信任和利益相关者的回应。风险交流的最终目标是协

① 食品安全风险分析：国家食品安全管理机构应用指南. 樊永祥主译. 北京：人民出版社，2008：51

② 转引自 O. Renn. Communication About Food Safety. M. Dreyer and O. Renn (eds.), *Food Safety Governance*. Springer-Verlag Berlin Heidelberg, 2009: 121

助利益相关者和一般的公众理解风险评估结果和风险管理决策的合理性，并帮助他们确定一个协商之后的判断及有关他们自己利益和价值的事实证据。在风险交流中好的实践能够帮助利益相关者和消费者做他们所关心事情的选择并建立信任关系。

在现实中也经常会闹出笑话，如“疯牛病事件”出现之后，负责食品安全的农业部大臣约翰·古默为了掩盖疯牛病不会在跨种族之间传播，在电视和媒体记者面前上演了一幕闹剧，喂自己四岁大的女儿吃牛肉汉堡。他是想通过一个父亲和高官的身份去证明牛肉是安全的，以获得公众的信任，但是事与愿违，这样的行为引起人们的深思，因为人们看到他的女儿不肯吃汉堡的画面；艺术家联想到了乔治四世，认为古默的这种行为是权力的贪欲。在这件事情中，公众表现出来了超越“眼见为实”的常识之外的科学、技术、道德维度的怀疑态度，彰显了富裕的民主社会中公民的能力，他们有权力质疑和挑战官方专家的主张，对以往所形成的科学的合理性进行怀疑，即公民认识论。希拉·贾萨诺夫深刻地认识到公众的认识论是一种集体的认知方式，无论公众理解科学多么民主它都要受到国家政治的支配。

三、公众参与的落脚点

公众参与问题源于公众对科学的理解，是民主制度下公众权利的一种体现，无论公众是否有能力参与，在科学问题中的民主权利是应该受到保护的，这一点是毋庸置疑的，因此公众参与在现实中就会遇到问题，公众是否能够参与科学、怎样参与科学、公众参与的落脚点在哪里、公众参与的可行性与现实的可操作性、公众参与的意义是什么等一系列的问题必须被思考。

首先是公众参与的可能性问题。公众能否参与科学的问题就有三个维度：第一是政治维度，第二是公众本身能力的维度，第三是全面的科学资料的分享。在第一维度中，公众在民主社会中具有参与科学或是参与利益相关决策过程的权利，在发达的文明社会中，民主维度使得公众具有参与科学与决策的权利。在第二个维度中，这里涉及的就是公民的能力问题，什么样的公众可以参与科学的问题。公众是指在与其利益相关的事件中没有参与到相应的决策或是讨论范围内的人，在这些人中，并不是所有人都可以参与到讨论中去，所以风险交流中的技能是必须的。有相关的技能，能够表达自己的忧虑，具有风险意识的人原则上可参与，比如像柯林斯所说的具有贡献性技能的经验型专家以及具有相互性技能的公众，能够通过语言的交流表达自己能力的人。这里所说的是原则上，因为对于一个突发事件，所涉及的利益相关者有很多，想进行风险交流，表达自己观点，解决自己担忧的人有很多，并不是所有的人都能够参与有限的会议讨论过程，所以需选出一些公众代表来参会。这也是公众参与的可能性问题。第三维度，全面的科学资料的分享，信息对等基础上的问题的理解，对问题多视角的剖析。

第二，是公众参与的可接受性问题。在现实生活中，虽然政治制度上赋予了公众参与的权利，但是实践中，科学的讨论与决策常常把公众抛在一边，因为在科学家以及科学工作者的眼中，公众参与并不利于工作的顺利进行，反而给科学研究增加了一些不必要的麻烦，他们需要花费时间为公众解释一些专业性的问题。所以在科学工作者看来，公众是无知的，在不了解问题的前提下，对于科学的讨论是无益的。甚至有些人会认为公众不能参与科学，他们是在捣乱，会使正常的研究进程被干扰，因此在这种情况下，公众参与科学的问题怎样才能被科学家以及相关的政府部门接受呢？这要求公众参与水平的提高，公众在获得全面资料的情况下，对问题有一定的了解和反思之后才能够与科学家进行对话，在实践的分析中用自己的行动证明自己是有能力参与科学的，正像英国坎伯兰牧民案例中，牧民们并非是一无所知的普通人，而是对当地的生态环境、对羊群的饲养、对辐射的污染源的确认方面有很多经验性技能的专家，他们在实际案例的分析中也衬托出了科学共同体内的科学家对当地环境与羊群饲养的不了解，在这种情况下，牧民们与科学家之间的对话不是单纯的科学家对牧民科学知识的普及，而是牧民对科学家不了解信息的一种有益的补充过程。即使在此谈话过程中，牧民没有关于放射性污染物以及土壤方面的专业性语言，但却可以清晰地表达自己的观点，弥补科学家的不足，这就是在实践维度上对自己话语权的一种争夺，在现实面前，用技能证明自己参与的有益性，也揭示出参与的可接受性。

第三，公众参与的有效性问题也是公众参与必须要考虑的问题。公众参与的作用到底在哪里，公众的参与仅是对民主制度的一种彰显吗？显然，这并不是公众参与的意义指向。公众参与并不是为了证明自己有这样的权力而去进行科学的讨论的，于私来说，公众参与是在对自己利益相关问题的解决过程中体现自己的立场、争取利益。但是这样的一种公众参与是否真的能够在现实中起作用呢？关于转基因食品问题有很多公众参与的案例，但是在现实中我们发现，公众的参与并没有阻止转基因技术的扩张，相反愈演愈烈，转基因农作物的范围不断扩大，转基因食品在现实中也不断出现，公众参与的作用到底如何体现呢？关于转基因食品中公众参与的作用在第五章将会做详细的分析，本章只对公众参与的有效性进行宏观解析。不得不说的是公众参与的有效性依赖于事情相关的宏观大背景，其中的政治体制、经济因素、科学标准、媒体等都对公众参与的有效性产生影响，为了确保公众参与的有效性的产生，政治上自由话语权是必须的、经济上以公众健康为前提的导向、科学上社会责任的考虑、媒体上的正确舆论引导，这些对公众参与都会产生影响，在这些背景条件具备的情况下，公众参与的有效性才能体现出来。其有效性主要表现在三个方面：1. 在公众利益相关的事件中，争取自己的利益。现代化的食品安全风险、环境风险的存在，威胁着人们的生存资源、生命安全、身体健康，公众通过自己的技能性的参与可以抵制相关范围内的危害事件的发生；2. 这是从民生这个根本的前提出发的，民之不存，国将焉附。在追求经济利益与政治利益的时候，公民是根本，没有公众的参与，经济利益与政治利益也难以实现最大化；3. 当然在今天经济全球化的背景下，我们更加要注意的是生物技术殖民之下的公众参与的迫切性与有效性的问题。在生物殖民的手段下，殖民者的手段变得隐晦，公众变成了他们欺瞒的对象，这种条件下的公众参与对大国的强权政治具有积极的抵制作用，当然，这需要参与的公众具有更加广泛的政治视野。所以公众参与对抵制内外的政治压迫都是有意义的。

四、案例得出的教训：公众参与必须被搬到前台

在本章的案例分析中，我们知道公众参与在英国的民主社会是一种基本的公民权利，但是在实际的风险处理中，英国政府官方的做法并没有让公众知道疯牛病的全部信息，在科学探寻过程中，当研究的结果不断地与预期的假设偏离时，官方的科学家与官员们通过协商或是排除异己的方式，使得风险的危机不断被压制，而同时对惶恐的公众宣称“没有科学的证据”“没有发现能够传染给人”“牛肉是安全的”等一些不实的结论。之所以疯牛病的危机在发现十年之后才宣称可能传染给人类，除了政治上的考虑、经济上的利益驱动之外，公众参与的作用并没有真正地实现。

在整个危机过程中，能够对公众的担忧进行安慰的就是SEAC，但是这个委员会确是一个官方性质的研究机构，是一个对MAFF和DoH负责的组织，并没有从公众的角度真正地考虑问题，提出可靠的解决与预防的措施。所以在这种情况下，公众参与被突出出来，一些代表公众利益的组织开始出现了，比较有代表性的就是FSA，它成立的目的就是从公众的立场出发制定食品安全的标准，这个出发点是好的，但是在前述它所举办的会议中我们知道，这个代表公众利益的组织，在会议进程的筹备以及会议的讨论中并不是非常充分，利益相关群体的覆盖范围并不全面，在整个过程中，FSA的官员占据了很大的比例，利益相关团体，特别是公众代表的人数比例很小，这在数量上并不是一种平衡。此外，FSA在政治上与法律上倾向于欧盟，所以在实际的操作过程中并不能完全保证独立性。会议准备与筹划的时间短，讨论问题的时间快，这都影响了相关利益群体参与的效果，所以这并不是一种充分的公众参与形式。

除此之外，大学里的科学专家以及医院里的医生在实践的过程中没能够参与到对疯牛病发病机理的研究进程中，他们没有发言权，没有参加会议的权利，没有与政府科学家对话的机会，他们的质疑不能被采纳，这些具有贡献性技能的人因为不是政府或是官方的科学家，换句话说，没有被认可的资格没办法参与到问题的发现与处理进程中。相反，官方的科学家为了避免麻烦，也把他们排除在外，这就是科学发现中的独权与垄断，也正是在这样的背景下，问题不能得到很好地解决，以致于疯牛病的危机造成了严重的生命与财产损失。

可见，在疯牛病的研究中，公众参与并不是一种彻底参与，而是一种羞羞答答、遮遮掩掩的参与。笔者认为这种参与是一种形式上的参与，所谓的形式上参与，是指有参与的权利，但是在事件处理中起的作用并不是很多。通过疯牛病的危机，我们知道，公众参与的维度被突显出来了，公众参与的重要性也被意识到了，从非官方的角度来说，一些代表公众利益的组织已经出现；从官方的角度来说，政府也制定了一些机制去加强对公众以及其他的利益相关者的风险交流，这是一种形式上参与带来的效果。而对于实际风险的解决来说，形式上的参与是不够的，这急需进入到公众层面的切实参与，不是一两个公民代表参会就可以解决的，需要更广泛的有技能的人以及有经验的人的讨论，这将进入到下一章的共识会议的研究。

第四节　本章小结

在疯牛病之前，欧盟对自己的食品安全非常自信，因此公众对于政府也是非常信任的，政府关于食品安全的公共决策并未引起人们的质疑，但是疯牛病的爆发，使得人们认识到政府部门在处理食品安全危机中的倾向性，从1986年第一例疯牛病的发现到1996年3月政府宣布疯牛病与人类的克雅氏病之间有一定的联系，在此过程中MAFF的科学家故意隐瞒疯牛病的研究，为了保护经济利益而置公民的健康于不顾。因此在疯牛病的处理中，政府、科学家与公众三种维度被关注。

在科学的研究中，疯牛病的危机经历了从科学的不确定性到共识，政府科学家坚持疯牛病来源于羊痒病这样的假设之上，并且通过相似性进行论证，在相似性问题不断被研究所打破时，政府科学家也不愿做出改变，目的是想固守疯牛病不会在不同的物种之间传播，以便得出疯牛病不会传染给人类这样的推理，因此在科学的研究中不断进行解释。当两位微生物学家莱西和迪勒对官方的研究进行质疑，请求参加关于疯牛病的讨论时被无情地拒绝，没有机会去争辩疯牛病的原因，因此在官方的研究中，疯牛病的原因达成了“无争议”的共识，在研究中固守相似性的推理，使得问题的原因迟迟难以明晰。贾萨诺夫从科学论的第二波的角度对科学的不确定性问题进行解析，科学家研究的目的过多地重视问题原因的探究，对创新成果的追求，而忘记了社会责任。

政府的决策往往依据科学家的证据，因为政府部门的倾向性，使得政府失去了公信力。政府要想获得公众的支持，笔者认为要从三方面入手：进行风险管理，对风险进行有效的评估与分析，促进风险的交流；引导科学活动，客观对待科学研究的结果，及早发现问题；建立风险交流机制，明确风险交流的目的与不同层次。

在对疯牛病原因的探究中，公众参与被突显出来，疯牛病发生地英国是一个民主国家，但是在疯牛病原因的探究中，非政府科学家的参与遭遇到了阻碍，公众的知情权与健康权受到了侵害。从贾萨诺夫的分析中，我们能够知道政府不让公众参与的理由，因此笔者认为公众参与问题的落脚点在三个方面：其一，公众参与的可能性问题，包括政治维度的权利许可、公民本身素养的提升、科学维度的完善信息的分享；其二，公众参与的可接受性问题，科学家对公众参与的认同；其三，公众参与的有效性问题，政府对公众决策意见的重视。

在疯牛病的分析中，因为缺少公众参与的维度，使得政府与科学的问题严重，公众对政府与科学的不信任也促使了政府机制的变化，所以公众参与的问题必须被有效地对待，需搬到前台。

第五章

食品安全中“公众切实参与”案例——转基因食品中公众与科学家的交流

第一节　案例简述

一、转基因食品介绍

转基因食品(genetically modified food, GM Food)又称基因改性食品,是建立在转基因生物技术和现代加工工艺基础上的新型食物。转基因生物的获得可以通过两种途径,一种是插入外源基因,即“利用分子生物学技术,将某些生物(包括动物、植物及微生物)的一种或几种外源性基因转移到其他生物物种中去,从而改造生物遗传物质使其有效地表达相应的产物,并出现原物种不具有的性状或产物,以转基因生物为原料加工成的食品就是转基因食品。这里所指的‘外源性基因’通常是指在生物体中原来不存在的基因”。[①] 另一种是,通过对原生物基因的修饰而获得,在效果上等同于转基因生物。

转基因食品的出现源于人口的增长速度与传统的育种速度之间的矛盾,进而带来了世界范围内的粮食危机。传统的杂交育种速度所耗费的时间通常是8—10年,而且很多种子在种过几年之后就会不高产,而人口却以每年0.8%—1%的速度增长着,这样日益增长的世界人口需要更多的粮食,也需要新的育种技术,那么基因工程技术开始出现了。

在20世纪90年代转基因技术开始在食品工业中使用,其标志是第一例重组DNA基因工程菌产生的凝乳酶应用在奶酪生产中。1993年转基因的延熟番茄在美国批准上市,自此转基因作物迅速发展。目前世界上已经有200多种植

① 殷丽君,孔瑾,李再贵编. 转基因食品. 北京:化学工业出版社,2002:1

物实现了基因的转移，并且转基因作物的特征是抗虫、抗病、抗除草剂、改良品质、抗旱、抗盐碱、生产药物、生产功能食品成分、生产可食性疫苗成分。[①] 到2010年，全世界范围内转基因种植面积已经达到了1.48亿hm^2，覆盖29个国家，1540万农民，除此之外，26个国家和地区进口转基因产品。美国作为生物制药大国，成为研究转基因食品研究的主力，其三大化学公司——杜邦、孟山都、陶氏在转基因技术的商业化推广和运作过程中起到了关键性的作用。美国也成为转基因作物种植的大国，在其带动和胁迫下，其和加拿大、阿根廷、中国在2000年成为了转基因种植面积最大的前四国。这两个发达国家和两个发展中国家所种植的转基因作物面积占了全球转基因作物种植面积的99%。我国目前种植的转基因作物的品种除大豆、烟草、棉花、玉米、油菜籽等经济作物之外，还扩展到了南瓜、辣椒、胡萝卜、马铃薯、番茄、小白菜等蔬菜。2009年中国农业部批准发放转基因抗虫水稻“华恢1号”和“Bt汕优63”安全证书，获得安全证书并不意味着可以商业化种植，目前的转基因水稻在中国并没有获准商业化推广。在2010年，转基因作物商业化种植的面积中，中国排名第六，达到了350万hm^2，次于美国、巴西、阿根廷、印度、加拿大，转基因大豆是目前种植面积最大的转基因农作物，我国作为野生大豆的生产国，虽然没有种植转基因大豆，但却是转基因大豆的进口国之一。且2013年6月13日，中国农业部批准发放了三种转基因大豆的安全证书，虽然没有批准转基因大豆的商业化种植，但对转基因大豆进行认可。

为了提高农作物的抗虫性，科学家把Bt蛋白植入农作物中提高作物的产量。Bt是苏云金芽孢杆菌(Bacillus thuringiensis)的缩写，是一种广泛存在于土壤、水域、灰尘、植物和昆虫尸体中的革兰氏阳性菌。目前人们已经分离出了642种对不同的昆虫和无脊椎动物有独特杀害作用的Bt蛋白。

就是这样的一些所谓的增产的、多抗的、质优的、保鲜的、高营养的、预防疾病的转基因作物的出现，引起了人们的不断质疑。转基因所涉及的安全问题主要有四个方面：“其一是转基因食物的直接影响，包括营养成分和毒性或增加食物过敏物质的可能性；其二是转基因食品的间接影响，例如，经遗传工程修饰的基因片段导入后，引发基因突变或改变代谢途径，致使最终产物可能含有新的成分或改变现有成分的含量造成间接的影响；其三是植物里导入了具有抗除草剂或毒杀虫功能的基因后，是否会像其他有害物质那样通过食物链进入人体；最后

① 黄昆仑，许文涛主编. 转基因食品安全评价与检测技术. 北京：科学出版社，2009：1—3

是转基因食品经胃肠道的吸收而将基因转移到肠道微生物中，从而对人体造成影响。"[①]2002 年 4 月 8 日中国人民共和国卫生部根据《中华人民共和国食品卫生法》和农业部颁布的《农业转基因生物安全条例》，制定并公布了《转基因食品卫生管理办法》。办法的第 16 条规定"食品产品中(包括原料及其加工的食品)含有基因修饰有机体或/和表达产物的，要标注'转基因 XX 食品'或'以转基因 XX 食品为原料'。转基因食品来自潜在致敏食物的，还要标注'本品转 XX 食物基因，对 XX 食物过敏者注意'"。[②] 此法在 2007 年 12 月 1 日被废止，并且由《新资源食品管理办法》所取代，转基因作为新的食品资源被包括在内，但是这个《新资源食品管理办法》中对于转基因问题是如此论述"转基因食品和食品添加剂的管理依照国家有关法规执行"，但是具体依据什么法律在执行，目前尚不明确。

转基因技术给作为粮食生产国的中国带来了困扰。《转基因战争》的作者顾秀林从其农业经济学背景出发，对转基因生物技术从政治经济学的角度进行了探讨，其从全球贸易与 WTO 的背景描述了中国转基因工程所面临的困境与尴尬，从科学的角度揭露了孟山都、先正达、杜邦等生物技术公司所进行的"实验"的危害，从中国加入 WTO 之后的弱势地位，解说中国大豆被转基因的事实，同时用欧洲、印度、美国加州等地民众对转基因生物的抵触来教育和唤醒人们对转基因问题的重视。用从 90 年代开始的世界范围内的转基因危害实验说明转基因生物的危害，并且告诫中国转基因主粮不能商业化。她对于华中农业大学和袁隆平等科学家现在进行的转基因实验以及田间试验非常愤慨，对国家颁发给他们转基因作物"安全证书"的做法毛骨悚然，认为在世界范围内都在证实转基因生物安全性、在对转基因生物持怀疑态度时，中国水稻两个"安全证书"的发放，让美国的转基因生物技术公司孟山都看到了希望，如果说中国在迫不得已的情况下让转基因大豆进入了中国市场，污染了中国的野生大豆，那么在中国科学家都知道转基因生物技术的危害之后，还发给转基因水稻两个安全证书的做法并不能给中国人粮食安全保障。如果研究转基因水稻的目的真的像某科学家(华中农大实验室称不搞转基因水稻如同不搞原子弹《广州日报》，2010 年 3 月 23 日)所说，为避免美国研究了转基因水稻然后来控制中国的水稻，而自己来研发，在顾秀林看来是不可理解的，可以完全拒绝，中国就吃自己的野生水稻。再

① 黄昆仑，许文涛主编. 转基因食品安全评价与检测技术. 北京：科学出版社，2009：6

② 转基因食品卫生管理办法. (2008－4－25)[2013－3－10]http://www.moh.gov.cn/mohwsjdj/s3592/200804/29588.shtml

联系农业部的声明，发放转基因水稻安全证书并不是允许转基因水稻的主粮商业化。这样看来，某科学家的想法，不无道理。因为中国在大豆上的教训使得中国作为野生大豆的生产国已经失去了对大豆技术发明的主动性与地位，孟山都公司几乎对所有大豆技术都进行了研究，并申请了 64 项专利，中国作为拥有大豆野生种质的国家没有任何关于大豆的技术，这确实是非常被动的。如果科学家的目的仅停留在掌握技术上、没有使其商业化的话，国家的保护是正确的，科学家的想法也是为了长远利益考虑的，但是实际上的问题是，华中农业大学有自己的种子公司，他们的目的是也要学孟山都在中国小试牛刀，把一部分转基因水稻种子悄悄地给湖北、湖南、江西等地的农民使用，这些农民看到了这种种子的有利之处——可以不打药，省掉了不少的人工与农药费用，但是他们也发现这种种子不能留种，当有人告诉他们说这是转基因水稻时，他们自己都不吃。关键的问题是，基因流动会使野生的物种受到破坏、环境受到污染，而且即使立刻不种，土地的恢复时期也很难确定。顾秀林是不支持转基因技术的，因为其看到了美国在政治上的野心，不想中国成为墨西哥、阿根廷；也看到了孟山都公司在贸易上的手段，先是免费提供种子和除草剂，待时机成熟了就开始收取种子专利费；也看到了科学上，生物技术对环境、人类健康的危害。围绕着转基因生物，激起了国与国之间、世界组织之间、企业与民众之间的战争。中国也在为是否进行转基因主粮商业化而争执与徘徊着。

二、转基因食品商业化进程中的争议

1. 是否有害

在转基因作物被大量研发与商业化种植的今天，转基因食品是否有害的问题，不断处于争论中。争论的一方主要是科学家和政府组织，认为转基因是无害的，反而是非常有益的。一方面，因为转基因技术的存在，人们克服了自然灾害，如病虫害，从而大大增加了农作物的产量，节省了农药的使用，既节省了经济的成本，也保护了环境。另一方面，转基因生物技术的使用使得原本缺乏的营养成份可以通过技术的改进与基因的转移而得以实现，可以满足人们的不同需要。而争论的另一方是包括一部分社会学家、科学家和农场主在内的人，他们则认为转基因农作物对人类是有害的，虽然现在的科学证据和实验还没有办法对人进行临床实验，但是通过动物实验或是广泛种植过程中发生的一些怪异现象，如田地里没有老鼠、食用转基因玉米的母猪流产、试验中老鼠的脏器受到影响等来类推，人类也会在这种生物技术中受到一定的影响，因为人的寿命比实验中动物的寿命要长很多，所以转基因对人体危害的出现可能周期会很长，也可能对后代产生影响。

对于科学家来说，证明转基因食品没有危害的证据就是“实质上相同”原则。针对实质上相同的原则我们可以展开转基因危害性的争论。一方面则是政府以及政府的科学家对此原则的拥护。“实质上相同”的概念是1992年5月26日，老布什任期的副总统丹・奎尔向媒体宣布，政府对应用生物工程技术的食品执行“实质上相同”原则，认为转基因食物与传统的食物之间是平等的。理由是“转基因玉米、大豆、水稻，与传统的玉米、大豆、水稻的外观和味道相似，而且化学结构和营养价值也相似，所以就和天然植物在‘实质上相同’了”[①]。在这个由最高政治权威钦定的合法性下面，转基因食品是否有害，不属于科学范畴，也不是任何实验室证据能够说明的问题，而是一个头等重要的国际政治问题。“实质上相同”现已被全世界支持转基因的国际机构、国家政府、机构、团体、个人、媒体、出版物等应用。“自20世纪80年代以来，人类使用与转基因有关的食品的历史已达30余年。人类对数千种食品成分的使用经验表明，经过严格的安全性评价审批程序进入市场的转基因食品与传统食品具有实质相同性，不会对人类健康造成额外的风险。”[②]农业转基因生物安全委员会委员、中国疾病预防控制中心某研究员在2010年2月某日接受采访时也说：“使用安全性分析表明，转基因水稻与非转基因水稻同样安全，消费者可以放心食用。”[③]

另一方面是科学家对“实质性相同”原则的反驳。苏格兰罗威特研究所拥有全欧洲最好的营养实验室，匈牙利生物学博士普兹泰是植物凝集素方面公认的前沿专家，苏格兰政府委托普兹泰用转基因马铃薯对活体动物进行安全性实验，普兹泰给小白鼠进行“灌胃”——喂食大量的“苏格兰 Bt”——雪花莲外源凝集素，它设计了四种方案：(1)转基因生土豆；(2)转基因熟土豆；(3)天然土豆(对照)；(4)天然土豆加小菜——纯雪花莲外源凝集素，结果只有生吃转基因土豆的老鼠出现了异常。普兹泰发现一个恐怖的现象，拿转基因物质——雪花莲凝集

① 顾秀林. 转基因战争：21世纪中国粮食安全保卫战. 北京：知识产权出版社，2011：47

② 转基因30年实践. 农业部农业转基因生物安全管理办公室，中国农业科学院生物技术研究所，中国农业生物技术学会编. 北京：中国农业科学技术出版社，2012：18

③ 顾秀林. 转基因战争：21世纪中国粮食安全保卫战. 北京：知识产权出版社，2011：46

素吃没有问题，但是把它转到了马铃薯中就出现了问题。普兹泰在正式的实验报告出来之前接受了媒体的采访，他说自己是不会吃转基因食品的。并且“作为长期从事这一领域的科学家，我认为把人类作为小白鼠一样来做实验是非常非常不公平的。我们应该到实验室去找小白鼠”[①]。《超越“实质上相同”》的作者们从生物学、病理学、免疫测试三个方面批判了“实质上相同”概念，并揭示“实质上相同”是一个伪科学概念，因为有贸易的、政治上的辩护好像是科学的。其实，“它本质上是反科学的，因为它的产生主要是为不进行生物化学的或是病理测试提供借口”。OECD的成员反驳说，“‘实质上相同’不是安全评估的替代品。它对进行安全评估的管理科学家来说是一种有用的工具……使用这种方法，食物之间的区别将会因为进一步的细查而被辨别，其中涉及到营养学、病理学和免疫学的测试”。[②]

在争论过程中，“实质上相同”原则被弱化了，直到2003年这个原则被官方科学家弱化为“一种比较的方式”，也就是说转基因食品在分析与风险评估的过程中，是一种相对于传统食品的比较分析来说的，语言的说辞似乎不那么尖锐，在科学化与政治化的过程中，公众科学争论打破了科学与政策之间的早期联系。各种专家争论腐蚀了科学的独立领域，即支持生物技术限制和支持早期本质上平等概念的阵地。这个概念对于辨别转基因食品安全评估中可靠的和不可靠的知识留下了不稳定的因素。转基因食品安全对于促进专家共识的科学过程有更大的潜力，但是它是否被认可及其合法性依赖于专家和利益相关者之间的关系。

在现实中，美国广播公司2009年10月的一条电视新闻，报道了由于种植抗除草剂转基因作物而产生的超级杂草。“在阿肯色州，农民和科学家正在长满巨藜的田间交谈，有一种巨藜即使喷洒再多的草甘膦除草剂都杀不死。联合收割机作业时被这种魔鬼杂草打坏，用手工刀具去砍，刀具都砍坏了。据统计，在阿肯色州有100万亩大豆和棉花中已大量滋生这种魔鬼杂草。最可怕的是长芒苋藜，高7～8英尺（2～2.5米），耐高温、耐持久的干旱，每棵能产生数万枚种子，根系及其发达。如果任其发展，只要一年时间就会长满整块农田。在北卡罗来纳州的波亏曼斯县，农民兼农业推广技术员保罗·史密斯也刚刚在他田里发现了魔鬼杂草，他也不得不雇佣移民工用手工去除杂草。”[③]

---

① 顾秀林. 转基因战争：21世纪中国粮食安全保卫战. 北京：知识产权出版社，2011：64

② Les Levidow, Joseph Murphy and Susan Carr. Recasting “Substantial Equivalence”: Transatlantic Governance of GM Food. *Science, Technology & Human Values*, 2007, 32(1): 26－64

③ 顾秀林. 转基因战争：21世纪中国粮食安全保卫战. 北京：知识产权出版社，2011：177

转基因问题中人们的观点可以分成三派：其一，激进派。认为转基因技术应该被支持。这些人（如张玲，王洁，张寄南①）认为世界应该遵循达尔文的“物竞天择”的物种原则，转基因技术也是人们在不断的生产和生活中进步的结果，是不断地进行摸索后产生的满足人类生活的新物种，我们在发展转基因技术时不用考虑这是对“传统物种”的威胁，这是一种进化的方式。他们认为转基因生物技术是一种可以帮助提高粮食产量的技术，可以解决非洲等贫困国家的温饱问题。其二，保守派。以《转基因战争》的作者顾秀林为代表，她则认为转基因生物是对传统物种的颠覆，这些生物无论是在环境上、还是在人类的健康上都有弊端，并列举了很多转基因生物的活体实验，从科学上说明转基因生物对人类健康的损害和对环境的破坏，她认为我们应该拒绝转基因生物技术商业化、转基因主粮商业化，中国应该保留自己的传统野生的物种。在她看来，转基因生物技术并不能提高粮食产量，宣称是不打农药，降低人力付出，但是转基因种子的价格更高，只耐特定的除草剂，喷洒的农药更多。其三，则是中间派。这些中间派因为并不了解转基因生物技术，所以只能顺其自然，能避免时尽量避免。大众的心理是这样的，在对转基因生物技术不是很了解时，避免受大众媒体或是政治诱导，大多数人会做中间派。

2. *是否应该进行田间试验*

转基因植物的研发目前可以划分成 5 个阶段：实验室研究阶段、中间试验阶段、环境释放阶段、生产性试验阶段和获得安全证书进行商业化生产阶段。其中的中间试验阶段、环境释放阶段、生产性试验阶段都属于田间试验的范围，因此转基因植物的研发可以简化为三个阶段，即实验室研究阶段、田间试验阶段、商业化生产阶段。目前，对转基因作物发展趋势的研究集中在实验室研究阶段和商业化大田生产阶段。而处于过渡期的“转基因作物的田间试验，一般是指在实验室效果确凿的基础上进行的以产业化为目的的试验”，②其过渡性是最初没有被关注的原因。美国和加拿大是转基因研究和田间试验的活跃地区。美国于 1987 年首次进行转基因作物的田间试验。“至 2008 年 9 月止，美国、加拿大和欧盟共计进行 17669 次转基因作物田间试验，其中美国 13782 次左右，是目前世界上转基因作物田间试验次数最多的国家；美国共受理转基因作物的田间试验申

---

① 张玲，王洁，张寄南. 转基因食品恐惧原因分析及其对策. 自然辩证法通讯，2006(6)：57—61

② 瞿勇，邢素娜，卢长明. 欧盟转基因植物田间试验频次分析. 农业生物技术学报，2010(5)：993—1000

请 14890 次。”[①]截止到 2008 年，法国是欧盟地区进行田间试验最多的成员国，从 1991 年到 2008 年，共进行了 589 次田间试验。

本书以法国的田间试验为例，来探讨有关的争论过程。在 20 世纪 80 年代中后期到 1996 年间，数以千计的转基因田间实验发生在法国。在最初的实验时期，因为科学实验的隐瞒，所以并未引起人们的重视。为了避免反转基因人士的抗议，法国生物技术专家努力去避免公众了解他们在 1986 年发起的农田实验。植物遗传系统（Plant Genetic Systems）公司官员写信给法国农业科学院（INRA）的高级科学家阿兰・德赛（Alain Deshayes）：

> “我完全同意有一个棘手的领域，在那里我们不得不极其小心以避免引发公众的争论。我也同意我们今年避免宣传我们的实验。”[②]

因为公众的争论，以及一些组织的抵抗，转基因田间试验一直受阻。在 1989 年 4 月，欧洲议会环境委员会的主席提出了一项修正案，要求在进行任何的试验释放之前有一个五年的暂停期。但是在这个五年内允许转基因风险研究、确定的实验室外研究或者非转基因模式研究，并且由欧洲委员会资助。但是这样的要求仍然刺激了生物公司和生物专家。法国分子生物工程委员会（the Commission du Génie Biomoléculaire，CGB）主席阿兰・德沙耶斯（Alain Deshayes）和艾克索・卡恩（Axel Kahn）写信给欧洲议会环境委员会并在布鲁塞尔邀请了四位诺贝尔奖获得者去游说法国社会党的欧洲议员（French socialist European MPs）。在给欧洲环境委员会主席的信中，卡恩说到：

> “禁止环境释放将是错误的，因为基于无争议的保证客观性的科学方法，对未来开发继续积累实验数据和科学价值的参考是必要的，也有利于生物安全规则的形成。”[③]

① 夏玉，卢长明．美国转基因作物田间试验频次分析．农业生物技术学报，2010(1)：164

② Christophe Bonneuil，Pierre-Benoit Joly and Claire Marris. Disentrenching Experiment ：The Construction of GM — Crop Field Trials As a Social Problem. *Science Technology Human Values*，2008(33)：210

③ Christophe Bonneuil，Pierre-Benoit Joly and Claire Marris. Disentrenching Experiment ：The Construction of GM — Crop Field Trials As a Social Problem. *Science Technology Human Values*，2008(33)：211

同时,修正案的提出也激起一种有效的参与——"公众的知悉权"——并介绍在法律和媒体竞技场中的作为问题的农田实验,非政府组织从挑战专业技术入手反对生物学家的遮蔽行为,因为在竞技场中的争论被生物学家所预先管理与支配,法规也不能进行合理解释。

生物技术的田间试验并不是一种单纯的知识研究,在实验的过程中已经涉及了社会问题,如转基因田间试验作为一种社会选择是否能够被接受,公众是否具有分享信息与谈判的权利。公众对环境危害与风险的担忧而进行的争论被认为是"社会空间的入侵",实验者认为田间试验与实验室中的试验是一样的,公众的行为是对科学研究的扰乱,但是田间试验也存在基因飘移的问题,公众还有另外的担忧,关于接受何种农业与食物的问题,转基因田间试验的进行将导致普通消费者的行为的改变或是适应。

继 1989 年之后,在 1996 年 5 月,欧盟再次出台了暂停转基因生物贸易化的五年计划。自 1996 年开始,在最初的 3 年内,人们对转基因实验本身并不关注,人们所重视的是转基因食物商业化,而 1999 年之后,人们对转基因田间试验进行争论,以致于出现过激的破坏行为。1998 年法国有 1100 个农田实验,到 2004 年,就仅剩下 48 个,其中的一半都是被抗议者所毁坏的。法国的案例之所以特别,在于它的关注点并不是环境健康之类的议题,而是一种社会经济选择。

在田间试验没有被破坏之前,争论的竞技场中的行动者就只有欧盟和法国的政府成员、生物技术公司。欧盟和法国的转基因贸易化的暂停指令引起了生物技术公司与政治权利之间的对抗,对于转基因农田测试合理性的关心变成了政治问题。田间试验的破坏之所以会发生,是因为转基因的田间试验不仅是一种技术事件,它是超越了技术问题,涉及到转基因生物风险的社会评价,因此在转基因农田实验的争论中,"引起了关于预防性原则、民众反抗的合法性、公众研究的管理和关于我们所适应的世界转基因生物种类的争论"。①

因为公众以及一些组织的参与,反对农田实验的行动模式不断变化、具有丰富性,包括当地和地方性政府的禁令、法律案例、请愿书、公开信、公众争论的反映和咨询等等。因此,相应地,在不同的领域与部门产生了影响:法律的条文被调整、管理的程序变得多样化、科学研究内容也不断丰富并且受到争论、政府的

① Christophe Bonneuil, Pierre-Benoit Joly and Claire Marris. Disentrenching Experiment: The Construction of GM — Crop Field Trials As a Social Problem. *Science Technology Human Values*, 2008(33): 225

决策与禁令不断提出、转基因生物技术被评估。

同时，与生物技术发展的大背景相适应的是转基因技术的可接受性问题，作为问题的回应，共识会议被召开。法国的转基因共识会议始于1998年。因为法国的转基因农田试验被不断地破坏，因此围绕着转基因农田试验召开了两次共识会议，1998年第一次会议的主题是转基因作物和转基因食物，这次会议促使法国政府着手技术评估的参议进程，促进法国传统技术管理体系的积极改进。第二次大规模政府支持的争论发生在2002年2月，重点是转基因农田试验，因为在2002年夏天，转基因农田试验被破坏得非常严重，这也促进了政府所组织的大规模的关于转基因农田试验的争论。共识报告建议技术评估不应只局限于评估环境和健康危害，而应该评估转基因生物的提出是否具有“社会的接受性”。

转基因田间试验被争论主要的影响并不在于转基因技术本身，而在于公众的可接受性。相比于科学家在实验室中的实验，田间试验并不是单纯的实验室实验，而是具有广泛社会影响与社会可接受性问题的实验，争论的过程使得生物技术公司、转基因技术专家认识到转基因田间试验不单纯是一种技术问题、知识生产的问题，更加重要的是一种社会问题、社会选择的问题。在农田试验争论的竞技场中，科学共同体与政治因素之间的互动增添了一种外在的因素，不再只是被少数有权利的发言者所引导和控制，公众的作用不能被忽视。这就架构了一种生物技术中的新的分析模式，政治、科学共同体、公众对转基因作物的认知在争论中形成并被多样化。

法国的转基因田间试验为我们展现了实验过程中的争论及受阻的原因，这在世界范围内具有代表性。转基因的田间试验相对于实验室阶段的实验来说具有更多的争议，因为实验室阶段的生物技术还处于秘密的、并不能构成显性威胁的阶段，而田间试验不管它是否为了商业化而进行，本身的测试过程就存在基因的飘移问题，因此目前对于转基因田间试验很多国家还是谨慎进行的，并不是所有的转基因的田间试验都能够获批，只有确证的实验才能够进行田间测试。

3. 是否应该贴标签

欧盟在1990年颁布的转基因生物管理法规中要求对转基因食品进行标识。1997年颁布《新食品管理条例》要求在欧盟范围内对所有转基因食品使用强制性标识，当食品中的转基因成分达到了1%时必须进行标识，在2002年时，这个含量降低到了0.9%。这也是转基因成分可以被接受的比例，称之为阈值。

但是目前在国际上的转基因标识有两种类型，一类是自愿标识，主要有美国、加拿大、阿根廷、中国香港；另一类是采用强制性标识的，除了上述的这些国家之外，大多数国家和地区都采用强制性标识，采用强制性标识的国家都会制定一个转基因食品成分的阈值。

2001年5月23日，中国国务院发布第304号令，颁布实施《农业转基因生物安全管理条例》。条例规定"在中华人民共和国境内销售列入农业转基因生物标识目录的农业转基因生物，应该有明显的标识"。①

转基因食品标识没有统一的标准。不同的检测机构检测的结果是不一样的，同一个跨国食品公司在不同国家所执行的标准也是有区别的。如雀巢公司的食品问题，在中国和在欧洲所用的食品成分是不一样的，在欧洲所用的原料中就不包含转基因成分，而在中国销售的很多产品就包含有转基因的成分，对于这类问题在2003年中国一位年轻的妈妈去雀巢的瑞士总部反映中国消费者对转基因食品成分的不满。

这位妈妈叫朱燕翎，是一名上海消费者。因为自己曾留学瑞士，在瑞士时也参观过瑞士总部的雀巢公司，尖端的食品加工工艺以及严格的管理都给她留下了深刻的印象，因此在孩子出生之后，她选择了自己信任的雀巢产品。但是当2003年她无意间在网上获知她为孩子选择的"雀巢巧伴伴"食品含有转基因的成分后，她非常气愤，因为食品包装上并未标注转基因成分，她认为这是雀巢公司对中国消费者的欺骗与不尊重。因此她去了瑞士总部投诉，本以为瑞士总公司会非常重视消费者的反馈，但是瑞士公司的傲慢态度却让她失望。她要求雀巢公司在中国销售的产品与欧洲的产品采用同样标准，并禁止在中国使用转基因食品原料，如果必须使用转基因原料的，要有相应的转基因标识。但是雀巢公司在随后的公开信中说道，"雀巢目前在国内生产和销售的加工食品：乳制品、冰淇淋等冷水饮品、巧克力和糖果、鸡精等调味品、速溶咖啡等固体饮品、矿泉水和饮用水，均不属于农业部规定的'转基因农产品及其直接加工品'，不需要申报标识"。② 从雀巢中国有限公司发表的公开信中，我们知道，雀巢公司对于在中国国内销售含有转基因成分的食品是承认的，但是就其为什么在中国销售转基因产品，而不在欧盟销售含有转基因成分的食品，雀巢认为欧洲人不喜欢吃转基因食品，而在中国销售此种产品是因为符合中国法律和法规的要求，是一个"遵纪守

① 农业转基因生物安全管理条例.(2003-11-05)[2011-10-08]http://2010 jiuban. agri. gov. cn/xzsp_web/bszn/t20031105_133969. htm

② 林中明，蔡鹰扬. 13.6元，告到瑞士去. 检察风云. 2004(4)：4—7

法，负责任的公司”，这也就是为什么中国的消费者认为，消费者的权利没有被尊重，雀巢在国际上执行“双重标准”的原因。

我国也制定了相应的法律、法规来规范转基因食品的销售。在转基因生物安全上，国务院在2001年5月23日，公布了约束转基因技术的规范——《农业转基因生物安全管理条例》。根据此条例，农业部在2002年1月5日，出台了《农业转基因生物安全评价管理办法》《农业转基因生物进口安全管理办法》《农业转基因生物标识管理办法》三个配套文件作为相关领域的实施细则。如《农业转基因生物标识管理办法》第六条规定：

> 转基因农产品的直接加工品，标注为“转基因××加工品（制成品）”或者“加工原料为转基因××”。
>
> 用农业转基因生物或用含有农业转基因生物成份的产品加工制成的产品，但最终销售产品中已不再含有或检测不出转基因成份的产品，标注为“本产品为转基因××加工制成，但本产品中已不再含有转基因成份”或者标注为“本产品加工原料中有转基因××，但本产品中已不再含有转基因成份”。①

同时公布了第一批实施标识管理的农业转基因生物目录，包括大豆类、玉米类、油菜类、棉花类、番茄类共5类17种农业转基因生物与产品。继农业部之后，作为食品的卫生监督部门的卫生部在2002年4月8日出台了《转基因食品卫生管理办法》，对转基因食品的标签问题进行了明确规定。《转基因食品卫生管理办法》第16条规定：

> 食品产品中（包括原料及其加工的食品）含有基因修饰有机体或/和表达产物的，要标注“转基因××食品”或“以转基因××食品为原料”。
>
> 转基因食品来自潜在致敏食物的，还要标注“本品转××食物基因，对××食物过敏者注意”。②

① 农业转基因生物标识管理办法.（2010－7－17）[2013－3－10]http://www.moa.gov.cn/ztzl/zjyqwgz/zcfg/201007/t20100717_1601302.htm

② 转基因食品卫生管理办法.（2008－4－25）[2013－3－10]http://www.moh.gov.cn/mohwsjdj/s3592/200804/29588.shtml

同时对定型包装的、散装的、转运的、进口的情况都进行了说明。所要指出的是,《转基因食品卫生管理办法》已于2007年12月1日被废止,被《新资源食品管理办法》所代替。但是对于朱燕翎所购买的2003年之后雀巢公司所生产的婴幼儿食品,从时间上说则应该在《转基因食品卫生管理办法》的规制要求之下,雀巢公司应该遵循法规的约束对其产品贴标签,这样雀巢公司才可以称之为是一个"遵纪守法,负责任的公司"。

所以在转基因食品是否应该贴标签的问题上,我们急需国际上的一个通用的法规出现,因为不同的国家属于不同的标识类型,那么这个贴标签的问题要想彻底解决还有很长的路要走,也需要本国对食品法的严格执行。跨国公司需要严格遵守不同进口国的法律,而不是去钻法律的空子,以免再出现所生产的产品并不是"转基因农产品的直接加工品"而是"终端产品"的辩解。此外,对于转基因产品可接受的阈值问题,中国法规并未给出明确数字,在这个方面中国的香港和台湾省规定转基因成分的阈值是5%,中国接受食品中的转基因成分的存在,那么规定一个阈值也许是时间问题。

总之,在转基因食品商业化进程中公众应该具有知情权与参与权。知情权涉及公众对其周围转基因生物环境释放、商业化生产以及对消费者的转基因产品真实状况的知情。参与权包括公众参与转基因生物研究、释放试验、商业化生产、市场销售等各阶段的环境影响评价和决策过程。

三、公众对转基因食品所持态度

转基因生物包括转基因微生物、转基因植物和转基因动物。因为转基因微生物的存在,人类的糖尿病、血友病、侏儒症得到了更好的治疗;因为转基因动物的存在人类有了可以替换的器官和组织,降低了疾病的传播;因为有转基因植物的存在,农民种植的经济作物收到了很好的效益。但是对于转基因食品公众的态度确实存在争议。因为对于转基因的危害问题,人们还没有弄清楚,所以对于转基因食品的最常见的意见就是,转基因食品应该贴标签,这样人们就可以根据自己的意愿去选择产品,接受或者不接受是一种个人行为。科学研究人员将会指出,任何的食品都是存在安全问题的,安全是一个相对概念,同样的食品,有人就会过敏,有人则不会,对有些人会诱发高血压,而对有些人则是必需的,所以安全并不是传统食品所特有的,在食品工业不断发展的今天,很多的食物或是添加剂都是人工合成的，早已脱离传统的食物成分，所以对于转基因食品的存在人们并不需要做过多的担心，只要是符合安全评价标准、批准上市的产品都可以放心食用。

在现实生活中，即使在技术发达的欧盟，人们对于转基因食品也是持观望的态度。从宏观的行动上来说，一些国家的转基因技术项目没有被落实，表现出了公众对转基因的态度。2004 年 11 月 27 日瑞士全民公决，禁止农业在五年内应用转基因技术，后来又延长了三年，就这样一再推延，瑞士至今没有接受转基因。官方统计结果显示，55.7%的选民支持禁令，44.3%的选民反对。美国作为一个转基因大国，它的公民也并不完全接受转基因生物。2004 年美国加州一些县也进行了全民公决，其中 3 个县决定，禁止在自己的县域种植转基因作物。在加州进行的一个药用转基因水稻田间试验，被迫转到了密苏里州。印度是转基因棉花的受益国，自从种植了转基因的 Bt 棉花，印度从低产量的棉花种植国变成了棉花出口国。印度对转基因棉花大加赞扬，但是对于转基因食物却保持着谨慎态度。印度 2010 年 1 月 28 日多个邦发生了群众示威，反对把转基因茄子引入印度，这是印度按照孟山都的计划，准备引入的第一种人食用的转基因作物。经历了 10 天的街头民主后，2010 年 2 月 9 日，印度政府决定，在进一步的研究结果问世前，暂停商业化种植这种有“美国血统”的转基因茄子。[①]

从微观上说，个体消费者的消费心理更能反映公众对于转基因的态度。很多时候通过广泛的媒体报道公众获得了资源，不断对转基因进行认知，进而逐渐形成对转基因食品的认识，但是这种知识都是一种通俗理解的知识，大多数外行参与者感觉到他们对于转基因的精确科学知识知道得很少。对于科学家来说，转基因知识也是复杂、不确定的，所以对于这些外行参与者，当被问及对转基因食品的态度时，比较普遍的说法就是“我对它知道得不多”或“我不是专家”：

> “我真的不懂转基因食品……我听说过它……我在电视中看见过，电视中一直在说，但是我真的不理解它。”
>
> “我希望媒体可以给我们一些正面的报道。我认为人们可以理解它，整个议题都是非常复杂的，但是如果以一种合适方式被提出的话，人们是可以理解的。”

---

① 顾秀林. 转基因战争：21 世纪中国粮食安全保卫战. 北京：知识产权出版社，2011：55—57

> "应该有更多的关于转基因食品的信息……消费者有权利知道他们所吃的食物。"
>
> "在转基因食物上没有什么强硬的证据很难形成合适的观点……我试着保持沉默，因为我知道的不足以去支撑一个论点"。①

对于专家的建议，一些外行人并没有因为它们来自于科学家而就对转基因食品有更多信任，也有一些人对转基因食品表现出直接的不安，以及一些反对转基因的组织，如烹饪俱乐部的家庭主妇：

> "我只对转基因产品感觉很强烈，我不会选择买它……关于它我很生气。
>
> "我完全反对转基因食品的贸易。我将不会有意地去买任何含转基因成分的东西……我强烈地反对转基因食物。"
>
> "关于转基因食物知道得更多，我想要去尝试和阻止的就越多。"

少数的受访者不反对转基因，他们所反对的是转基因技术的滥用以及转基因的商业化：

> "转基因技术不是必然的坏，因为它确切地包含着一些东西……有好的应用和坏的应用。"
>
> "我本质上并不是完全地反对转基因食物……有一些小规模的研究……对于南美一些存在着大量虫害的国家来说是有实际的效益的……我不反对这项技术……我所反对的是为了暴利而大规模的商业化，事实上它促进了大规模的耕种，并不是小农的生物多样性。"②

外行人对转基因食物的反对，是因为科学家、生物技术公司和政府的仓促行事，在科学知识的不确定基础上，他们并没有很好地考虑转基因技术对环境和人

---

① Alison Shaw. "It just goes against the grain." Public understandings of genetically modified (GM) food in the UK. *Public Understanding of Science*, 2002(11): 277－278

② Alison Shaw. "It just goes against the grain." Public understandings of genetically modified (GM) food in the UK. *Public Understanding of Science*, 2002(11): 278

类健康的长期影响而进行市场化行为。转基因产品被过早地商业化,被引入市场,因为没有充分的科学理论做支撑,人们可能被当成了临床实验的小白鼠,可能被当成了人体试验的牺牲品,因此像调查中的一些人所说:

> "专家们真的不知道转基因技术的长期利益……把人类作为实验的对象是可怕的……如果因为一种确切的影响把一种基因引入到一种生物体中……没有人能够告诉你这种基因在未来会不会有其他的影响。"
>
> "科学家仍然在学习中……它是一个你不能够确切地描述变化的领域,所有的事情可能走向错误……对于要发生的我们不能充分预测。"①

对于转基因食品中国的消费者也持谨慎态度,并非像雀巢公司所认为的中国的消费者对于转基因食品并不排斥。《2010～2011 消费者食品安全信心报告》中显示"62.8%的中国受访者对转基因食品感到'没有安全感',其中 19.7%的人表示'特别没有安全感'"②,次年的《2011～2012 中国饮食安全报告》中对中国消费者的转基因食品态度进行了调查,"对于转基因食品,40.8%的受访者表示反对,32.6%的人表示中立,15.7%的人表示支持"③。并且对于转基因食品的反对态度随着年龄的增加、学历的增高而不断增长。

2013 年 6 月 13 日,中国农业部批准发放了三种转基因大豆的安全证书,即"巴斯夫农化有限公司申请的抗除草剂大豆 CV127、孟山都远东有限公司申请的抗虫大豆 MON87701 和抗虫耐除草剂大豆 MON87701×MON89788"。除此之外,我国还有五种已经批准进口被用于工业原料的转基因大豆,"抗农达大豆 GTS40-3-2、抗除草剂大豆 A2704-12、抗除草剂大豆 MON89788、抗除草剂大豆 356043、品质改良大豆 305423"。这八种转基因大豆在中国目前只限于工业原料,即榨油,而不允许作为直接食物原料或是种植。对于转基因食物的安全性问题,仍然被人们高度关注,此次三种转基因大豆安全性证书的发放随即引起了公众的担忧,有专家也持谨慎态度,如中国人民大学的著名食品安全专家董金狮建议"对转基因食品要慎重食用,比如,未成年儿童,育龄期的男女,孕妇等,尽量

① Alison Shaw. "It just goes against the grain." Public understandings of genetically modified (GM) food in the UK. *Public Understanding of Science*, 2002(11): 279

② 欧阳海燕. 2010～2011 消费者食品安全信心报告. 小康,2011(1): 44

③ 苏枫. 2011～2012 中国饮食安全报告. 小康,2012(1): 51

减少转基因食品可能带来的风险”。①

因此，从上述的分析中我们可知，无论是从宏观政策落实还是从微观消费者视角的调查来说，人们对于转基因食品的态度是谨慎的，在没有完全的科学证据的基础上，人们对于转基因食品的态度是保守的，转基因食品中的争论是激烈的，人们对转基因食品的商业化与市场导入难以接受，难以达成共识。

第二节　风险分析中的公众参与

一、“知识社会”还是“民主社会”

在风险问题的分析中，科学家经常扮演着权威解释者的角色，而公众只是问题解释的传递对象，由于专业知识的缺乏，公众不能参与到实际问题的分析与处理中。在这种情形下，风险解释就变成了“知识社会”中的独断活动。这种情形正是默顿所标榜的科学理性模型的反映。科学应该遵循“四原则”：普遍主义、公有主义、无私利性、有条理的怀疑。因此，专家并不是民主的威胁，因为他们彼此约束，是无私利的，更加重要的是，他们抛弃了自己的期望值。科学知识是一种制度化的存在，目的是扩展确定性知识，即经验上得到了证实、逻辑上一致，具有规则性的知识。经验的证据与逻辑上的一致成为了一种规范，这种规范是科学共同体内的科学家所必须遵守的，对其具有约束力。科学在专业领域内具有自主性，科学之外对科学的干扰被理解成“入侵”“反抗”“攻击”，科学知识通过奖励顺从者、惩罚违规者而得以传递和延续。

正如上述的转基因农田试验，生物技术专家并不希望公众参与到实验中来，认为他们是社会空间的闯入者。也因如此，在最初的实验中，科学家以及生物技术公司对公众隐瞒转基因农田试验的事实，科学家及技术专家因为缺乏与公众的沟通以及对科学实验的社会影响的解释，这也就使得公众以及社会组织出现了破坏转基因田间试验的行为。

科学家本身也陷入了事实与价值的辩护中，一方面认为自己的研究是客观的、

① 农业部批准进口三种转基因大豆　曾称安全可放心食用.(2013－6－14)[2013－6－15]http://finance.ifeng.com/news/industry/20130614/8131174.shtml

专业的、科学的，所以公众的参与只能是一种“破坏”“闯入”，不希望自己的研究被破坏，但是另一方面，科学研究屈服于资金的提供者、生物技术公司、政府的引导、精英的决策等，因此专家的立场可能受到政治的、经济的和党派的观点的影响。

那么在这里，公众争论的前提就是当今社会是“知识社会”（Knowledge Society）还是“民主社会”的问题。所谓的“知识社会”是以科学知识为评判标准的社会，公众处于边缘地位。而“民主社会”，是一个政治概念，一种社会类型，是公众在科学问题中具有参与的权利，当然“民主社会”并不单纯是一种政治概念，还表现在现实参与过程中。柯林斯及其团队在论述转基因食品事件的公众参与问题时，想把技术相位从争论的政治相位中分离开来。现有的很多报告认为公众关于转基因的技术知识是匮乏的——他们最多也就是在新技术方面产生的对官方发言者的合理怀疑而表现出的不成熟的“可变技能”（transmuted expertises）。通常情况下，这就涉及到认识的独立性问题，在我们不知道什么是可以信任时，经常选择一个可以信任的人，如关于此事的专家，认为专家所理解的比自己更好、更专业，专家的观点比自己的更加可信。

专家并非对公众观点的形成产生直接作用，而是通过提供给政府或是企业精英们一些专业的建议来影响公众。专家的判断依赖于资格、名誉、协商、联盟，当面对现实中的环境问题、与公众的生活息息相关的问题时，专家的判断缺少了专业的技能或是元技能时，即地方性辨别时，科学家之外的观点就需要补充进来。科学论以及人类学的研究，如拉图尔、卡龙等所做的工作，已经指出了科学的可信性问题，科学判断的独立性受到政治因素的影响。

尽管缺乏专业的技术知识，公众要求与自己生活息息相关的生物技术被严格管理的权利是合法的。公众参与所依附的是民主社会中的政治权利，而不是公众所拥有的技术能力。正如柯林斯在《再思技能》中所说，“我们认为公众在技术决策中有权利。他们有权利选择自己的政治、生活方式、承担的风险、甚至是对科学家和技术专家的信任程度”。[①] 过去30年的社会学分析、STS领域内的分析已经为公众加强这方面的权利奠定了知识基础。社会建构主义对科学的可信性的解构，已经说明，科学技术不再属于某种神圣的领域、不再凌驾于其他知识领域之上。

① Harry Collins，Robert Evans. *Rethinking Expertise*. The University of Chicago Press，Chicago and London，2007：138

面对很多可疑的专家观点时，公民能够做什么，是一味地接受科学家以及专家共同体的观点吗？专家的观点虽然是错误的，但是专家凭借自己的资格可以建立一种舆论，使这种言论或是观点具有可信性，怎样能够打破错误的认识论，建立一种全面合理的认识，这不但需要对民主权利的质疑，更需要一种去补充专家观点的能力，这也就是柯林斯所谓的经验型专家的贡献性技能的应用。一方面，具有民主的权利，打破只以资格、权威为标准的共同体的界线；另一方面，运用具有的技能与元技能的判断对不合理的科学决策提出合理质疑，阐述经验范围内的现实，从而使民主的参与更加具有话语权与说服力。已经具有政治选择权的公众怎样在技术辩护中对纯技术部分做出明智决策与取舍呢？在没有专业性技能时，这需要依赖于他们仅有的"可变的技能"，即普遍性的辨别和地方性的辨别，去选择相信"谁"而不是相信"什么"进行技术辩护。在公开的技术辩护中，公众虽然对专业的技术辩护没有直接的贡献，但是可以对技术辩护中科学家所持有的政治倾向性进行辩护。

"知识社会"关系知识还是民主的问题，科学能不能够民主化？18 世纪法国启蒙运动的代表人物孔多赛认为在公民与科学家之间认识的平等是不可能的，因此很容易忘记民主的审议和公众的氛围。民主的审议和公众氛围的文献很难获得是知识在起作用。史蒂芬·特纳对于孔多赛进行了批判[①]，认为明白民主之间的不平等有利于达到理想化民主规则的效果。但是民主不平等的原因并不是因为处于知识社会中，并不是因为专家的无形选择所导致的不平等，民主的问题具有复杂的原因。科学知识事实上遵循什么原则，在现实中怎样被拓展，怎样失败，是社会原因而不是知识原因使贡献及技能研究能够在公众的氛围和民主的审议程序中进行，可在更加现实的维度上发挥作用。所以对于特纳来说，他支持在科学的过程中加入民主的程序。

二、多种异质性要素的解析

史蒂芬·特纳对科学与民主之间关系的认识，把公众与技能引入了民主的程序，ANT 理论的分析使得除科学家之外的行动者参与更加明晰，公众参与具

① Stephen Turner. Political Epistemology, Experts and the Aggregation of Knowledge. *Spontaneous Generations*, 2007(1): 36－47

有平等性，技科学理论对问题进行了深化。

1. ANT 理论的尝试

安妮·罗伯(Anne Loeber)、马顿·哈哲尔(Maarten Hajer)和莱斯·利维陶(Les Levidow)①在认识到风险社会中科学的处境后，反思行动者网络理论，认为卡龙所主张的知识中介的平等性应该扩展到所有事物身上，如仪器、机械、技能、信息流、物质和没有妨碍的人，他们有平等的权利去结合、参与。科学家应该有自由去建立科学、深化科学的询问、涉及研究语境和问题。但是作为一篇介绍性的文章，他们并没有深入讨论。克里斯多夫·博纳伊(Christophe Bonneuil)等人从这个视角继续探讨了转基因问题。

在转基因生物田间试验中，科学家、专家、政治家、外行参与者等组成了行动者网络，共同参与转基因问题的公众争论，希望提出一种有效的政治制度去管理科学，公众争论变成了多元竞技场中的争论，那么问题出现了，因为行动者网络的存在，各方因利益关系对政治网络的解释也就会相互制约、受到限制。这种异质性要素之间的纠缠是建立在平等基础上的，但是事实上博纳伊等人发现行动者网络的存在并不是一种纯客观的现象。

在博纳伊、皮埃尔-贝努瓦·乔利(Pierre-Benoit Joly)和克莱尔·马里斯(Claire Marris)②看来，拉图尔和卡隆所主张的 ANT 理论认识到公众争论不是先在的、争论中的价值和利益是变动的、社会的情境与知识的情境一样在争论中伴随着革新而被建构，这一点上是值得注意的。但是，ANT 对公众领域内的概念缺少辨别。各种异质性要素在行动者网络中平等地相互交织、相互限制，失去了中心，超越了现有的联系和社会关系，任意关系和因素都不能被突出，所以革新者的行动和观点被淹没在无缝之网中。这也是 ANT“符号化”所带来的问题，一切关系和物都变成了网络中的节点、符号化的存在，行动者由“Actor”变成了“Actant”，失去了主体性。

ANT 理论比技科学的去中心化观点更加远离中心，偏离了公众参与的中心，所以他们既要保留公众争论也要相互制约，进一步引用了安瑟姆·斯特劳斯

① Anne Loeber, Maarten Hajer & Les Levidow (2011): Agro-food Crises: Institutional and Discursive Changes in the Food Scares Era. *Science as Culture*, 20(2): 147－155

② Christophe Bonneuil, Pierre-Benoit Joly, Claire Marris. Disentrenching Experiment : The Construction of GM — Crop Field Trials As a Social Problem. *Science, Technology & Human Values*, 2008,33(2): 201－229

在政策与社会问题的分析中所提出的"公众竞技场"的概念。认为公众不但具有知悉权，而且"农民的选择会比科学家的选择更加合法，因为他们具有基于食物和农业的实践技能"，不但在技术评估过程中承认公众参与的存在，并深入到了技能的领域中。

2. 技科学视角的补充

为了重视公众争论，对 ANT 的不足进行补充，博纳伊等人利用技科学的视角进一步对公众领域的概念进行区分，辨别了 9 种争论场：经济、科学、专家、管理、法律、政治、媒体、行动者、参与。讨论农田试验怎样在不同的、互动的竞技场中实行以及作为公众问题实验怎样影响争论场的变化。

在 20 世纪 80 年代，法国的转基因争论作为反对外行干预的认知活动而产生，转基因领域内的实验被视为"社会空间的闯入者"，它不得不与这个空间的行动者进行谈判。伴随着大量的转基因农田试验被毁坏，以及贝克风险社会理论的影响，转基因问题从风险问题变成了社会经济问题，所以从 1999 年开始，科学家、专家、管理者、政治家、审判官、外行人等广泛行动者参与了转基因农田试验的公众争论，在很多竞技场中互动争论。当作为科学和政治竞技场中行动者网络节点的管理者、科学专家和生物技术公司把转基因农田试验定义为知识生产的活动时，转基因的农田试验在第一时间被激烈地反对。在不同的竞技场和如此广泛的行动者视角中，没有"普遍的好"的共识定义，也没有决策为基础的相关知识。加之先前适用的法律不再能产生有效的政治制度去管理新的实验，而人们又期望民主制被使用去控制科学政策。所以博纳伊等人使用技科学的视角把公众争论定义为"一系列多样的竞技场的争论，目的是定义给定问题的认知的和规范的内容"，提供一种有用的分析框架，利益、行动者的结合或政策网络的解释将因为行动者的机制部分地与过程共同产生进而被限制。"但是在这里，交杂因带有特殊语法的多样性竞技场中行动者的互动而产生。这些语法在某种程度上是行动的资源，但是它们依赖行动的过程：就像通过陪审团的解释和练习在法庭审判中逐渐形成法律一样，行动的语法通过行动执行和转变。因此，当转基因的争论在更广泛的竞技场中爆发时，不仅转基因争论框架被改变了，这些竞技场本身有时也被改变。"①博纳伊等人用技科学的视角去分析转基因生物争论，不满对

① Christophe Bonneuil, Pierre-Benoit Joly and Claire Marris. Disentrenching Experiment : The Construction of GM — Crop Field Trials As a Social Problem. *Science*, *Technology* & *Human Values*, 2008, 33(2): 226 - 227

公众争论的限制，认为技科学的视角可以提供一种很好的分析框架，竞技场带有某种规则的印记，这种规则本身作为博弈的资本，在博弈之后，规则也会发生改变。

先是ANT理论注重各种异质性要素之间的平等，但是特定的竞技场带有特定的规则，竞技场也不断随变化而被建构，这正是技科学视角所揭示的。

第三节　风险分析中公众参与的案例：共识会议

一、共识会议的介绍

自从20世纪70年代后期，人们对于核武器、环境问题、生物技术、信息技术上有广泛的关注，在核武器的研究、生物技术的推广、信息技术的商业化、环境的开发与保护过程中公众逐渐有了自己的理解与反思，兴起于美国技术评估过程中的专家共识——只有科学家和政治家参与的对研究发现以及重大事件的审议与决策过程——并不能解决现实中人们对此问题的争议。最初丹麦从这种模式中受到了启发，在1987年着手更广泛的审议方式，成立于1985年的丹麦技术委员会开始使用美国共识委员会的变形模式，使其适合自己的公众教育和参与传统。丹麦采用了这种会议模式，但是增加了一个外行的公民小组与专家对话。这也就是被后人所称的丹麦模式的共识会议(Consensus Conference)。共识会议是西方民主的最佳体现之一，丹麦是公众参与进程的先驱。那么丹麦的技术委员会则担任起了通过执行共识会议来解决争议的责任。它一方面组织技术评估、鼓励和支持公众关于技术进行争论，另一方面制定行动计划。公众参与在此时的作用就是双重的，其一参与争论技术的评估，其二对于问题出现2—4个不同的意见或是场景下的描述时，在举行的集体讨论会上进行讨论，给出行动计划的意见。

公众参与的共识会议模式之所以会发生在丹麦，是与丹麦的文化与政治背景密不可分的。自19世纪末，成人教育和当地争论被视为丹麦文化和政治生活的重要部分，丹麦为问题争议提供了很好的政治环境，公民的参与意识为公众参与的进行奠定了良好的公民素养。因此，共识会议模式包含特殊的历史起源以及丹麦的政治文化基础。

从1987年丹麦的“工业和农业中的基因技术”(Gene Technology in Industry and Agriculture)为标题的共识会议开始，其他的欧洲国家如法国、荷兰、挪威、瑞士和英国开始了相似的实践活动。虽然共识会议在欧洲发展得很好，也举办了很多次的会议，但是直到20世纪90年代末期才在欧洲之外传播。日本、韩国、澳大利亚、新西兰、美国、加拿大、中国台湾等国家和地区纷纷效仿。在共识会议的应用中，也逐渐形成了共识会议的概念。在英国第一次共识会议中，对共识会议给出了一个概念，“所谓共识会议，就是针对涉及到政治、社会利益关系并存在争议的科学技术问题，由公众的代表组成团体向专家提出疑问，通过双方的交流和讨论，形成共识，然后召开记者会，把最终意见公开发表的会议形式。”①

二、共识会议的应用

在丹麦的共识会议中，考虑多样性最大化的前提下，随意选取相关的15个外行公众，花费两个周末、4天的时间召开公众会议的议程。整个共识会议的过程可以概括成三个阶段，准备阶段、会议阶段、会后的宣传与讨论阶段。

在准备阶段，组建公众小组、专家小组并形成关注的问题。在正式的共识会议召开之前，由丹麦技术委员会组成专家小组、随机选出公民代表参与会议，这些公众并不是直接利益相关方如企业、公司的人员，相对来说是外行的公众。而专家小组则包括权威科学家和技术专家、社会科学方面的专家、利益相关群体代表等。最初的议题是由咨询委员会所制定，公民也可以提出自己的问题，委员会也给公众提供了一些可以询问的专家和提倡者的名单，公众有什么不解的专业问题可以向他们咨询，公众可以要求任何一个名单内的人去回答他们的问题，并给出合理的解释和证明，参与者从专家那里得到客观的、可理解的、能够了解的背景阅读。通过会议召开之前的准备工作，公民小组需要做到的是对会议的内容与相关背景材料的充分理解，并在自己所关注的问题上形成一定的思考。

在正式会议阶段，“技术委员会首先召集公众小组和专家小组，并积极创建氛围，极力引起国会成员、媒体和群众的关注。公众讨论会由调解员担任主席，

① 刘兵，江洋. 日本公众理解科学实践的一个案例：关于“转基因农作物”的“共识会议”. 科普研究，2006(1)：42

持续四天。第一天由各专家发言，对公众小组提出的问题进行答复。第二天，公众小组与专家小组进行交互式询问，并就歧义展开讨论。会后及第三天，公众小组准备书面报告。第四天，在不对实质内容做任何评议的原则下，专家小组简要更正报告中的表述错误”。[①] 在这个过程中，参与者参与到与专家的对话中，审议讨论过程在电视上播放。在会议的第四天经过深思熟虑，包含建议和发现的报告被呈现给记者招待会，从而传递给政策制定者、媒体和普通公众，公众所提交的报告带有独立性，并不能受政府以及科学家们的思想诱导。

会后的宣传与讨论阶段。公众讨论会后，并不是把公众会议的结果直接通过媒体的方式简单地传递给其他的群众和利益相关者，而是把这个结果公布给公众为了进一步的讨论，使得没有参加会议的其他公众也能参与到讨论中来，通过技术委员会组织包括地方讨论会、发放传单和播放影音等方式而进行，给予公众更多时间去理解与反馈结果。

丹麦以外的“美国主要采取以下形式吸收公众的广泛参与：一是各联邦机构制定有关转基因生物安全管理的法规时，均要在联邦注册公告中发布，在固定时间内寻求公众评议；二是召开转基因生物安全技术问题研讨会时，通常都对公众开放；三是不定期地举办听证会，寻求公众在某一问题上的态度；四是联邦咨询委员会每年定期举办面向公众的关于农业生物技术的会议。”[②]日本也非常重视转基因风险管理中的公众态度，采用一系列措施让公众进行参与。首先对转基因产品的认识、担心和信任的问题进行广泛的社会调查，此外设立消费者接待室，用形象易懂的图文、实物形式增进公众对转基因食品的理解，以打消消费者对转基因食品的担忧，每年在科普宣传上就投入大量经费，同时也会任命利益相关者团体，包括专家、消费者、生产者组成的常任机构对转基因的安全评价进行审议。

在共识会议中，公众的作用、专家的作用都能得到合理发挥。共识会议的过程涉及公民小组的强化学习过程，他们围绕着技术所产生的主要议题进行辨别，通过与专家小组的讨论和对专家的询问而得以解决疑惑。专家和公众在共识会议中产生互动。“一方面，专家促进了外行理解科学政策的争论并且对政策对话产生影响。参与者不得不吸收和整合科学家的新的和深奥的信息。另一方面，

---

① 刘锦春. 公众理解科学的新模式：欧洲共识会议的起源及研究. 自然辩证法研究，2007(2)：85

② 转基因30年实践. 农业部农业转基因生物安全管理办公室，中国农业科学院生物技术研究所，中国农业生物技术学会编. 北京：中国农业科学技术出版社，2012：22

在与专家进行交流的过程中，参与者能够发现不一致的科学议题和存在于专家中的矛盾立场。当专家面临困境的时候，参与者有机会去重新评价专家的建议并且质疑专家在政策过程中的权威。此外，参与者逐渐用自己的语言去讨论科学发现。在专家的描述中，公民能够识别偏见的和固定的观点。"①这些过程的参与对于公众理解科学问题是一种有益的进步。

三、转基因农作物的共识会议

公众参与科学有很多形式，如公民陪审团、共识会议、愿景工作坊、21 世纪城镇会议、听证会、市民小组、学习圈等，但是在这些形式中最能够体现民主形式的就是共识会议，因为共识会议避免了"精英"的狭隘参与形式，因此在转基因案例的分析中我们从共识会议的民主模式入手，通过多国的横向比较，进一步表明公众参与的意义与价值，为后续案例分析做准备。

在 1999 年 3 月，以食品生物技术为议题，在世界范围内召开了三个共识会议，一个是加拿大卡尔加里在 3 月 5—7 日举行的"关于生物技术的公民会议"，一个是 3 月 10—12 日在加拿大的堪培拉举行的"食物链中的基因技术"共识会议，第三个就是 3 月 12—15 在丹麦的哥本哈根举行的"生物技术的共识会议"。对于加拿大和澳大利亚来说，是第一次举行这样的会议，但是对于丹麦来说却是第 18 次。从各国的基本情况上来说，澳大利亚和加拿大都是商品出口国，在 1998 年是位列前五的农业生物技术产出国。丹麦也是一个大的食品出口国，但是到目前为止它既没有生产也没有出口现代生物技术的农业产品。在这三个国家中，加拿大的转基因食品数量是最多的，转基因的农产品也被批准，在共识会议召开时，42 种产品已经获得了批准，一些已经在架子上或者在农业中被使用。在 1998 年，4300 多个田间试验被实施。在欧盟到 1999 年 8 月，1485 个田间试验被执行，有 34 个(2. 3%)在丹麦；10 种转基因食品或是食品成分在加拿大被批准；在澳大利亚转基因成分仅在豆类和棉花中被使用。因为加拿大是转基因生物技术大国，澳大利亚受到英国的影响非常深，所以两国官方上对转基因的态度是容忍的，因此执行的是"实质上相同"原则。而丹麦因为自己的历史传统，食品

① Dung-Sheng Chen & Chung-Yeh Deng. Interaction between Citizens and Experts in Public Deliberation: A Case Study of Consensus Conferences in Taiwan. *East Asian Science, Technology and Society*, 2007 (1): 90 - 91

生物技术正在经受审议，这将意味着所有新奇食物——包括使用重组 DNA 技术生产和加工的——都必须经历一种特别的评价过程。

从制度上来说，在共识会议之前，丹麦在 1986 年已经通过了环境与基因技术法案对转基因生物进行管理，也试用生物技术中的公众咨询，加拿大的咨询限于关键的利益相关者，而澳大利亚所使用的模式是专家的科学共识模式。

加拿大的共识会议，是由大学和两个非政府组织合办的，15 个外行参与者通过都市报、周刊、广播和有线电台的方式被征集，在 356 个应征者中通过性别、年龄、教育程度、职业以及省份等信息筛选后，再通过咨询委员会的选择而最终确定。澳大利亚的共识会议在初始阶段通过调查公司的随机选举，然后再经过面试过程，从 200 名应征者中确定 14 名外行小组成员，澳大利亚筹划指导委员会的 17 名成员监督服务商、专家小组和交流政策，委员会的成员来自于各个行业与组织，如学术界、企业界、研究与发展公司、非政府组织等。丹麦的公民小组是从成年申请者中随机选取 14 人，然后由政府、大学、生物技术公司、环境与消费者的非政治组织成员构成的 13 人的专家小组。

这三次转基因共识会议的侧重点不同。在会议召开时，加拿大和澳大利亚都对转基因食品。澳大利亚的公民小组，因为受刚刚发生在英国的普兹泰事件的影响，对"实质性相同"的概念是持质疑态度的，他们建议为所有转基因食品贴标签，并指出"基因被转换的理由"。加拿大的公民小组也认识到本国标识问题并没有解决，他们期望"加拿大的生物技术委员会出台更加严格有效的标签政策"①。丹麦的消费者关注基因技术怎样被应用在产品的生产中，以及应用到什么程度。针对各国的问题，公众小组在参与过程中也提出了很多的建议。如澳大利亚公民建议政府建立与共识会议相似的机构，包括各利益相关者在内；加拿大公民建议不同形式的公众参与；而丹麦作为共识会议的先驱，针对此基因问题，提出更加细节的问题，建议对生物技术进行伦理的讨论，增加基因伦理机构的设置，此外还建议在生物技术领域应该做出更多参与的准备工作。所以，从参与侧重点来看，与进行第一次共识会议的澳大利亚和加拿大相比，机制比较成熟的丹麦，此时所考虑的问题已经深入了一步，是针对具体问题的细节分析，能够对相关领域内的问题进行细致的分析，并对问题的解决提供有效的微观看法，而

① Edna F. Einsiedel, Erling Jelsøe, Thomas Breck. Publics at the technology table: the consensus conference in Denmark, Canada, and Australia. *Public Understanding of Science*, 2001,10(1): 90

不是仅停留在对公众参与形式上的宏观分析。

三次会议也产生了不同的结果。对于加拿大来说，此次共识会议的结果就是，引起了全国范围内人们对转基因食品的关注，随后的几个月媒体刮起了关于基因食品报道的飓风，在论坛、会议、广播中，公众小组关于转基因食品的观点被引用和关注，媒体也对转基因食品做了系列报道，在更广泛的讨论中，无形中对加拿大的政府部门施加了很大压力，使得加拿大的食品检验机关、食品销售委员会、标准委员会合办了一个会议去重新考虑转基因的食品标签问题。并且公民小组中的一人被邀请去旁听加拿大生物技术咨询委员会，这是一个政府性质的组织，目的是对生物技术提供咨询，以及监督公众的参与与咨询。无论怎么说，加拿大公众的第一次共识会议，使民主进程迈出了一步，公民权利被重视，公众舆论使政府采取了措施。

澳大利亚共识会议是由澳大利亚消费者协会所促使的，他们所关注的就是公众对于转基因食品消费中的讨论，因此没有过多涉及政策问题，那么从共识会议的准备阶段一直到会议结束三个星期后，澳大利亚的广播公司一直致力于公众讨论，并且开办网站，供更大范围内的公众对转基因问题发表意见并讨论。在共识会议之后，澳大利亚在政策之后做出了行动，在 1999 年 5 月卫生部成立了基因技术办公室，以及在澳大利亚-新西兰食品署(Australia-New Zealand Food Authority)宣布对所有转基因食品贴标签。“自 2002 年 12 月起规定，转基因食品或食品中含有转基因成分，抑或最终食物中含有转基因添加剂或加工助剂须加贴标签。以下三种情形必须标注：一是该基因改造食物成分与同种非转基因产品具有很大差异。例如，转基因技术提高了产品的维生素含量，必须加贴标签。二是产品本身自然发生的毒性与同种非转基因产品有显著差异。三是使用转基因技术生产的食物含有‘新成分’可能会导致部分人发生过敏反应。”①“澳大利亚/新西兰的标识政策规定，如不含新的 DNA 或蛋白质的食品成分(油、糖、淀粉等)、食品添加剂或加工辅助物质(终产品中不含外源 DNA 或蛋白质)、调味品(终产品中转基因成分含量不超过 0.1%)以及在加工点销售(如餐馆等)的食品可不进行标识。”②

---

① 澳大利亚转基因技术在农业中的应用、管理政策及启示.(2009－12－21)[2013－5－9]http://www.fjagri.gov.cn/html/hypd/dwny/gjhz/2009/12/21/45217.html

② 转基因 30 年实践.农业部农业转基因生物安全管理办公室，中国农业科学院生物技术研究所，中国农业生物技术学会编.北京：中国农业科学技术出版社，2012：18

随后，日本在2000年7月26日召开正式共识会议，主题是“转基因农作物”。主要包括3个议题：“第一个是对转基因农作物的可能性做出正确评价，并在此基础上进行研究开发；第二个是对转基因农作物对人的健康、环境的影响做出正确评价；第三个是回答消费者关心的一系列问题。此次共识会议就是要针对这3个主题提供及时有效的信息，提高政府决策的透明度，并实现双向的互动型的信息交流。”①在日本传统中存在一种“公众接受”(Public Acceptance)模式，即由相应官方负责机构对消费者的担忧进行了解，做出是否合理的判断，然后在宣传过程进行通报来解除疑虑，这种模式存在的弊端是科学家以及官方对公众的担忧首先进行了过滤与筛选，这样公众的担忧通常不能很好地解决，也不能对民主进程和现实问题有什么实质影响，因此所起的作用也是非常有限的，只能促使官方做出一个解释，至于解释是否合理，是否为公众所关注，公众只有接受。那么在2000年举行的共识会议中，官方认识到了这种传统模式的局限，试图打破这种限制。遵循丹麦模式，日本执行委员会要确定负责说明的人员名单，包括3位自然科学家、风险问题专家、STS学者、新闻记者、消费者代表各数名，以便达到全面解释，在说明人员的选择中也保持最大的多样性。最具突破性的进展就是公众代表独立完成“公众意见提案”，当然对于刚刚起步阶段的日本的共识会议来说，还存在很多方面的问题，如参与者的选择、共识的达成、讨论结果的公布、更大范围的利益相关者的讨论等等。

通过在1999年到2000年4个国家之间的共识会议的比较，我们可以看出，加拿大、澳大利亚、日本在这一时期都处于共识会议的试探发展阶段，基于各国对转基因生物技术的态度以及传统，包括政治制度、历史文化、社会地位方面的差异，也决定了共识会议在本国召开的地位、意义以及角色价值。加拿大、澳大利亚的共识会议的发起者都不具有强烈的政治背景，是学校或是消费者协会及非政府组织，这就限制了公众在转基因议题中作用的发挥，那么他们参与作用就是引起社会更广范围内对转基因的关注与讨论，促使相关政府部门成立咨询委员会，重视公众参与的作用。加拿大和日本重视的是“政策的提出和落实中的怎样确保公众的参与”，澳大利亚重视的是“食品从田间到餐桌的各个阶段公众怎样识别转基因生物的信息”，加拿大、日本、澳大利亚还停留在公众参与的权利

① 刘兵，江洋. 日本公众理解科学实践的一个案例：关于“转基因农作物”的“共识会议”. 科普研究，2006(1)：43

上。而丹麦重视的是“怎样保证消费者有充足的转基因食品的信息”,“转基因能改变自然的循环吗。”? 丹麦重视转基因的风险,重视问题的切实解决。它作为已经多次召开共识会议的国家、作为有着很好的公众讨论问题背景的民主国家,公众对于转基因问题的分析更加深入,从前期的准备到后期的交流都有充分的准备,因为有对转基因食品的伦理问题的考虑,转基因食品在丹麦至今没有被允许。

四、公众切实参与的实现

在疯牛病危机出现后,政府部门兴起了多种多样的咨询委员会,目的是对疯牛病的危机与风险进行评估与解释,当时限于这些部门的官方性质,真正的咨询以及公众参与并没有实现。代表公众利益的 FSA 成立并且召开了公众会议,但是因为 FSA 的准备不够充分,以及对欧盟法律的遵循,再加之相关利益者群体中,公民代表数量稀少,公众对于材料的获得也不全面,FSA 的民主只能说是一种民主的尝试。但是它的尝试为公众切实参与打下了基础。

在 FSA 的会议中,人们吸取的教训有三:其一,公众要获得全面的材料与了解;其二,利益相关者群体要尽量多样化、范围广、人数均;其三,不要受到政府或是科学家的诱导。在丹麦发展起来的,并得到广泛应用的,在西方发达国家已经成熟的共识会议吸取了 FSA 的教训。

公众在共识会议的准备期间,有足够的时间对材料进行了解,针对自己的疑问可以向专家小组进行咨询,通过相互性技能获得自己的理解。把参会人员分成了两组,一组是公民小组,是一些不涉及直接利害关系的外行公众,因此对于会议相关议题能够做出合理取舍,这一方是生活经验的拥有者,即拥有经验型贡献性技能的专家。另一组是包含多样性利益相关者的专家小组,官员、科学家、企业代表、非政府组织等,他们是专业的贡献性技能的代表。在会议的召开过程中,科学家必须对公众提出的问题与公众的担忧进行解答,在没有政府官员与科学家在场的情况下呈现《公民意见书》。《公民意见书》具有独立性,而且在会议召开的过程中,新闻媒体的全程报道可以保证其公开透明,会后更广泛的公众讨论使得外行的群众都能进行反馈与回应。

这一时期的风险交流,并不是公众对政府官员、科学家所做的风险评估结果的单方面接受,而是一个问题得到回答、争议得以讨论、担忧得以解决的过程,这才充分体现了风险交流的“双向互动性”，民主进程的推进、政治机构的设立、科学审查这些都说明了公众参与在共识会议中是一种切实参与，“民主困境”被打破，科学的民主化是可以实行的，外行的公众凭借着“贡献性技能”与“相互性技能”参与到共同体内部，丰富了问题处理的形式，拓展了问题处理的范围。

五、公众参与作用的分析

从丹麦发展起来的这种共识会议模式在转基因生物技术的议题讨论中，产生了深远的影响，表现在三个方面，即对民主进程、政治机构及转基因生物技术本身的影响。

第一，推进民主进程，公众参与范围的扩大。在疯牛病事件中，疯牛病危机是被隐瞒和压制的，所以公众虽然有权利，但是没能够参与到问题的讨论中来。而在转基因生物技术的共识会议中，消费者以及代表消费者利益的非政府组织，如加拿大共识会议中的国家营养协会(National Institute of Nutrition)、食品生物技术交流网(Food Biote-chnology Communications Network)以及澳大利亚消费者协会(Australian Consumers Association)，这些团体为消费者的认知与交流提供了很好的条件。通过一些大众媒体人们知道了共识会议的筹备，也可以进行报名参会，在此过程中一些公共媒体、交流网站为共识会议之外的更广范的公众提供了交流空间，促进共识会议的成熟。相比以往，公众口号上的形式参与，共识会议中的参与不但体现了民主权利，更加注重了民主范围，积极推动了民主进程。

第二，政治的影响，兴起了一些政治机构。加拿大生物技术委员会、澳大利亚的基因技术办公室、农业水产尖端技术产业振兴中心，都是在共识会议的进程中兴起的对转基因生物技术进行评估、对技术进行管理、监督公众参与的政治机构。虽然这些机构的建立并不都是政府预先的设想，有些是在共识会议的召开之后被动建立的，但这恰好说明公众参与对政府机构设立的影响，公众意见需要得到政府合理审议与考虑。公众参与也会对贸易产生影响。如 1995 年，由于政府间的行动，欧盟和美国建立了所谓的“跨太平洋商业对话”(Transatlantic Business Dialogue, TABD)网络，主张跨洋贸易自由和更广泛的领域中的管理。从一开始，农作物生物技术就包含在贸易范围内。TABD 试图打破贸易壁垒，美国和欧盟在贸易上采取相同的管理标准，目标是“一经被认可，就到处适用”。但是这个目标却在转基因生物技术上遇到了麻烦，要知道美国是转基因的生物大国，致力于转基因农作物与食品的出口，但是欧盟对于转基因可是持谨慎态度，只是基于此贸易约定，在政府间不好直接做出回绝，那么这时的转基因贸易因为欧盟公民的反对而出现了障碍，因为欧盟成员并不喜欢转基因食品。“在1999年的冲突之前，美国4%的玉米出口到欧盟，但是在2002年还不到0.1%。”[①]可见，公众的反抗与公众舆论，对于政府是一种监督与激励，给政府更多的压力去提高管理标准。

第三，科学上对转基因生物技术的影响。关于转基因生物技术的共识会议，一方面使得公众更加了解转基因生物技术，使消费者对转基因食品表达出自己的态度。针对共识会议的召开，大众媒体也相继报道了一系列关于转基因的议题，使得公众对于发生在自己身边的技术与食品有更多的认识，知道目前学术界对转基因研究的程度，转基因被商业化的程度，公众对于转基因技术的容忍度等方面的信息。转基因技术是否能够改变生物自然循环，是否对人身造成伤害，这些方面信息的了解也使得公众越来越具有了“相互性的技能”。这也促使科学家在技术的变革与创造过程中要充分考虑如何向公众解释技术以及技术后果，这是对科学家的社会职责的一种敦促。另一方面，促进了转基因生物技术的全方位研究。在丹麦的转基因生物技术的共识会议中，对转基因生物技术论题进行探讨，是科学家社会责任的一部分，这将告诫科学家在进行技术创新时，不但要追求科学上的成果，还要对社会问题进行思考，对社会的接受性，社会应用后果的思考，而不只是一味地创造，进行“上层工作”，同时也要进行“下层的”思考，不是对于发现了能够造福人类的技术之后的沾沾自喜，更需全面审视技术问题，尽力避免一些有害的应用及副作用。

在20世纪90年代末期，公众对于转基因生物技术的激烈争论，使得批评者质疑风险评估的标准和转基因生物的测量方法，主要是从作为风险评估基础的“实质上相同”概念入手。此概念的弱化过程揭示了科学与政治之间界限的变更，从原来的“科学的、客观的”标准变成了“政治负载”的，以至现在再变成“客观的”，并为股东的政治权利留有空间。公民在生物技术中的参与与争论的关注点或是重点并不真正是生物技术的危害，而是为了彰显自己作为公民的民主权利，

① Joseph Murphy, Les Levidow, Susan Carr. Regulatory Standards for Environmental Risks: Understanding the US-European Union Conflict over Genetically Modified Crops. *Social Studies of Science*, 2006(1): 138

这是不合理的，是柯林斯所说的科学论的第二波，笔者的观点也与柯林斯对待生物技术争论的观点是一致的，即“公民具有政治上的民主权利”，不管他们对于转基因生物技术是否理解，他们具有争论的权利，这一点是无可厚非的。但是如何把公民的参与从民主权利的层次上上升到科学领域内的技能参与，这就是第三波所提倡的。

第四节　欧洲、中国台湾、中国大陆公众参与形式比较

共识会议是西方审议民主发展的最高形式，公众参与对公民观点的发挥、政府决策的形成具有一定影响。我国台湾省引入了共识会议的模式，针对环保、健保、代理孕母等方面问题进行了讨论并收到了很好效果。虽然存在民主制度的区别，但是共识会议的民主议事模式仍然对中国内陆的公众参与具有一些可借鉴的作用。

一、欧洲和台湾共识会议比较研究

台湾省自2002年开始引入丹麦模式的共识会议，如2002年健保局举办“先驱性全民健保公民会议”；2004年卫生署举办“代理孕母公民会议”、高雄市举办“过港缆车公民会议”、北投文化基金会举办“温泉博物馆何去何从——社造协议公民会议”；2005年的财团法人台湾民主基金会主办的“税制改革公民共识会议”、教育部主办的“能源运用青年公民共识会议”；2006年经济部水利署主办的“水资源管理公民共识会议”，台北市政府举办的“台北市应否订定汽机车总量管制公民共识会议”等等[①]。

与丹麦模式共识会议一样，台湾省的共识会议也分会议的筹备与召开两个阶段。在主办机构、公民选择、会议筹备与召开、公民小组与专家小组的划分上大致遵循相同模式。共识会议的主办机构可以是官方机构、政府委托的民间机构、民间团体。公民报名者需要介绍自己的性别、年龄、教育程度、职业与居住地

① 参见戴激涛.协商民主的理论及其实践：对人权保障的贡献——以协商民主的权力制约功能为分析视角.时代法学，2008(2)：35—42

以及要参加的原因。正式会议的召开时间依据问题讨论的范围与复杂程度而定。

但是与西方共识会议的不同点表现在三个方面：

其一，在会议议题的选择上，西方民主具有成熟的讨论机制，所以议题的选择更加深入、具有专业性，如转基因技术与转基因食品，而台湾的民众素养与西方公民素养相比有一定差距，所以在议题的选择上更加侧重科学专业性不强，公共服务性强的议题。“公民会议讨论的议题必须受到社会大众的重大关切，需由政府制定政策回应，又具有争议性的议题，讨论的议题范围势必不可过大或过小，而以全民健保公民共识会议为例，全民健保的改革提的过分宽广，而某项医疗服务项目或药品是否应该纳入全民健保的给付范围又过分狭窄，皆不适合作为公民会议的讨论议题。”[①]共识会议的议题要不大、不小、有争议、公众关注、且不能限制得太死，要让公众有充分讨论的空间与想法。

其二，在会议的筹备阶段，增加了专家对公民小组授课的环节。在丹麦的共识会议中，为了避免专家对公民小组的影响，并不让专家向公众表达自己的观点，公众只是针对自己的问题向专家提问并得到专家的回答。而在台湾的共识会议中，因为公众对所议问题理解的有限性，公众需要专家对问题的讲解。因此，在预备会议中，专家针对阅读材料的内容向公民小组授课，“在此阶段中不可或缺的主题包括对于[公民会议的介绍]，让公民小组对于本身所参加的会议与流程有更清楚的认识，以利未来会议的开展；对于[讨论主题的背景介绍]，让公民小组能够在更广泛的基础上思考这些问题；最后是[讨论主题的争议整理]，我们将讨论主题所产生的争议，以正反并陈同时不做任何评论的方式向公民小组说明，让他们了解可能的争议点何在，以及争辩的理由为何，当然，主办单位也必须告知这样的整理不代表涵盖所有的争议范围，公民小组仍能提出其他的看法”。[②] 那么，在授课过程中，阅读材料的选择、授课范围的选取、倾向性的赋予都会带有专家的偏好，即使主办方在专家的选择过程中已经声明要客观、公正授课。

其三，在共识会议的目的方面，西方的民主是对当前备受争议与关注的问题

① 台湾行政院青年辅导委员会. 审议式民主公民会议：操作手册. (2012－11－14)[2013－07－10]http://www.doc88.com/p-115691687383.html

② 台湾行政院青年辅导委员会. 审议式民主公民会议：操作手册. (2012－11－14)[2013－07－10]http://www.doc88.com/p-115691687383.html

给出政府决策的公众意见，公众的意见能够反映在共识会议中、政治决策过程及结果中，而台湾共识会议的目的是让公众对当前关注的问题有更多的了解，以期对民主进程和未来政治决策产生影响。台湾“举办公民共识会议的目的，在于提升民众对于讨论议题的了解程度，以及让民众成为积极的公民，更主动地关心与参与公共事务，同时能够在一定的知识基础上，跳脱个人立场，进行理性的讨论”。[①] 可见，与西方公众参与的成熟形式相比，台湾的共识会议正处于实践阶段。但是不得不看到的是，公民会议的效果，“操作这次公民会议的经验，使我们相信只要能够提供适当与充分的资讯，公民有能力理性地讨论复杂的政策议题。对会议过程的观察，我们发现，参与者采取了公众取向的态度，理性地讨论议题。透过公民会议，参与者提升了健保的知能，转变了政策的偏好与价值，同时也更加关心公共事务。就提升公众知能、养成理想思辨、积极参与的公民品德而言，公民会议的确达到了成效”。[②]

以上选题、筹备、目的与效果的三方面比较，说明台湾的民主与西方的民主是有差别的，但是台湾省在承认差别的基础上，在实践中给公民成长的机会，这对民主制度的完善起到了积极的作用，也促使公民科学素养不断得到提升。

二、听证会与共识会议比较研究

中国大陆在公众参与的民主方面，最发达的形式就是听证会。听证会源于英美的司法审判，在庭审过程中，与本案不直接利害关系的人可以申请听证，了解案件，并提出意见，以保证案件审理的民主、公开、公正，鉴于在庭审中的优越性，把法庭审判中的程序应用于行政和立法程序，这便是中国的听证会制度。中国大陆在 1996 年、1997 年和 2000 年分别建立了行政处罚、价格决策、立法三种听证类别，本着公正、公开、公平参与和效率的原则进行，在利益共同体平等参与的基础上，试图实现公共决策的民主化、公开化、公正化、科学化乃至法制化，目的是保证公众决策的顺利进行。

在中国听证会的程序如下：

---

① 台湾行政院青年辅导委员会. 审议式民主公民会议：操作手册.（2012－11－14）[2013－07－10]http://www.doc88.com/p-115691687383.html

② 台湾行政院青年辅导委员会. 审议式民主公民会议：操作手册.（2012－11－14）[2013－07－10]http://www.doc88.com/p-115691687383.html

"(一)当事人要求听证的,应当在行政机关告知后三日内提出;

(二)行政机关应当在听证的七日前,通知当事人举行听证的时间、地点;

(三)除涉及国家秘密、商业秘密或者个人隐私外,听证公开举行;

(四)听证由行政机关指定的非本案调查人员主持;当事人认为主持人与本案有直接利害关系的,有权申请回避;

(五)当事人可以亲自参加听证,也可以委托一至二人代理;

(六)举行听证时,调查人员提出当事人违法的事实、证据和行政处罚建议;当事人进行申辩和质证;

(七)听证应当制作笔录;笔录应当交当事人审核无误后签字或者盖章。"①

中国根据听证会的原则出台了相应的三种类型的法律法规来指导听证会的进行,但是在现实的生活中,我们经常会听到一些民众对听证会的看法"流于形式""走过场""逢听必涨""听证人多次参与",如成都的胡姓老人,在随机抽签的情况下,从2004年到2011年的7年里一共参加过19次听证会,被网友戏称为"听证专业户"。

那么如何保证听证会中听证公众的公平参与,如何确保听证会的有效进行,针对听证会制度在中国实行十几年来的问题,中国发展和改革委员会(发改委)在2010年初连续发表了六篇文章对听证会中出现的问题进行澄清。这六篇文章分别是1月7日发布在发改委门户网站上的《听证会是真听还是"作秀"?》、1月7日发布的《"逢听必涨"还是"逢涨必听"?》、1月8日发布的《消费者"被代表了"吗?》、1月11日发布的《听证会的不正常现象是否说明有猫腻?》、1月12日发布的《听证会能起什么作用?》、1月27日发布的《价格听证会怎样更加公开透明》,这些文章组成了发改委"价格听证会热门话题系列谈",针对网络上的疑问进行了回复。

听证会的目的是加强政府决策的透明,公众的知情,是政府在决策之前对公众意见的征集,那么与共识会议相比,它们的主要异同点表现在以下五个方面:

① 听证会. http://www.china.com.cn/guoqing/2012-02/15/content_24639590.htm(2012-2-15)[2013-3-18]

第一，公众的选择方式上的异同。都是采取公开征集的方式，通过新闻媒体等广泛的社会公告形式，征集报名者，然后从中选取。虽然《定价听证办法》中对消费者选取方式是“自愿报名、随机选取”，并进行公正。但是“在实际操作中，价格主管部门为了尽可能减少‘自由裁量权’，避免给人造成‘操纵听证会’的误解，往往采取委托消费者组织推荐的方式”。①

第二，公众在参加会议中的地位。“政府定价的程序一般有价格（成本）调查、听取社会意见、成本监审、专家论证、定价听证、集体审议、作出定价决定、公告等。听证仅仅是其中一个程序，主要功能是征求消费者、经营者和有关方面的意见，对制定价格的必要性、可行性进行论证，不作出是否调价、调价多少的决定。”②因此，公众的意见并不对政府决策产生直接影响，所以经常会出现“逢听必涨”的现象。而丹麦的共识会议，公众的意见直接对政府的决策产生影响，在会议之后，无论从政府的决策方面，还是政治机构的建立上都可体现出来。

第三，参与者的身份。在共识会议中，参与者分为两个小组，一组是专家代表，由政府选出，这些人是利益相关者群体。另一组是公民代表，是与事件无直接联系的外行公众。而在听证会中，目的应该是向更广泛的消费者征求意见，但是这里的消费者并不具有多样性，“听证会参加人与人大代表不同，不是由不同的利益群体选举出来，代表不同的利益群体参加投票的”。③

第四，广泛的公众讨论中的异同。“而我国的价格听证会都进行了公开报道，对参加人提出的意见是否采纳及其理由也要向社会公布”。④ 这一点是与共识会议一致，在会议结束之后通过媒体向公众发布信息，但是所不同的是共识会议之后，有一个更加广泛的征求公众意见的机会，而听证会之后只是向更广范围内发布公告以及政府决策结果。

第五，值得提出的是，听证会之后对公众意见的反馈。在听证会之后，公众的意见是否被采用都应该进行说明并且“通过政府网站、新闻媒体向社会公布定

① 消费者“被代表了”吗？（2010 - 1 - 8）[2013 - 3 - 18]http://www.gov.cn/gzdt/2010-01/08/content_1506174.htm

② 消费者“被代表了”吗？（2010 - 1 - 8）[2013 - 3 - 18]http://www.gov.cn/gzdt/2010-01/08/content_1506174.htm

③ 消费者“被代表了”吗？（2010 - 1 - 8）[2013 - 3 - 18]http://www.gov.cn/gzdt/2010-01/08/content_1506174.htm

④ 听证会是真听还是“作秀”？（2010 - 1 - 7）[2013 - 3 - 18]http://www.gov.cn/gzdt/2010-01/07/content_1504859.htm

价决定和对听证会参加人主要意见采纳情况及理由。对听证会上参加人提出的意见，听证人是否采纳，采纳或拒绝的理由，都应当写入听证报告，供政府决策部门参考，同时以适当的形式向社会公布”。① 而共识会议并未含有这样的程序，所以如果此程序执行得好，是政府对民众意见的一种回应，是民众意见被审视、民主权利被重视的体现。

三、公众参与对中国大陆的启示

相比于西方共识会议，中国的听证会制度还存在着缺陷。在材料的获得方面、听证人员的选择上、对听证内容的发布上都存在着一定的问题。因为我国的民主集中制的组织形式，使得在公众参与的实践中还有很多的路要走，但是我们应该勇于实践。

台湾省共识会议的实践为我们民主进程的完善提供了借鉴。一方面，因为我国国民的科学素养并不高，因此在《全民科学素质行动计划纲要(2006—2010—2020年)》中，看到了大陆民众与西方民众之间的差距，我国国民的努力方向是具有一定处理实际问题、参与公共事务的能力。因此在实践的过程中就要从科学性不强的议题开始锻炼。在一些重要的议题如航天、核工厂、转基因技术等议题上目前是无法进行讨论的，但是对于一些涉及到民生的问题还是可展开更好的议论。另一方面，共识会议的目的是逐渐培养公民素养以及参与公共事务的能力，科学的说明以及授课式的教育并不能让公众有更多的理解，反而，对相关议题的讨论则使其具有更多的兴趣去阅读数据、收集信息、积累技能，所以公众参与的前提就是要排除认为“公众参与是不可能的”“公众参与是捣乱”的想法。

由于听证会中存在的问题，因此对于所议问题的解决还不能起到很好的效果，这也是我们在民主进程中的一种尝试，至少我国政府重视了公众参与，为了使公众参与更好地发挥作用，民主形式需要进一步完善。笔者认为可以从以下几个方面入手：

第一，明确公众参与的意义，公众在参与过程中所提出的意见对于政府的决

① 听证会能起什么作用.(2010-1-12)[2013-3-18]http://www.gov.cn/gzdt/2010-01/12/content_1508364.htm

策到底有什么作用。如果政府的决策是依赖于公众的决策的，那么对于公众的意见就需要合理审议，也避免政府预先决策，公众只是走个过场。公众地位不能得到提升，所提出的意见必然只能被埋没。

第二，公众选取方式在现实中的落实。听证会参与人员采取的是随机选取的方式，但是在这种情况下，个别市民居然可以成为“听证专业户”，这就需要公正执行力度的加强，在保证职业多样化的前提下，听证人员也要多样性。

第三，更多信息与材料的公开。这种公开不仅表现在会议之前，让公众更加全面地了解会议内容，有自己的理解与特有的问题，而且还表现在会议之后，更广泛群众的参与与了解。除了对听证会进程的了解，还有对决策结果的审议与评价。

公众参与不只需要一个旁听的位置还需要话语权，以及话语被采纳。但是也应该看到，目前我国在民主进程中取得的成果，以及民主意识的增强。在2013年《食品安全法》的修订中，在全国范围内征求民众意见、调查问卷的发放与回收，都说明了我国在民主道路中的实践正在进行，并且也重视了公众参与的作用。

需要指出的是，在中国完全照搬西方式民主是不现实的，对于中国大陆来说还不具备完全落实的条件，在这种语境下把公众与专业的科学家、政府管理部门等同对待还无法实现，因为中国大陆实行民主集中制的组织原则。民主集中制主张“在政治上，围绕着共同的目标，使各方面的意见得以充分发表，然后对其中科学的符合实际要求的东西，通过集中形成统一的意志，作为共同的行动准则。在这过程中，要求少数服从多数、下级组织服从上级组织、个人服从集体、全党服从中央”。[①] 在这“四个服从”的指导下，公众的意见得以表达，但是意见的作用是否发挥还取决于上级、中央的权威。因此，公众具有发言权，但是没有决策权，如想实现更广泛的民主还需要给公众更多的话语权以及意见得到合理审议。

---

① 民主集中制.［2013-06-30］http://baike.baidu.com/view/59981.htm

第五节　本章小结

转基因生物技术于20世纪80年代发展起来，在农业领域克服了传统植物本身的缺陷、病虫害对农作物及经济作物的影响，减少了农药的使用对自然环境的影响。但另一方面，基因的飘移也使得一些变异物种出现，如超级杂草等，人们在享受转基因技术带来的效益的同时，对转基因也持谨慎的态度。随着转基因植物安全证书的发放，转基因也进入了商业化阶段。如何对待转基因问题，人们一直争论转基因是否有害、是否应该进行转基因田间试验、对转基因食品贴标签的问题。在转基因食品问题的争论中，消费者的态度是关键的，所以在食品问题中公众参与是关键。

在“知识社会”中，科学知识是科学家的权威，公众只是外行，而在现实的生活中，公众参与是必然的，因此我们生活在“民主社会”中，ANT理论主张多要素的平等参与，把公众与技能纳入到“无缝之网”中，技科学视角的解析突出了公众竞技场中参与的主体，使得公众参与备受关注。

丹麦的共识会议模式是公众参与的典范，在世界范围内被广泛模仿，丹麦以及其他国家的共识会议的使用也是从生物技术的讨论开始的。在共识会议中，公民小组作为独立小组获得全面的信息，对科学家以及利益相关者群体提出问题并获得回答，最后完成公众意见书。四步骤的丹麦模式为公众参与提供了广阔的空间，展现了民主权利，公众决策成为政府决策的有效依据，被更好地采纳，因此转基因食品在丹麦没有被接受。此外，因为欧盟民众对美国和欧盟之间的转基因玉米贸易的反抗，使得美国的转基因玉米出口额在欧盟大大降低。这些都为中国的食品安全问题的思考提供了启示。历数中国的食品安全问题，之所以频发与反复，很大程度上是中国的公众参与存在着缺陷。

在中国公众参与的形式主要有座谈会、论证会与听证会。座谈会就是在决策之前，“将草案发送给有关组织、专家和利害关系人，在规定期限和规定地点进行草案文本的讨论，集思广益，提高决策质量。论证会则是针对决策中专业和技术问题，由行政机关邀请有关专家对其合理性和可行性进行研究，获得比较权威的意见，供决策机关参考。听证会在决策设计上较为正式，包含特定公众的陈述、辩论、举证等步骤环节，能够通过公开方式对决策草案进行充分的审查和讨论，从而起到化解矛盾，减少决策盲目性的作用。三种方式相比，论证会的参与主体极为确定，座谈会的形式较为简便，听证会的效果最为突出。”[①]但是在中国，听证会的民主往往被形式化，从参与公众的选择到最后决策的采纳与共识会议的模式相比还存在一些不足。通过西方共识会议与台湾省公民会议的比较、西方共识会议与大陆听证会的比较，得出大陆民主形式的完善可以从明确参与的意义、公民的选取方式、信息与材料的公开三方面入手，所以共识会议为中国食品安全问题的解决、民主模式的提出提供了借鉴。

① 王周户．公众参与的理论与实践．北京：法律出版社，2011：148

第六章

中国语境下的公众参与——瘦肉精事件解析

《中国食品安全发展报告 2012》的作者在 2012 年 1—4 月间对中国 12 个省的 4289 个有效的调查样本进行分析，得出中国最主要的食品安全风险有五个："食品添加剂滥用与非食用物质的恶意添加、农兽药残留超标、细菌与有害微生物污染、食品中天然存在的有毒有害物质污染、重金属污染。"其中 72. 93％的受访者对食品中农兽药残留超标感到担忧，不担忧的比例只占 7. 3％，还有 19. 77％的人处于中间状态，并且 70％以上的受访者的食品安全信心受到重大食品安全事件频发的影响[①]。由此可见，受访者对食品中农兽药残留的担忧与 2011 年被曝光的"瘦肉精事件"不无关系。

第一节　瘦肉精事件始末

一、瘦肉精引起的食品安全事件

"瘦肉精"是 16 种 β-兴奋剂的总称，属于肾上腺神经兴奋剂，动物食用后，会对营养物质重新分配，促进动物生长、提高瘦肉率、降低脂肪沉积。但是它会在动物体内残留，人食用残留"瘦肉精"的牲畜后对身体产生危害，出现眩晕、心悸等中毒症状，严重时威胁生命。因此这 16 种兴奋剂都是我国法律明令禁止的，我国在 2002 年就已经明文禁止养殖业使用瘦肉精，但是问题还是不断发生。目前"瘦肉精"的快速检测试纸只针对盐酸克伦特罗（Clenbuterol hydrochloride）、

① 吴林海，钱和. 中国食品安全发展报告 2012. 北京：北京大学出版社，2012：143—145

莱克多巴胺(Ractopamine)和沙丁胺醇(Ractopamine)三种。

在"瘦肉精"事件中,瘦肉精猪的饲养地主要集中在河南和湖南两个省份,市场主要集中在江浙沪和广州,主要是河南的生猪销往江浙沪,湖南的生猪销往广东,当然也不排除本地问题生猪的自产自销。而"瘦肉精"这种药物的生产是从浙江开始的。

以时间为线索,从"瘦肉精"发生第一次中毒事件开始,不完全统计我国发生的瘦肉精中毒危害:

1998年5月,香港发生了国内第一起"瘦肉精"中毒事件,17位香港居民因食用内地供应的猪内脏而中毒。

2001年:广东省河源市484人食用含有瘦肉精的猪肉中毒;广东顺德瘦肉精猪肉导致630人中毒住院。

2005年:江西省赣州江西应用技术学院黄金校区75名学生误食含瘦肉精的猪肉,集体中毒。

2006年:广东省惠州市5名工人因食用猪肝中毒;9月浙江海盐的瘦肉精猪肉导致上海336人中毒。

2008年11月,浙江嘉兴中茂塑胶实业有限公司70名员工在午饭后出现手脚发麻、心率加快、呕吐等症状,医院确认为瘦肉精中毒。

2009年2月19日,广州市出现"瘦肉精"恶性中毒事件,截至20日上午10时,广州市累计接到21宗疑似瘦肉精中毒事件报告,共67人发病。①

2010年9月,深圳13人因食用含有瘦肉精的蛇肉而中毒。②

2011年4月27日,凤凰卫视报道,在湖南长沙有近300个村民参加了一个婚宴后,陆续出现头痛、恶心和心跳加速的症状被送医急救,急救后确定有91人是食物中毒,初步判断是瘦肉精中毒。③

2012年8月,湖南株洲发生食用含有盐酸克伦特罗的牛肉引起的中毒

---

① 瘦肉精及其危害. (2011-12-29)[2012-10-08]http://aqxxgk.anqing.gov.cn/show.php?id=137551

② 深圳本月13人食用蛇肉后瘦肉精中毒. (2010-09-09)[2012-10-08]http://news.163.com/10/0909/03/6G42BN4L00014AED.html

③ 港媒:长沙91人食物中毒　初判瘦肉精所致. (2011-04-27)[2012-10-08]http://news.ifeng.com/mainland/detail_2011_04/27/6009844_0.shtml

事件，发病 85 例。①

因为误食了含有瘦肉精的肉品，很多比赛运动员盐酸克伦特罗尿检成阳性而被禁赛，如中国香港羽毛球选手周蜜、中国游泳选手欧阳鲲鹏、西班牙职业自行车选手孔塔多、德国乒乓球选手奥恰洛夫等。因此在比赛中，为了避免误解，猪肉被排除在菜单外，一些运动组织也对比赛期间的食品安全问题进行预告，提醒注意。

据不完全统计，从 1998 年到 2006 年 9 月份，上海“相继发生 18 起瘦肉精中毒事件，中毒人数达 1700 多人，死亡 1 人”。②

以上数字并不是所有发病数字，只有媒体报道出来的数字呈现在本书中，对于一些隐瞒未报的情况我们还不得知，所以关于瘦肉精中毒与死亡的人数目前没有一个确切的数字。但是从目前报道的数字可以看出，瘦肉精对人类健康的危害是大的，因为养殖户在喂养的时候并不了解瘦肉精使用的科学方法，也并不知道瘦肉精的危害，出现了随意添加的状况，因此在瘦肉精中毒事件中会发现瘦肉精药物成分的高剂量残留。

二、河南瘦肉精问题回顾

在 2011 年的“3·15”期间，新浪与中央电视台联手，对河南“瘦肉精猪”进行了深度调查。之后新浪新闻《河南部分地区“出产”“瘦肉精猪”主销南京》、中央电视台的《“健美猪”真相》节目同步刊播，就此引出震惊全国的“瘦肉精猪”事件，中国百姓陷入了恐慌之中。

“瘦肉精”事件的出现并非偶然，进入新闻媒体的视野亦如此。猪肉作为中国老百姓最依赖的肉类之一，也并不是没有问题的，应该说是大问题没有，小问题不断。在瘦肉精事件之前，猪肉就存在着病死猪肉、老母猪肉、带有寄生虫的猪肉以次充好的现象，肉类经营者以及屠宰者为了获得更大的利润常常会往猪肉中注水。河南瘦肉精猪肉的发现契机就是在新浪记者对注水猪肉的调查中发

① 湖南株洲曾现含瘦肉精“健美牛”引发食物中毒.（2012－12－06）[2012－12－10]http://money.163.com/12/1206/11/8I1Q9C4C00253B0H.html

② “瘦肉精”事件让人“望肉却步”.药物与人，2007(1)：21

现的。在 2010 年 11 月下旬，新浪记者偶遇新乡卫辉市畜禽改良站的工作人员对毛猪的检测。虽然在工作人员去畜牧局进行确认检测时，运猪车突然跑掉了，但是新浪记者得知这批生猪产自淇县。接着记者们前往淇县进行调查，调查结果令人震惊，使用瘦肉精作为饲料添加剂，是一些生猪养殖者的惯用手段，而且在当地行业内部是公开的信息，早已不是什么秘密，用瘦肉精饲养的生猪皮肤发红，有光泽，容易被生猪收购者看中，价钱也高些，为了经济利益生猪的养殖者也愿意添加瘦肉精。

《中国质量万里行》杂志于 2010 年 11 月 29 日在其网站上发布了新浪记者采写的《疑似“瘦肉精猪”再现河南新乡》的稿件。因为记者的介入与调查，瘦肉精事件得到了新乡市畜牧局和新乡市政府的重视，之后收到了河南方面反馈回来的信息，称涉及瘦肉精猪喂养的淇县对“瘦肉精猪”进行了严厉打击。在对生猪饲养者的采访中，记者了解了瘦肉精猪饲养的利益链条。生猪的饲养者、贩卖者、毛猪检测者都牵涉其中，饲养者为了好卖以及每头猪多卖 50—80 元钱而添加瘦肉精，贩卖者为了消费者对瘦肉的需求以及打开更大的市场而收购瘦肉精猪，畜牧局的检验检疫人员图省事直接“收钱—开票—走人”，并未严格执行检验程序。这些利益相关者为了经济利益不惜挺而走险。遗憾的是，之前这些发现并没有引起有关部门的足够重视，瘦肉精在河南其他地方还盛行着，因此在 2011 年“3·15”期间，新浪记者与中央电视台联手，决定对“瘦肉精猪”事件进行深度曝光。

此次曝光特别引人瞩目的是全球 500 强企业双汇集团，其下属子公司河南济源双汇食品有限公司卷入其中，从中引出了令人担忧的食品安全问题。双汇集团子公司济源双汇公司所使用的生猪含有瘦肉精猪，双汇集团一直标榜的“十八道检验程序”“十八个放心”成为人们质疑的焦点。济源公司负责人介绍，在实际操作中，因为每天的生产任务重，不可能每头生猪都进行检测，而是实行抽检政策，至于抽检比例也是遵循企业自己的规定，实际上，济源公司的抽检比例只达到国家规定的十分之一，抽检漏洞导致瘦肉精猪的浑水摸鱼。3 月 16 日，双汇集团责令济源工厂停产自查，并派出集团主管生产的领导及相关人员进驻济源工厂进行整顿和处理。双汇集团在 3 月 17 日发表公开声明：要求涉事子公司召回在市场上流通的产品，遵照政府有关部门的处理，并将 3 月 15 日定为“双汇食品安全日”，但即使对企业自身问题的承认与生产的严格要求，也难挽回消费者的信任。在瘦肉精的事件中，双汇集团不仅丧失了公众的信任，也蒙受了巨大的经济损失。

随着瘦肉精生猪源头的挖出，各地工商部门纷纷开始了追逐生猪与查处活动。因为在前期记者的调查中，河南地区的生猪饲养者揭示出，瘦肉精猪的主要供应地是南京，那么江苏省在第一时间对猪肉市场进行严密排查。

3月15日，南京市工商局对市内农贸市场进行拉网式的排查，对迎宾农贸市场上销售的所有猪肉进行检测，首先对新闻媒体曝光的屠宰场进行检查，结果未发现含有瘦肉精的猪肉。3月16日南京市相关部门对市内的生猪饲养情况进行调查，进一步对瘦肉精猪进行排查。相关部门对市内“生猪定点屠宰场102份样品、7个区县家规模生猪养殖场158份样品进行检测，结果全部为阴性”。但是第二天对兴旺屠宰厂进行抽检时，发现结果为阳性。“江苏省畜产品质量检测中心的检测结果显示，抽检兴旺屠宰场存栏的来自河南孟州等地的20份生猪尿样，瘦肉精检测结果全部呈阳性。而江苏省卫生监督所和疾病预防控制中心的检测结果表明，在南京迎宾农贸市场采集猪肉及内脏样品24份，其中来自兴旺屠宰场的5份样品的瘦肉精检测结果为阳性，其他19份为阴性。”①

发现问题后，南京对问题猪肉进行下架处理，责令出现问题的农贸市场中的店铺停业，对查出的猪肉和生猪进行了掩埋处理。至此，轰动一时的瘦肉精事件浮出水面，瘦肉精事件变得家喻户晓且成为街头巷尾谈论的话题。瘦肉精事件对普通消费者触动最大的是食品安全问题这根敏感的神经，面对全国范围内的如此重大的问题，人们最关心的就是对问题的处理结果。

瘦肉精事件被曝出之后，河南省立即“控制涉案人员14人，其中养猪场户负责人7人，生猪经纪人6人，济源双汇采购员1人。对于相关责任人在查清事实的基础上，依法依纪进行处理，其中沁阳柏香镇动检站站长王二团、开票员王明利已被开除公职；孟州市涉案防疫员田伟斌和检疫员李正付也被开除公职；商丘芒山动物防疫监督检查站检疫员江光辉、谢学燕已停职检查”。② 在后续审判中，王二团、杨哲、王利明等人“因疏于职守，对出县境生猪应当检疫而未检疫，运输工具应当消毒而未消毒，且没有进行‘瘦肉精’检测，违规出具《动物产地检疫合格证明》及《出县境动物检疫合格证明》《动物及动物产品运载工具消毒证

① 瘦肉精猪事件曝光始末.（2011－03－31）［2011－07－04］http://finance.sina.com.cn/consume/puguangtai/20110331/15059624687.shtml

② 河南控制14名双汇瘦肉精事件涉案人员6人被处理.（2011－03－16）［2011－07－03］http://finance.ifeng.com/news/special/shchouwen/20110316/3683276.shtml

明》《牲畜1号、5号病非疫区证明》而以玩忽职守罪分别被判五年至六年不等有期徒刑”。[①]

除此之外，制售瘦肉精的违法分子也得到了惩罚。2011年7月25日，焦作市中级人民法院对瘦肉精一案的主要罪犯进行了审判。5名罪犯在明知人食用含有瘦肉精饲养的畜禽的危害时，仍研制销售瘦肉精，被审判机关以危害公共安全罪的罪名定罪，“主犯刘襄制售‘瘦肉精’被依法判处死刑，缓期2年执行，剥夺政治权利终身；主犯奚中杰制售‘瘦肉精’被依法判处无期徒刑，剥夺政治权利终身；主犯肖兵销售‘瘦肉精’被依法判处15年，剥夺政治权利5年；主犯陈玉伟加工、销售‘瘦肉精’被依法判处14年，剥夺政治权利3年；从犯刘鸿林被依法判处9年。5名罪犯的非法所得予以收缴，犯罪使用财物予以没收”。[②] 在2011年11月25日，河南省高级人民法院对河南省范围内的瘦肉精涉案者进行了审理与判处，案件涉及59起114人，并对全省范围内的“瘦肉精”事件进行全部审理与结案，至此瘦肉精事件在全国的大范围内算是已经平息，但是瘦肉精事件对消费者的食品安全信心的打击没有恢复，人们对瘦肉精事件的反思也才刚刚开始。

第二节　公众的未参与与不可知

一、学术界：瘦肉精的科学研究

排在禁用第一位的“瘦肉精”——盐酸克伦特罗在20世纪80年代初，作为一项重大发明从美国引入，不少专家学者因为它获得殊荣、得到资助、发表大量文章。1987年，中国农科院畜牧所的佟建明最先把美国饲料杂志上介绍瘦肉精的文章译成中文——《使猪多长瘦肉的新营养分配剂》，发表在《中国畜牧兽医》杂志上。次年，四川饲料所的金明昌也摘译了类似文章发在同一期刊上，“介绍将人工合成的β-肾上腺素兴奋剂，如克喘素（盐酸克伦特罗）和塞曼特罗（支气管扩张药）添加到牛、羊、猪和家禽饲料中，可提高动物蛋白质含量约15%，减少

---

① 河南瘦肉精事件审判：监管者问责应该怎么问. (2011-7-27)[2011-07-27]http://finance.qq.com/a/20110727/000321.htm

② “瘦肉精案”一审判决　刘襄被判死缓. (2011-7-25)[2011-07-27]http://news.xinhuanet.com/fortune/2011-07/25/c_121718724.htm

脂肪含量约18%”。[①] 而国内最早进行盐酸克伦特罗提高瘦肉率实验研究的学者，是时为内蒙古农牧学院畜牧系的付仲和张国汉。在1989年的实验中，他们发现盐酸克伦特罗对胴体瘦肉率的提高有一定的效果。但当时他们的关注点并不在副作用上，仅观测了肉里的药量残留问题，未对内脏进行细致观察，结果没发现副作用。其相关研究成果发表于同年《养猪》杂志第4期。但这项国内最早的瘦肉精实验却因为研究者所属的高校并不出名，而鲜有关注。也正因如此，前浙江大学动物科学学院副院长许梓荣教授才被认为是国内进行瘦肉精研究的始祖，在瘦肉精事件发生后受到更多的谴责。1987年，许教授开始了研究的准备工作，到美国弗吉尼亚州立大学从事2年的合作科研。回国后，在实验环境简陋、经费有限、无设备的艰苦环境下，成立国内首家高校名下的饲料所——浙大饲料研究所，开始了研究。研究所为了获得科研经费与企业合作，把自己的研究成果与技术转让给企业获得资助。在实验中，畜牧育种方面的专家因“猪用三到四个星期可以增加至少10%的蛋白质而兴奋不已，因为这是他们一辈子都无法培育出来的”。[②] 因此那时各地动物、畜牧、家禽方面的专家都开始研究盐酸克伦特罗，关注它提高瘦肉含量方面的积极效果，而就其负面影响，或“仅关注药品在肉里的残留，未针对内脏”，或直接“忽视其毒副作用和体内代谢的观测”，或因怕发文受限而没有提及[③]。因为科学家对自己职责没有认清，没有对科学不确定性进行更深入的研究，导致“瘦肉精”事件的出现。一系列食品问题的出现也使公众对科学家出现了“信任危机”，以致于现在凡是专家出来辟谣的事情都会得到公众更多的关注。

二、投入使用：公民不知情

自从20世纪80年代末，瘦肉精被引进国内进行科学研究，研究目的是培育猪的瘦肉率以及猪的增长速度，以便研究一种新型的饲料，这类研究在后续实践

① 苏岭，温海玲．“瘦肉精”背后的科研江湖．(2009－04－09)[2011－08－10]http://www.infzm.com/content/26736

② 苏岭，温海玲．“瘦肉精”背后的科研江湖．(2009－04－09)[2011－08－10]http://www.infzm.com/content/26736

③ 苏岭，温海玲．“瘦肉精”背后的科研江湖．(2009－04－09)[2011－08－10]http://www.infzm.com/content/26736

中也得到了很好的效果，喂了“瘦肉精”的猪比喂普通饲料的猪一天多长1.5kg左右。但是因为当时，科学家为了自己的发展，发论文、评职称、拿项目的需要，并没有对研究中出现的副作用进行详细挖掘。以至于在1998年香港发生瘦肉精中毒事件后，南京农大毕业的尹卫忠才恍然大悟：“这东西不是我们当年拿来做实验的吗？哪知道是能让人中毒的什么‘瘦肉精’。”但是对于研究“瘦肉精”的部分科学工作者来说，他们并不认为，人食用残留的瘦肉精中毒是因为药物本身的毒性，而认为这是使用剂量的问题，以及非专业的使用所导致的。“有毒的不是药本身，而是使用的剂量”，是“散养户不严格按科学办事，超剂量使用了”。

此研究被投入使用，即被当成饲料生产是源于浙大阳光营养有限公司。它成立于1993年，挂靠在浙江大学名下，老板是毕业于被浙江大学合并的浙江农业大学的陈剑慧。陈剑慧坦言道：“当时是属于很光荣的一件事情，每个省管农业的副省长都来推广，一定要用这个东西。”①因此，浙大阳光营养有限公司就成了人们效仿的对象，很多员工因为在公司掌握了专业技术后单干，并且获得了很好的经济收益。

可是在投入生产时，人们并未对其副作用有真正的了解，消费者也不曾想到，这样的一种饲料却是导致中毒的元凶，在满足自己对瘦肉的追求时，并不知道已经有危机的存在。据人民网报道：“浙江一位曾参与推广的专家觉得那时的做法很不恰当，‘没有经过充分的调研和论证，太冲动了’。而据他回忆，对于这一推广行为，农业主管部门并未采取任何措施加以制止，‘也就是默许的’。”②对于一些养猪户来说，他们并不清楚瘦肉精的危害，湖南邵阳一位姓徐的个体户就有过这样的遭遇。在2001年时，有人来村里推销能够使猪多长瘦肉的药物，即“瘦肉精”，他也只是受蒙蔽与忽悠后，决定试试看，毕竟人们都还是喜欢吃瘦肉，他把买来的神奇药物混到了饲料里，并且真的见到了效果。“但好景不长，因为自己家的15头猪被查出含有‘瘦肉精’，2002年他被有关部门罚款600元。谈起这件事，这位厚道的农民觉得有点委屈，‘我们哪里知道这东西有毒啊，猪吃了没事，谁知道人吃了会有事呢？’”③

---

① 苏岭，温海玲.“瘦肉精”背后的科研江湖.（2009－04－09）[2011－08－10]http://www.infzm.com/content/26736

② 全民动员，驱逐“瘦肉精”.[2012－07－27]http://www.people.com.cn/GB/paper2515/10425/950042.html

③ 全民动员，驱逐“瘦肉精”.[2012－07－27]http://www.people.com.cn/GB/paper2515/10425/950042.html

所以在市场推广时，研究人员并未对“瘦肉精”进行充分调研和论证，没有对“瘦肉精”的危害进行充分研究，以致于一些使用“瘦肉精”的生猪饲养者并不清楚这种药物的危害，还以为获得了神药，为猪长瘦肉而兴奋不已。

三、政策上：瘦肉精的禁止使用

因为瘦肉精是多种物质的总称，对于不同物质，不同国家有不同要求。这里介绍三种比较常见的瘦肉精：盐酸克伦特罗、莱克多巴胺和沙丁胺醇。第一种是盐酸克伦特罗，化学名称为羟甲叔丁肾上腺素，商品名为氨哮素、克喘素。在20世纪80年代初，美国Cyanamid公司发现盐酸克伦特罗具有减少动物脂肪、促进生长的作用，因此被用于饲养可食用的动物身上，欧盟国家在20世纪80年代末、90年代初出现了大规模的盐酸克伦特罗中毒事件，于是在1988年此药物被禁止添加在饲料中。1991年盐酸克伦特罗被美国食品和药物管理局(FDA)禁止在食用的动物身上使用。

盐酸克伦特罗“在临床上作为平喘类药物使用，常用剂量为成人口服每次20—40微克，每天3次，也就是每天60—120微克。这个剂量在临床上已使用了30余年，没有发现有致畸、致癌、致突变等副作用，出现不良反应的情况也很少。如果动物性食品中残留浓度达到100微克/千克，每天食用0.6—1.2千克该食品才能达到临床用药剂量”。[①] 被报道的瘦肉精中毒事件源于大量食用含此药物的食物。

第二种是莱克多巴胺，它的药效与盐酸克伦特罗相同，而在肉类中的残留毒性却低于后者，因此在一些国家被允许使用，但需保持在一定的阈值内。“在莱克多巴胺的使用上，各国的标准各有不同，FDA要求上市猪肉中的莱克多巴胺残余量须低于50ppb，以免造成人体中毒。这个标准相当于允许每千克猪肉中含有50微克莱克多巴胺。加拿大和世界卫生组织的标准稍高一些，猪肉中的允许残留是40ppb，而联合国粮农组织则是10ppb。日本和新西兰在本国的生产不许使用莱克多巴胺，但是进口猪肉允许10ppb的残留。只有少数国家允许使用莱克多巴胺，包括中国在内的绝大多数国家则禁止使用。”[②]鉴于对同一药品的不同的

① 科学认识“瘦肉精”.(2011-03-27)[2011-08-10]http://www.jswst.gov.cn/gb/jsswst/jkjy/userobject1ai27092.html

② 禁而不止的瘦肉精.[2013-01-29]http://discover.news.163.com/special/leanmeatpowder/

法律规定，我国政府规定，自2013年3月1日起，进口的美国猪肉需提供有资质的检测机构出具的无莱克多巴胺残留的检测报告。

第三种是沙丁胺醇(Salbutamol)，它在临床上主要用于支气管炎的治疗，在兽药中被用来提高瘦肉率，但是它的药效比前两种明显，副作用强，因此在2002年被我国农业部列入禁用兽药目录。

在中国，"瘦肉精"已经被多次明令禁止。"1997年3月，农业部下文严禁β-肾上腺素类激素在饲料和畜牧生产中使用，盐酸克伦特罗名列禁单第一位。1999年国务院又颁布了《饲料和饲料添加剂管理条例》，明令禁止在猪饲料中添加β-兴奋剂。2002年发布的《禁止在饲料和动物饮用水中使用的药品目录》将'瘦肉精'列为禁用药品，'两高'的相关司法解释称，如若生产、销售、使用农业部禁用目录中的这些禁药(包括盐酸克伦特罗、莱克多巴胺)，情节严重的，可构成非法经营罪或生产、销售有毒、有害食品罪；2005年《中华人民共和国畜牧法》规定养殖企业不得添加、使用'瘦肉精'类违禁品；2009年4月，农业部还下发了《兽药市场专项整治方案》。①"

四、销售过程：消费者无法识别

在2011年7月，中国农业大学的刘超等人"采用实地走访与问卷调查相结合的方式，在北京市海淀区、朝阳区、东城区、西城区4个城区人口相对密集的超市、农贸市场、公园、社区等地，对消费者进行随机调查"②，目的是了解"瘦肉精"事件后人们对猪肉的消费情况。

调查结果显示，月猪肉消费小于50%的家庭的比例由瘦肉精事件之前的40.11%上升到70.55%，43.94%的消费者因瘦肉精事件由之前的信任国内的猪肉制品转变成了不信任，消费者去超市和猪肉专卖店买肉的人增多，而去农贸市场购买猪肉的比例减少了6.83个百分点，在超市购买的比例达到了65.14%。

对猪肉消费比例的下降，对猪肉信任人数减少的原因不难辨析。在瘦肉精事件之后，消费者的信心受到了重创，猪肉是中国老百姓最依赖的肉类之一，也是最受中国家庭喜欢的膳食品种之一，从改革开放初期的人们对肥肉的热爱，到

① 禁而不止的瘦肉精.[2013-01-29]http://discover.news.163.com/special/leanmeatpowder/

② 刘超，韩邑平，俞英.北京市猪肉消费市场调查分析.中国畜牧杂志，2012(8)：10—13

随着经济的发展，人们生活水平提高了，逐渐追求脂肪少的健康饮食，瘦肉成了人们的理想食品，所以在瘦肉精事件前，中国的超市、肉摊、农贸市场等瘦肉的价格和销量都是要高于肥肉的。也正是人们的这种消费需求，刺激了瘦肉精市场的出现，怎样让猪多长瘦肉而少长肥肉就成了生猪生产利益链条中相关群体所考虑的问题，因此瘦肉精就被市场化了，也就出现了“瘦肉精”事件。在中央电视台曝光双汇集团的瘦肉精事件后，消费者表现出极大的担心，猪肉作为普通家庭最平常的肉类也出现了问题，还有什么东西可以吃呢？消费者出现了恐慌，或表示“不再购买猪肉”，或表示“买肥肉多的猪肉”，或表示“不买双汇集团的肉而买其他品牌的猪肉及其制品”，或表示“花更贵的钱买土猪肉”等等。对于消费者来说，之所以会出现这样无奈的选择，跟自己的买肉经验不无关系，一些消费者在购买猪肉时，经常选择大型超市，认为肉品的质量有保证，选择“XX 放心肉”让自己更加放心，对于他们来说选择的就是品牌与信任，正如一个家庭主妇经常会选择一个固定的摊贩或是地点去购买猪肉一样。那么在这种情况下，他们通常没有什么专业的技能去挑选肉类，而只是对某品牌的信任，只是一种普遍性的技能。也有一些消费者在挑选肉类的时候，为了避免瘦肉精猪肉，在挑选的过程中摒弃“瘦肉精”猪肉生产地的肉品，如中央电视台曝出的河南等地，这也是一种辨别的方式，但是这些都说明了消费者在现实生活中是没有办法真正地识别瘦肉精猪肉的，缺少辨别的“贡献性技能”。

第三节　SEE 理论的分析——公众理解科学

一、贡献性技能专家提出的针对消费者的措施

中国首次发生瘦肉精事件是在 1998 年，之后在各地频繁发生中毒事件都没能引起政府足够的重视，2011 年中央电视台的 3.15 特别报道，才使人们知道了什么是瘦肉精。中国食品问题的反复性迫使公众对食品安全问题有更多的关注。瘦肉精事件发生之后，针对消费者的恐慌与不安，专家提出了 4 条辨别瘦肉精猪肉的建议：

1 看：看猪肉脂肪（猪油）。一般含瘦肉精的猪肉肉色异常鲜艳；生猪吃

"药"生长后，其皮下脂肪层明显较薄，通常不足1厘米，切成二三指宽的猪肉比较软，不能立于案；瘦肉与脂肪间有黄色液体流出，脂肪特别薄。

2察：观察瘦肉的色泽。含有"瘦肉精"的猪肉肉色较深，肉质鲜艳，颜色为鲜红色，纤维比较疏松。而一般健康的瘦猪肉是淡红色，肉质弹性好，肉上没有"出汗"现象。

3测：用pH值试纸检测。正常新鲜肉多呈中性和弱碱性，宰后1小时pH值为6.2—6.3；自然条件下冷却6小时以上pH值为5.6—6.0，而含有"瘦肉精"的猪肉则偏酸性，pH值明显小于正常范围。

4. 购买时一定看清该猪肉是否盖有检疫印章和检疫合格证明。[①]

这4条建议也是大众媒体所纷纷报道的，第1、2条实际上正是柯林斯所要求的公众基于生活经验的"贡献性技能"培养，第3条是"科学的"标准，第4条是官方的认可，柯林斯称之为"专业性技能"。这就要求公众以自己的技能参与到问题的解决过程中来。在购买猪肉时，消费者需要具有识别合格猪肉的检验检疫章、记住各时段的pH值范围、以及1厘米厚度的"啤酒垫儿知识"；需要辨别颜色鲜红还是淡红、纤维疏密、脂肪薄厚等买肉方面的"贡献性技能"；需要鉴定猪肉存放的时间长短、pH值的酸性还是碱性等化学"专业性技能"。生活技能与专业技能两方面的结合，才能使公众落下心去买放心的猪肉。因此，在食品行业中仅依靠科学的检疫、市场的管理并不能充分保证消费者买到的每一块肉都是新鲜、健康的，也需要消费者的相关性技能的积累去增加食品安全的可信性。

二、措施所应用的技能分析

对于第一条原则，消费者要想做到的话，不需要实际的操作、实践，不需要与贡献性技能的专家谈话，通过一些观察和阅读就能够知道，所以不需要专业的默会知识，即贡献性技能和相互性技能，只要一些一般性的默会知识就足够了。知道1cm有多厚，能够分清脂肪与瘦肉，知道黄色的液体就可以做到，有一些啤酒垫知识和通俗知识即可。但是这条规则隐含着一个前提，就是你必须首先能够

---

① 如何鉴别是不是"瘦肉精"猪肉.[2011-10-27]http://health.people.com.cn/GB/14405344.html

区分出，你所要买的猪肉属于猪的哪个部位，因为正常的猪身上有些部位的脂肪也会很薄，如腿部和背部。所以这个看似简单的啤酒垫知识要建立在区分猪的部位的贡献性技能的基础之上的。因此对于这一规则的使用光有一般的默会知识是不够的，还要有贡献性技能。

对于第二条，颜色和脂肪的鉴别不是很容易做到。涉及到颜色的区分，首先要知道鲜红色和深红色是什么样子的，这需要在颜色辨别上的贡献性技能。对于一些没有购买肉的丰富经验的消费者不知道正常的猪肉颜色是什么样，也不知道正常的纤维是什么样子，什么样子的纤维才是疏松的。这需要专业的默会知识才能够做到，并且这需要挑选肉方面的贡献性技能，通过实践才能够获得，是以往经验的积累。

第三条技能是专家在试验中得出的结论，这个结果的得出需要专业的技术知识的支持才能够做到，不是在挑选猪肉上的贡献性技能，而是在专业的鉴别、实验方面的贡献性技能，涉及到食品和化学方面的专业知识。而且也需要专业的实验工具——pH 试纸，这需要专业的贡献性技能。此外还要分辨出这个猪是被杀了多久的，是 1 小时还是 6 小时。对于这一条规则有经验的屠夫可以做到，需要生猪屠宰方面的贡献性技能。

第四条是在检验检疫上的知识。一般说来，正规的屠宰场都会有检疫印章和检疫合格证明。它是在生猪被屠宰之后经疾病检测后被检验检疫部门依照不同的检验结果盖上不同的检验章。对于猪肉身上的检验检疫章的操作过程消费者可以不需要理解，他们所需要理解的就是，每一种章代表什么意思。也就是说，他们不需要具有特殊的默会知识，只要知道章所代表的含义，或者更低一点儿的要求是知道哪一种章是安全的猪肉所具有的就可以了。他们不需要去理解这个猪为什么是安全的，也不需要自己去实际鉴别。消费者在挑选猪肉过程中运用通俗知识或是啤酒垫儿知识就能够识别。听起来好像很简单，但是却隐藏着另一个问题——市场上销售的肉并不是每一块都能看见检验检疫章，即使我们可以要求检验检疫部门在猪身上的每一个部分都涂满了章，很多不正规的屠宰场却也可以伪造检验检疫章。如果这个章设计得很复杂，不便于伪造的话，消费者可能也不会辨认了，那么如何让检验检疫章既能够被消费者识别，又不能被仿造是必须要思考的问题。

三、消费者践行措施的可能性

上面所提到的四条规则，以及对消费者所需技能的分析都是理论上的，至于这四条规则能不能在现实中执行，消费者能不能做到，不能一概而论，需要分组进行说明，应该依照消费者在挑选猪肉方面所具有的经验和技能进行分组。在这里，笔者将消费者分成三组：

Group1：有很多年买肉经验的家庭主妇，这些是在购买正常猪肉方面具有“贡献性技能”的人。对于这些人来说，买肉是她们生活的一部分，每天都要去市场买猪肉。她们具有购买猪肉的经验和以往成功的事实，知道新鲜的肉是什么样子，知道正常猪肉是什么颜色，知道病死猪肉、小猪肉和老母猪肉是什么样子。对于她们来说规则 1 和规则 2 是很容易做到的，规则 3 涉及到专业的知识和工具，并且不是很现实，消费者在买肉的时候还要携带 pH 试纸，还要精确地判断这个猪被宰杀了多久，很难做到。规则 4 对于她们来说并不是必须的，基于她们以往选择肉的经验，这些章是一个外在的区分猪肉好坏的因素，首先她们可能不懂这些章代表什么；其次，这些章不是盖满猪肉的每一个部分；再次，这些章并不是很清晰地印在猪肉上。所以规则 4 不是很实际的区分方法，不是你在挑选每一块肉时，都起效用的。

Group2：他们有过一些购买猪肉的经历，他们是一些具有“相互性技能”的人。能够通过与有丰富经验的人、贡献技能的人交流，知道什么是新鲜的，能够理解和想象到专家所说的是什么。对于这一组人来说，规则 1 很容易做到。规则 2 通过与有贡献性技能的人的谈话、通过对一般性默会知识的掌握，如颜色的辨别，他们能够慢慢地学会怎样去做，然后开始自己的实践。对于规则 3 很难做到。规则 4 可以被了解，尽管不是一个很实际的办法。

Group3：从来也没买过猪肉的人，在挑选猪肉上没有任何技能的人。对于他们来说，没有任何经验去挑选一块猪肉。对于这部分人来说，做到任何一个规则都是难的，他们需要从基本的啤酒垫知识开始学起。因此，规则 1 和规则 4 通过啤酒垫的知识可以首先被学到。对于没有内在判断能力的，即贡献性技能的人来说，从一个外在的检验检疫章去判断猪肉是否安全可能是一个最好的判断方式。规则 2 和规则 3 对他们来说是不可能的。

四、解决消费者践行问题的应对方法

基于以上的分析和分组情况，我们知道规则 3 对于消费者来说是很难做到的。规则 4 是一个不太实际的辨别技能，一些小农场自养、自宰的本地猪，没有检验检疫章，也不能说它是不安全的猪肉，事实上在中国的农村，很多农民把自养的多余的猪杀了卖肉，他们并不会像大农场那样为了追求经济效益给猪的饲料添加很多的添加剂，这样的猪更得到本地人的信赖。因此，消费者不可能带着 pH 试纸去买猪肉，也不能保证在每一块猪肉上都看到检验检疫的章，所以能够真正让他们区分出瘦肉精猪肉的办法就是学会在挑选猪肉方面的相互性技能和贡献性技能，从实际的技能着手，而不是靠外在的证明。

对于 Group1 和 Group2 的人来说，他们具有在买正常肉方面的特殊的默会知识，他们所缺少的是对瘦肉精猪肉特征的认识，所以只要教给他们一些啤酒垫知识，他们就可以运用自己已有的技能去区分，对于他们可以采用两种措施。

其一，电子显示屏的滚动播出。对于超市和肉品专卖店的实际情况，是比较安静的，可以设置电子显示屏滚动播出瘦肉精的识别方法和图片。知识到用的时候才是最有益的。也许平常我们在家也会从电视节目中知道区分瘦肉精猪肉的方法，但是此时你知道了如何去区分瘦肉精猪肉，那只是理论上的，实际操作时你不见得会想得起来所有的辨别方法，所以当你在买肉的时候能够有视频在旁边指导，知道怎样去挑选，在现实中进行比对会是很好的选择方式。

其二，活页宣传单。在嘈杂的市场中，有很多的人，人们不可能围在电子显示屏的周围去观看瘦肉精猪肉的区分方法，这会加重市场的拥挤，可以采用散发活页宣传单的方式去印制一些瘦肉精猪肉的区分方法和图片，放置在市场门口或是肉摊前醒目的地方便于索取。

对于 Group3 的人，只是告诉他们一些啤酒垫的知识并不能完全解决他们的问题，上面的两种方法同样适用，他们可以通过这两种方式了解一些关于瘦肉精鉴别的啤酒垫知识，但是他们的问题是怎样去获得正常猪肉辨别上的贡献性技能。定期举行的科普讲座和培训课程可能是有效的。在这种讲座和课程中，具有贡献性技能的人被邀请来现场实例说明，教授区分脂肪和瘦肉，把正常的猪肉和瘦肉精猪肉进行比对，教授人们识别正常猪肉的颜色是什么样子的，正常的猪肉纤维是什么样的，并且让参加课程和讲座的人对不同的肉进行区分，使他们初步掌握区分方法使知识转化成实践技能。

对于 Group3 可采用科普宣传。定期在科技馆举办科普宣传活动。主要针对那些没有生活经验的年经人，年轻的消费者喜欢接受新的东西，也喜欢去科技馆这些地方参观。他们能够接受长时间报告形式的知识。在科普宣传过程中可以把检验检疫的过程拍成视频进行播放，告知不同的检验检疫章代表什么，也要把瘦肉精猪肉的区分方式和危害一同播放，增强他们的生活经验。

要想彻底解决瘦肉精问题，对专家所提出的四条规则进行了技能剖析，知道了规则 3 和规则 4 是不实际的，人们要想掌握区分瘦肉精猪肉的技能，这就要具备专业的默会知识。针对不同人的特点采取不同的措施是解决问题的方式。要在最接近瘦肉精的地方把它公布于众，使它无处遁形，电视节目和报纸的辨别方式已经存在了，可是还有人不知道怎么去辨别，因为它不能实地指导，我们要打破距离，指导是在有需要时才最有意义。

第四节　公众介入科学的可能性探讨

一、第一阶段：投入使用时的风险交流

从前述的分析中，我们知道，盐酸克伦特罗这种物质在研发过程中，已隐约地表现出一定的副作用，但是对于科学研究人员来说，他们的任务就是急于研究出一种能够减少猪肉脂肪，增加猪肉瘦肉率的药品，这既符合研究人员本人对项目、科研经费、职业发展前景的规划，也符合国家的需要，所以在结果得出时就忽视对副作用的研究。而这样的一种技术却被个别追求经济利益的科学家拉入了市场化和商业化的进程中。

盐酸克伦特罗的副作用就是一种风险，当时无论是科学家还是投入使用的人，对这种风险的估计不足，没能够及早地认识到风险的存在，以使从 1998 年开始到 21 世纪初，香港、广州、深圳等地多次发生瘦肉精中毒事件，中国政府已经认识到了猪肉生产过程中出现的问题，也颁布了禁令去制止问题的进一步发生，如 2002 年农业部对瘦肉精使用的禁令，所以我国政府已经意识到了风险的存在，那么在这个过程中就缺少一个风险交流的过程。

在风险发生过程中，也许普通公众对于这个问题并没有清晰的认识，还在为能够吃到更多的瘦肉而不是“吃一半扔一半肥肉”而高兴时，相关政府部门应该组织风险交流。让那些从事生猪饲养、贩卖、加工、销售的人员，包括生猪的饲养者、收购小贩、屠宰场的工作人员、肉摊摊主参与进来，对瘦肉精的使用过程以及瘦肉精所带来的利弊进行交流，当然这个风险交流的群体还应该包括科学界的瘦肉精研发人员、政府的相关管理部门进行风险评估的人以及产业界进行大规模猪肉制品生产与加工的企业。除此之外，一些曾经从事过生猪的饲养、贩卖、生产、加工的普通消费者、有着丰富买肉经验的家庭主妇也要参与进来，可以对现有信息进行更好地理解与交流，对风险的情况进行全面的评估，这样在综合各方面利益基础上的交流才会获得更多的、有效的、全面的风险交流的结果，不但有利于政府对当前形势进行更好地解释与把握，还能促进有益的风险决策的形成，使得政治决策有源可塑，而不是空穴来风。

在第四章的分析中，我们引述了联合国粮农组织和世界卫生组织的 11 条有关风险交流的策略，这些策略告诉我们，不但风险的分析者要对风险进行全面的了解，各利益相关者也要对风险进行了解，获得全面的信息，确认各个利益团体的态度与关注点，做到公开、透明与灵活，从而获得更有效、更合适的方法和媒介。当然要想做到这一点，并不是政府的一己之力可以完成的，这是一个“无缝之网”，政府在保证没有“急功近利”“好大喜功”地追求政绩的同时，科学技术人员也不能忽视副作用与社会责任，饲料的制造者不能只注重经济利益而对危害性绝口不提，食品行业的相关者也要严格把关，消费者要学会鉴别的相关技能，在这样多种异质性因素编织的网络中，任何一个环节出现了问题，食品安全问题就会出现，所以投入生产中的风险交流是必要的。

二、第二阶段：禁令颁布中的风险告知

在政治管理中，我们经常会知道政府相关部门发布了禁令，但是至于为什么发布禁令普通百姓没有一个清晰的、全面的了解，只是通过“啤酒垫知识”的理解，有一个再普通不过的认识：“既然被禁止，肯定是有害的。”但是如何有害，对什么有害，什么程度的害处，我们却不知道，这也就导致了消费者对于一些被禁止的东西没有充分了解，那么禁令在现实的生活中不能起到积极的作用。从心理学的角度讲，一些在人的头脑中的观念认知，往往会促使人们做出实践上相反

的尝试，因为人们的好奇心理，以及叛逆心理。一些消费者在得知某些食品是有害时，起初还能够去避免消费或是寻找替代品，但是时间长了，由于没有全面的知识，反而想去尝试一下。

所以在政府禁令颁布的同时，应该有一个禁令解释的过程。或是通过大众媒体，广播、电视、报纸进行说明，对禁令的得出过程、禁令所禁内容的危害性、禁令的适用范围进行详细的解释，用通俗易懂的语言，图文并茂地进行解说，在媒体中反复播出一段时间，以保证每一个消费者，无论学历层次如何都能明白危害，这样的禁令才是有意义的，也才能获得更广泛的群众基础，从基层反对，才能做到有效的执行。否则，利益相关者群体没有很好的理解与接受，就会出现"上有政策，下有对策"以及普通百姓的"不以为然"的情况，那么反映在现实中就是："牟利者"继续生产，"消费者"继续购买，"风险情况"继续发生，"禁令"屡禁不止，"政府"失去公信力，"科学"存在于三万米高空之上。

回到现实、回到日常生活，这不仅是马克思主义者的追求，更是科学哲学家的任务；这不仅是对科学家的要求，更是政府"执政为民""以人为本"的落脚点。

三、第三阶段：安全防范中的共识会议

风险问题发生之后，如何进行防范，这是政府的执政任务，也是普通群众的切身需要。在瘦肉精案例中，中毒事件的发生关系到普通群众的生命健康，因此如何在现实生活中进行防范是老百姓最关心的话题，那么对于此问题我们就可以召开相关的共识会议，以消除老百姓的担忧，而不是仅在像要涨价的时候需要公众的出席。

共识会议的目的是在政府的决策之前考虑各方面相关利益群体的基础上，对当前问题进行合理的审议做出决策，公众在会议中具有话语权，"公民意见书"的最后形成是公众意见的凝聚，对政府决策的做出具有直接影响。在第五章的分析中，我们知道时至今日，我国大陆还没有引进共识会议的决策模式，所引进的是源于英美庭审制度中的听证会制度，而在听证会制度的应用过程中，存在着一些民主缺陷，如人员的选择、话语权的问题等，而成熟于丹麦的共识会议模式经历了 25 年的发展与在世界范围的应用，被认为是有效的解决公众决策的工具。

因为风险问题的防范，涉及到追求合法利益的相关群体的效益问题，特别是

公众的生命健康问题，因此风险安全防范中的重要主体之一就是消费者，这时使用注重公众决策、公众利益的共识会议模式是再好不过的了。一方面，包括科学家、企业家、饲料生产商、食品加工商、政府官员在内的专家小组的存在可以为公众的疑虑与担忧做出合理的回复，对于公众不能获得的信息提供完整、全面的材料，以保证公众对问题的有效理解，并在此基础上提出需要解决的问题。另一方面，无直接利害关系的主办方对通过大众媒体征集的报名者进行筛选，本着利益最大化、职业多样性的原则，对参与人进行审核，保证在食品的生产、加工、流通、消费过程中就有"贡献性技能"与"相互性技能"的公众，以及具有专业反思能力的人能够参与到共识会议中来，在此过程中保证相关的利益群体不对公众进行诱导，这样的公民小组的构成确保公众的风险防范措施的独立性。当然，这需要会议进行之前，充分的准备工作，即对目前材料的收集、对风险可能性评估、目前存在的问题、人员的选择及其说明、对征集公众的要求，对会议主持人以及公证人的说明，对利益相关者群体范围的考虑，对会议的目的及公众意见的价值说明等都要公布，广泛告知并征求意见。会议举行之后，并不是问题讨论的结束，针对会议的内容以及公众所提出的措施向全社会公布，保证公开、透明、广泛参与，而不是对是否采取意见直接做出一个说明而已，在相应的网站开办论坛，在规定时间内，更广泛的未参与会议的公众能够对问题做出回应与反馈，之后形成政府决策。

当然这样的一个完善的共识会议的举行可能需要几个月的时间，但是相比于中国反复发生的食品安全问题、问题存在的周期，这样的准备时间显然是合理的。试想我们用 4 个月的时间去召开一次会议，包括筹备、召开、意见反馈、形成决策的过程，去解决存在中国 20 多年(从有中毒事件的报道开始算起，没有报道的我们还没办法预测)的瘦肉精问题，也许是一种有价值的尝试。

第五节　中国食品安全问题的解决措施探究

一、贡献性技能专家措施的积极提供

1. 多部门监管的问题

中国食品安全问题的出现很重要的一个环节就是食品监管。在 2009 年国

务院出台的《食品安全法》中多次强调了农业、工商、质检、食品药品监管等部门的责任，期望多部门能够联合起来，各自负起责任，把问题处理好。如《食品安全法》第12条“国务院农业行政、质量监督、工商行政管理和国家食品药品监督管理等有关部门获知有关食品安全风险信息后，应当立即向国务院卫生行政部门通报”。第71条“农业行政、质量监督、工商行政管理、食品药品监督管理部门在日常监督管理中发现食品安全事故，或者接到有关食品安全事故的举报，应当立即向卫生行政部门通报”。①

但是在现实中，事与愿违，各个部门没有按照政府的预期来共同监督管理，而是发生了互相推诿的情况，以瘦肉精为例。新浪记者在对“瘦肉精”事件的采访中了解到2011年1月和2月的文件——南京市农业委员会文件宁农质【2011】7号和【2011】16号显示，兴旺屠宰场的抽检结果全部为阴性。而这两份报告的抽检结果都是由商务局巡视员周某提供的，而他又说在屠宰场驻场监管的只有农业部门的检疫人员，“瘦肉精”的检查是农业部门的职责范围。在他所拿出的中央机构编制委员会办公室文件——中央编办发【2010】105号，显示“农业部牵头负责‘瘦肉精’的监管工作，可在生猪养殖、收购、贩运、定点屠宰环节实施对‘瘦肉精’的检验、认定和查处”。但在此文件中也出现了职责认定上的重复，对于商业部职能的描述为“商务部负责加强生猪屠宰行业管理，督促屠宰企业落实质量安全管理的相关制度”。② 那么，“生猪屠宰行业”显然包括屠宰场在内，对于生猪屠宰中的质量安全也应该执行监管。

而归农业部门所管辖的动物卫生监督所高级工程师陶某在采访中告诉记者，他们对于“瘦肉精”方面的监管没有法律依据，因此省农业委员会曾向农业部做出请示，得到了答复文件——农质函【2011】1号。他揭露“‘我们的职责范围就是检寄生虫病、传染病。主要是目测。’他认为，在屠宰场内‘瘦肉精’的监管不归农业部门负责，应该由商务部门主要负责，农业部门的驻场检疫人员开具的检疫合格证明与是否含有‘瘦肉精’无关”。③ 从新浪记者对“瘦肉精”事件的调查我们可以清晰地看见，对于“瘦肉精”一项的检查，商务部门推给了农业部门，而农业

---

① 中华人民共和国主席令. 食品安全法.（2009-02-28）[2012-03-06]http://www.ln.gov.cn/zfxx/gjfl/xzfl/200804/t20080403_177752.html

② 瘦肉精猪事件曝光始末.（2011-03-31）[2011-07-04]http://finance.sina.com.cn/consume/puguangtai/20110331/15059624687.shtml

③ 瘦肉精猪事件曝光始末.（2011-03-31）[2011-07-04]http://finance.sina.com.cn/consume/puguangtai/20110331/15059624687.shtml

部门又推给了商务部门，并且农业部下属的检验检疫部门并不检测瘦肉精，下级卫生监督部门又必须向上级部门请示才能进行监管，在这样的一个多部门的监管系统中不但平级的各部门之间的权责不明确，上下级之间的权责也很难说清楚。

有这类监管制度的存在，那么对“农业部最近3年全国主要大中城市抽样监测，猪尿及猪肝中‘瘦肉精’检测合格率均在99%以上”[①]的结果就不会感觉到奇怪了。

职责部门的相互推诿得出的检疫合格证明，对于外地流通的生猪提供了“通行证”。据济源市畜牧局局长介绍，“‘瘦肉精’问题，畜牧部门一般实行产地检验，以济源市为例，主要依靠畜产品检验检疫中心每月一次的抽查，按照省里制定的2%抽查比例执行。至于外地流入本地的生猪，只要其提供合格的检验检疫证明，并且耳标齐全，一般不再检验。进入屠宰环节后，则主要依靠企业自检”。[②]那么很多生猪收购商贩看到了在食品监管中存在的漏洞，他们就会购买外地的检验检疫证明和耳标为所收购的生猪逃避检疫程序，提供安全证明。这样即使畜牧、商务、工商、食品药品监管、公安等多个部门联合下发文件，要求强化“瘦肉精”监管，也不能遏制问题的产生，因为食品药品监督管理和工商等部门的检测标准都不包括“瘦肉精”检测这个项目。

2. ANT与技科学视角的剖析

针对这种监管的漏洞，拉图尔和卡隆的ANT、皮克林的“力量的舞蹈”为实践中多因素的呈现贡献了力量，但是博纳伊等人看到了ANT“符号化”的弊端，用技科学思想还原了行动者的主体性。这就为问题解决对策的提出提供了理论依据。食品安全监管是政治、法律、科学、企业、公众、媒体、仪器材料、行业组织等多维度行动者组成的一张“无缝之网”，任何一个环节出现问题都不能防止问题的产生。ANT“符号化”使一切关系和物都变成了网络中的节点、符号化的存在，失去了主体性。正如食品安全监管中多部门的行动者，他们就是“符号化”的体现。虽然是主管部门却没有发挥主体性，不起实际效果，问题被淹没在多部门平行监管之中。而技科学理论就是要突出被隐藏的主体性。安瑟姆·斯特劳斯

① 马志超. 全国大中城市“瘦肉精”检测合格率均达99%以上.（2011－04－01）[2011－07－16]http://china.cnr.cn/news/201104/t20110401_507850959.html

② 双汇以抽查取代普查导致瘦肉精监管存在缺陷.（2011－03－19）[2011－07－16]http://news.sina.com.cn/c/2011-03-19/181322145463.shtml

所提出的"公众竞技场"的概念,突出了不同情境中的主导性,普通公众在食品安全中具有知悉权,并且可能具备补充性的实践技能。如农民基于对食物和农业的生活经验,所做出的选择有时比科学家更加合理,所以应考虑他们在技术评估中的参与权与发言权。此外,不同的监管部门在不同的竞技场中应该发挥主体性,而不是推卸责任。无论是ANT理论还是技科学视角都注意到了多因素的呈现,注意到多因素的挖掘,但是他们的分析仍停留在宏观层面上,缺乏在实践维度上的可操作性。因此,技能理论的引入使分析不停留在理论层面的区分,具体到实践经验、专业知识的贡献、相互性技能及地方性辨别的参与,在科学共同体内部为参与者留有空间,无论是在权利上(政治相位)还是在知识上(技术相位)都为参与者的行动提供可能。

技科学对问题的分析把技能的应用纳入到了问题的解决措施之中。在食品安全问题中,无论是研究食品的科学家还是从事与食品相关的工作具有经验型技能的公众,对食品安全问题都有自己的认识,而且既包括专业的理解也包括通俗的理解,在这种情况下,两种专家应该积极地发挥作用,让更多的人了解食品安全问题的严重性,针对如何避免这种问题,对消费者提出一些解决的措施。当然在瘦肉精事件后,一些研究食品的专家们也提出了一些解决措施,但是这些措施是否能够得到很好的理解是一个问题,因为普通公众不能更好地接受专业语言,所以在这时就需要具有经验型技能的专家做出合理补充,用更加通俗易懂的语言进行解释。

二、相互性技能专家的引导

在食品安全中,食品的生产、加工、检测、流通、消费每一个环节都充斥着相互性技能。在柯林斯的理论中,相互性技能是仅通过语言的交流,而不需要实践就可以获得的,因此这种技能的获得对于问题的实际解决只起到传播作用。在食品生产的每一个环节中,相互性技能的获得有助于对食品的理解,是进行贡献性积累的关键。科学标准以及科学问题的发现、对物质世界的研究是具有贡献性技能专家的行为,而向社会传播,对文化的研究则是社会学家的任务。

柯林斯经过几十年对引力波的研究,能够在模仿游戏中回答物理问题,作为物理学家的裁判并不能分辨出他是一个非专业人士,从这种游戏中,我们知道柯林斯在多年与物理学家的交流中具备了相互性技能,能够与物理学家进行交谈,即使回答的语言并不是物理专业的语言，回答的模式并非物理教科书的模式。虽然不能进行实际的物理学研究，但是却可以对引力波进行一种社会学分析，因此我们得知，与贡献性技能专家的交流可以获得一些相互性技能。明白对物质世界的研究，然后把自己的理解传播给更广泛的大众，这正是社会学家的职责。

所以在食品安全中，社会学家也应该发挥应有的作用，通过社会学视角的理解，通过与具有贡献性技能的人的交流，用所得到的知识对普通公众进行合理引导。公众对于科学语言、专业技术分析并不是很理解，但是对社会学家的通俗语言、人文分析可以有更好的接受能力，因此在食品安全问题的解决过程中，社会学家应该发挥应有的作用，明白自己的社会责任。正如柯林斯所说“社会科学的任务之一就是通过充分展现科学的社会过程以及解释直接支撑科学技术的技能类别来帮助公众进行更好地辨别”。①

除了社会学家之外，与具有经验知识的经验型专家交流的普通公众也是知识传播中的重要成员，在获得相互性技能之后，虽然不能进行实际区分，但是通过语言交流可以把自己所知道的情况表述给其他人，这样就可以增强人们对问题发现的意识，当然这种传播过程要杜绝无根据的谣传。

三、公众(消费者)专业性技能的积累

虽然对于公众理解科学来说，单单把公众参与的重点放在公众素质或是公众技能的增加上是不太妥当的，但是在民主制度透明化，允许公众进行参与，为公众提供全面材料的基础上，公众参与科学问题就严重依赖于公众技能的积累。

在一些现实情况下，科学家之所以会认为公众参与是一种打破正常秩序的行为，之所以会出现一些因为公众游行而使后来证明是合理的项目没办法执行的困境，与公众拥有的技能有很大的关系。在民主开放的制度下，公众只具备普遍性的辨别与啤酒垫知识显然是不能够做出合理决策的，公众决策也将失去意义。因此，在制度条件具备、材料全面获得的情况下，公众就需要具备参与的技能，既包括贡献性的技能也包括相互性技能。相互性技能是理解与交流的前提，贡献性技能则是实际参与与解决的必备条件。要想很好地反思问题，参与决策，

① 赵喜凤. 科学论的第三波与模仿游戏——访哈里·柯林斯教授. 哲学动态，2012(10)：106—109

对于普通公众来说经验型的贡献性技能是不可或缺的。

耿弘和童星两位教授在 2009 年前后对食品安全管制中的公众参与进行调查研究，针对南京市的公众参与情况进行分析，问卷调查结果显示 95.6%的公众对于“环保、食品安全、卫生安全等问题”表示关注，对食品安全监管的关注度最高，达到了 72.61%。75.6%的人对参与政府管制活动很有兴趣，但是当问及“遇到环境污染、食品安全、医疗事故等问题时应该找哪个部门解决”时，62.07%的人表示不知道或是不确切知道，对于公众参与的效果却有 55.43%的人表示几乎没有效果，只有 34.13%的人表示有效果。[①] 可见与食品安全参与中的高关注度、高积极性相比，公众对参与结果却不抱有乐观态度，对问题的解决还存在一些疑虑，这除了政治制度上的问题之外，公众本身的技能也需要提升。

怎样才能获得贡献性技能呢？笔者认为有以下几种途径：

第一，通过受教育而获得。人的一生都是在不断地学习的，专业的正规教育可以获得专业性的语言与知识，从而对问题的理解具有独特的视角，从教育者那里学习可以获得专业性技能。

第二，通过现实的实践而获得。实践是人们在生产、生活以及实验室中不断进行的活动，马克思就把实践分为生产实践、生活实践以及科学实验，在每一个领域都可以获得不同的认知，在每个领域都可获得不同层次的分析能力。通过实践经验的不断积累、知识的不断内化从而获得更深层次的认识。

第三，对默会知识的把握。在人的实践过程中，有些知识是没办法用语言进行描述的，也就是不能言说的理论，即默会知识，如笔者在第二章所介绍的。这往往需要在现实生活中的耳濡目染、身体力行，这部分知识往往是很关键的，很难获得的，因此也是非常重要的。

四、风险分析的交流与共识会议的召开

风险交流经历了一个过程，起初风险交流被认为是对大众需求的政治回应。风险交流的结果也不是为了获得信息，而是为了体现社会角色的地位。“与他人的交流营造了一种对社会关系的期望，正是这种期望允许信息变成交流。与公

---

① 耿弘，童星. 从单一主体到多元参与——当前我国食品安全管制模式及其转型. 湖南师范大学社会科学学报，2009(3)：97—100

众进行关于他们可能经受风险的交流，必然会使他们觉得他们在塑造风险根源的决策中起到了更加至关重要的角色。”[①]也就是说，风险的交流是一种对民主权利的争取，是对话语权的争夺。那么在这种状况下，对公众的风险交流一方面是对公众的交代，一方面因为公众技能的缺乏而变成被动接受。但是在现实的发展中，风险的交流并不是一种单纯的被动接受，也不是一种权利的彰显，而是一种双向的互动过程。

在中国的食品安全问题中，缺少风险交流，我们要多学习一些先进的案例，促进风险交流的进行。在风险交流中，世界范围内存在着比较好的案例，值得我们借鉴。如新西兰的消费者论坛。“2003 年，新西兰食品安全局(NZFSA)发起了一个常设的每年举办两次的论坛，参会者包括来自消费者、环境卫生以及对食品安全感兴趣的民间团体等 20 多个组织的代表。论坛请他们就 NZFSA 如何做出决策，公民组织如何更有效地参与到决策过程中进行讨论。每年，利益相关方可以确定他们关心的食品安全问题的优先次序，一部分 NZFSA 研究资金投入到这些问题的科学研究中。”[②]

从坎伯兰牧民、黄金大米事件到疯牛病事件到转基因食品事件再到中国的瘦肉精事件，发展的主要线索就是公众的参与问题，在此过程中风险交流也得到进一步的发展，从疯牛病事件开始到转基因食品事件，不但有观众的风险交流的不断加强，更加有公众在共识会议中的主体地位的显现。

在坎伯兰牧民事件中，牧民因为没有相互性技能与话语权没能参与问题的处理。在转基因黄金大米中，受试者对科学机构所进行的实验并不清楚，没有获得知悉权与知情权，也不具备参与实践的技能，他们成为被动的接受者。在疯牛病案例中，MAFF 的科学家以牺牲人类健康为代价遮蔽了风险。人们逐渐意识到公众参与的必要性，因此一些政府部门一窝蜂地兴起了一批疯牛病的咨询委员会，代表公众利益组织 FSA 的出现使得公众参与成为一种口号。公众民主权利被凸显迫使政府做出政策调整，建立风险交流机制，重视对公众的解释。而真正的公众参与作用的实现则是在第五章转基因案例中。在共识会议中公众作为公众决策的主体，独立呈现“公民小组”报告，对国家决策产生影响，公众参与至此具备了实践上的可操作性，使风险交流变成了一种双向互动过程，不仅有风险

① 哈里·奥特韦.公众的智慧，专家的误差：风险的语境理论.[英]谢尔顿·克里姆斯基，[英]多米尼克·戈尔丁.风险的社会理论学说.徐元玲等译.北京：北京出版社，2005：256

② 食品安全风险分析：国家食品安全管理机构应用指南.樊永祥主译.北京：人民出版社，2008：54

评估的信息，还有公众意见的反馈。这种民主的模式为我国食品安全问题的思考提供很好的分析视角与分析模式。

但是不得不说的是，目前在中国缺少共识的舞台。目前中国公众参与的形式主要有座谈会、论证会与听证会。座谈会侧重于有关组织、专家和利害关系人之间的讨论，这是一种非正式的决策形式。论证会则是针对决策中专业和技术问题，由行政机关邀请有关专家对其进行合理性和可行性研究，类似于西方的科学家共识会议。听证会就是我们在第六章所介绍的民主形式，通过公众的陈述、辩论、举证等环节，达到参政的目的，减少决策盲目性。可以说中国目前还是缺少丹麦意义上的共识会议的舞台，在制度上，没有保证共识会议能够执行的制度存在，公众民主是处于政治管理与科学权威压制之下的；在管理上，因为职责分散，职能不统一，相关法规在执行中会落空。因此在食品安全问题的解决中要不断地建立共识的舞台，建立共识民主得以实行的先决条件。

瘦肉精案例是中国食品安全案例的一个典型，从有瘦肉精中毒报道记载开始到今天已经有 23 年，这期间国家相关部门不断出台各种整治措施都没能使它彻底解决，即使在 2009 年《食品安全法》的颁布之后、2011 年 9 部委大规模的整治之后，依稀有小范围内的事件出现，因此中国食品安全问题的反复性是值得我们反思的。在食品的研发、生产、加工、检测、销售、消费的整个流程中，公众的角色并未被很好地考虑，除了消费的环节外，公众作为消费者或直接利益相关者对于之前的过程并不了解，一种"黑箱化"的食品生产过程使得消费者成为被动的接受者，因此问题反复发生。公众的知情权被遮蔽、公众的参与权被束缚，因此科学的标准可被随意解释，政府失去了公信力，因为风险交流的缺失、公众的不在场，风险仅是一种告知，公众是科学传播的受众。所以，我们应该在制度健全，公开、透明、资料全面获得的基础上，开展风险交流与共识会议，还公众的话语权，重视公众决策的价值，在此基础上做出合理审议，而后形成切实可行、有效率的政府决策，真正实现"公开、公正、公平、效率"。

第六节　本章小结

瘦肉精案例在中国的食品安全问题中具有代表性，其持续时间久、反复发生也符合中国食品安全的特点。2011 年双汇集团的子公司被曝光，瘦肉精的问题才正式进入人们的视野，通过媒体材料的挖掘，我们知道瘦肉精中毒在中国已经存在了十几年，《食品安全法》的颁布也没能制止此类问题的产生。令人更加恐慌的是，中国老百姓最不能缺少的肉类之一——猪肉都存在问题，而且还涉及被人们所信任的大公司，一时间公众对食品安全的信心大为丧失，从《小康》杂志连续两年发布的报告中我们就可知道。

针对瘦肉精问题，我国政府虽然出台了相关的禁令，如禁止"瘦肉精"作为饲料添加剂而使用，但是未对公众进行风险交流；专家们虽然对公众提出了预防瘦肉精猪肉的措施，但是没有仔细考虑公众的辨别能力；虽然科学家对瘦肉精的研发满足了人们对瘦肉的需求，但是忽视了研发中出现的副作用；在投入使用时也没有进行充分的市场调研。因此，瘦肉精之所以会出现，笔者归结为四点：研发中副作用的忽视、投入使用中调研不够以及公众不知情、政策上风险交流不足、消费过程中消费者无法识别。无论哪一个步骤，都没有涉及公众参与。针对这个问题，作为中国消费者，最容易参与的就是消费过程。用 SEE 理论对此过程进行分析，笔者提出了消费者应该具备的技能以及如何提升的途径，分 3 组分别进行研究。除了消费过程外，在市场转化、禁令颁布、预防措施等三个方面进行了公众参与科学可能性的探讨，希望对中国食品安全问题思考提出有效的建议。在中国食品安全监管中，我们经常会听到质检与工商部门查处了一批不合格食品、不合格奶粉，但是都没有暴露厂家的信息、甚至产品的批号，这样的查处对于食品安全问题的解决、对于问题的防范是没有任何意义的，所以在食品安全监管中与公众的交流是必不可少的。

本章作为案例的最后一章，是在前三章案例分析的基础上对中国食品安全问题进行一些探讨。在前期分析中，我们得知一些 STS 学者的理论为食品安全问题的分析提供了理论基础，如贾萨诺夫、夏平、谢弗、潘弗思、奈里斯、柯林斯、埃文斯、温等为我们的分析提供了理论准备。在理论铺垫的基础上，笔者对中国食品安全问题的思考提出四点措施：贡献性技能专家积极提供可行性的措施；具有相互性技能的社会学家的引导与转译；消费者专业性技能的积累与参与；政策上对风险交流与共识会议的保证。

第七章

食品安全问题的哲学反思与现实借鉴

案例分析中发展的主要线索是公众参与问题。在坎伯兰牧民事件中，MAFF 的科学家并没有给牧民们发言的机会，牧民也不具备与科学家进行谈话的技能，因没有专业的语言而被排斥在问题解决的共同体之外，但是在实际的问题分析中，我们知道牧民是具有很多经验的专家，也知道辐射污染源是什么，因为没有相互性技能与话语权没能参与到问题的处理中来。同样，在转基因黄金大米以及人体基因采集案件中，基因被采集者对科学机构所进行的实验并不清楚，没有获得知悉权与知情权，也不具备参与实践的技能，所以在第三章的案例中，公众的话语权问题是关键，牧民与基因被采集者没有说话的空间，都没能主动地参与到实践中来，成为被约束者，因此民主权利的问题是主要落脚点。在第四章的疯牛病案例中，当 MAFF 的 SWP 科学家在实验室中发现了疯牛病的危机之后，MAFF 出于对农业商业利益的考虑，没有把危机及时地传达给公众，在经济利益与人类健康的选择中，舍弃了人类健康，这样的危机处理过程使人们逐渐意识到公众参与的必要性，迫使一些政府部门一窝蜂地兴起了一批疯牛病的咨询委员会，以便对公众进行解释，但是这种代表官方利益的组织并不能真正体现公众利益。之后代表公众利益的组织 FSA 的出现使得公众参与成为现实，但因为 FSA 本身处于发展中，所以考虑问题并不全面。这一时期的公众参与已经具备了民主权利，并也正在积极地寻找可以说话的机会，迫使政府做出一些政策调整，建立风险交流机制，重视对公众的解释。公众在风险问题中的作用逐渐凸显。而真正的公众参与作用的实现则是在第五章转基因案例中。每个国家如何对待转基因食品，有不同的政策与民众接受度。那么丹麦作为民主制度发展的先驱，首先在世界范围内讨论了转基因问题，召开了共识会议，在共识会议中，公众不但具有了民主参与的权利，而且作为公众决策的主体，独立呈现“公民小组”

的报告，对国家的决策产生直接影响，公众参与至此已经具备了实践上的可操作性，做到了切实参与。这种民主模式为我国食品安全问题的解决提供了很好的分析视角。通过国内外案例的对比分析，我们意识到公众参与是食品安全问题解决的一个重要维度。目前中国公众的参与只局限在消费环节，针对现实状况，可以加强投入使用、禁令颁布与安全防范阶段的公众参与。

第一节　食品安全问题的哲学反思

一、风险的认识论：实在还是建构

在食品安全问题中，从第一个案例到中国的瘦肉精案例，存在着风险的客观存在与解释的建构性问题，那么包括食品安全问题在内的风险问题到底是实在的还是建构的呢？

风险问题是一种实实在在的存在还是被建构起来的一种预想呢？当贝克的反思性现代化提出时，有人认为贝克的这种反思是建立在预想的基础上的，是对风险的假定。那么风险到底是不是被建构的呢？从风险产生之初，如疯牛病的最初实验室发现阶段，风险就已发生了吗？我们知道在疯牛病最初被发现时是有办法避免的一种危机，但是由于相关政府部门以及科学家的隐瞒，导致了风险最终的不可收拾。瘦肉精的研发过程可以更好地说明。瘦肉型猪以及瘦肉精这种作为饲料添加剂的违规药品是确确实实存在的，它们进入人类食物链就是一种真正的风险，对于这一点没有人会质疑。但是更加重要的是社会意义上的建构所造成的风险。首先，从瘦肉精这种物质的研发阶段来说，瘦肉精最初在美国发现，20 世纪 80 年代国内的学者通过翻译论文与留学研究，而把这种物质带回了国内。对于研究生物育种以及畜牧养殖的科学家来说，能在短时间内发现如此具有效力的药物，培育瘦型猪是令人兴奋的。相比从国外进口瘦型猪需要几代人的努力才能够获得成功，既涉及时间，也涉及物力财力的问题，所以这种药物的发现节省了几代人的辛劳。大力发展瘦肉型猪也成为国家在 80 年代末、90 年代初的政策导向，因此从 CNKI 在这一时期收录的论文可以看出，各省市都在积极地探讨如何发展瘦肉型猪、瘦肉型猪的养殖技术、饲料搭配、引进瘦肉型猪的研究等，那么正像浙大阳光的老板陈剑慧所说，他们的研究当时是有功的，“当时是属于很光荣的一件事情，每个省管农业的副省长都来推广，一定要用这个东西”。[①] 因此在这样的政治背景下，研发“瘦肉精”是顺应国家发展的步伐，如果对瘦肉精的副作用进行研究的话，不但没办法发表论文，也不可能申请到国家项目，“瘦肉精”项目曾列为国家“八五”科技攻关项目。第二，从市场推广的角度说，被认为是国内瘦肉精的引入者和推广者的浙大教授许梓荣，一边进行瘦肉精的科学研究，一边把自己的研究成果转化成资本。产研结合的浙大饲料相当赚钱，依靠饲料生产，许梓荣盖了不少办公楼，购买了仪器设备，到 2008 年 3 月他退休，饲料所单仪器设备价值就从最初的 5 万增加到上千万，而且几乎没有从国家拿钱，就是通过技术转让、企业合作获得经费。陈剑慧依靠浙大的光环建立的浙大阳光饲料厂不仅非常赚钱，而且成为培养生产和销售瘦肉精(盐酸克伦特罗)的重要机构，名利双收。第三，政府禁令的颁布缺乏交流与解释。从 1997 年到 2005 年农业部已经认识到了瘦肉精的危害，但是在相继出台了一系列禁令之后，并没有对公众解释瘦肉精为什么被禁止。在这个过程中政府是行动的主导者，没有认识到公众参与对问题防范的意义，忽视了公众的作用。第四，销售过程中，相关信息的遮蔽。在销售过程中，消费者作为主要参与者并不知道销售之前环节中的问题，对信息不够了解，不知道如何去辨别。在这四个过程中，科学家与政府对经济利益的追逐，对风险的遮蔽，以及消费者或是公众处于被动的接受与解释对象的地位，建构了风险。假使在 1998 年瘦肉精出现中毒事件时，我们能够采用有效的措施防止瘦肉精的发展，那么是否还会出现大规模的瘦肉精中毒事件呢?

所以正如贝克所说，风险既是“实在的”又是由社会感知和“建构起来的”。“它们的实在性源于不断发展的工业和科学生产以及研究程序所带来的‘影响’。相应地，有关风险的知识则与其历史文化符号(比如说对自然的理解)以及知识的社会结构紧密相联……在风险的这两个维度之间存在着非常有趣的联系，这样，在知识与影响之间存在着巨大的空间分裂：感知总是在一定的本土化语境之中被建构起来的。”[②]

---

① 苏岭，温海玲．“瘦肉精”背后的科研江湖．(2009－04－09)［2011－08－10］http://www.infzm.com/content/26736

② 乌尔里希·贝克．再谈风险社会：理论、政治与研究计划．［英］芭芭拉·亚当，［英］乌尔里希·贝克，［英］约斯特·房·龙编著．风险社会及其超越：社会理论的关键议题．赵延东，马缨等译．北京：北京出版社，2005：333

实证主义所注重的是风险，而建构主义所注重的是社会，即什么样的行动者、制度、策略以及资源起决定性的、关键性的作用。在建构主义理论中，对风险的考虑并不是基于一种科学的判断，而是基于一种话语联盟（discourse coalition）。事实上建构主义者在实践中建立了与实证主义中的博弈，“那些被计划用来维持（和指导行动）的现实结构必须取消它们的被构造性（constructedness），否则它们将被构建成对现实的解释而不是现实”。①

对于风险问题到底是实在的还是建构的问题，贝克本人对此也有回应，他在认真地考虑了芭芭拉·亚当的建议后认为，风险议题既是实在论的又是建构论的，关键的问题在考虑知识、影响和效果之间的区别。风险是潜在地传播着，“这种社会意义上的无形性意味着，风险与其他的政治议题不同，只有当人们清晰地意识到它时，它才会构成实际的风险，这包括了文化价值和符号以及科学论断等。同时我们至少在原则上知道了，风险的影响之所以会扩大，正是因为没有人了解它们或是希望了解它们。”②

因此遵照贝克的观点，“实在性”在于风险是现代化以及科学发展的产物，“建构性”在于风险解释与解决中的决策、资源的应用。如何把实在的风险解释成非现实的，如何把超出科学标准的问题纳入到合理的科学判断之中，这是风险社会中的问题，所以包括食品安全问题在内的风险不仅是一种自然态的存在，也是一种社会态的存在。

二、科学哲学的划界问题

公众参与问题可回溯到科学哲学的基本问题——划界问题中。从实证主义的论断开始到科学哲学的实践转向，都涉及到公众如何参与的问题。但是在当今生物技术发展的全球化背景之中，也就是后殖民的背景下，公众如何进行参与这又是一个难题。

1. 科学划界的流动性问题

实证主义者把科学与非科学之间划了一条清晰的界线，他们并不否认科学

① 贝克.世界风险社会.吴英姿，孙淑敏译.南京：南京大学出版社，2004：33

② 乌尔里希·贝克.再谈风险社会：理论、政治与研究计划.［英］芭芭拉·亚当，［英］乌尔里希·贝克，［英］约斯特·房·龙编著.风险社会及其超越：社会理论的关键议题.赵延东，马缨等译.北京：北京出版社，2005：333

之外的文化形式的存在,但是科学家的任务就是处理科学问题,社会学家的任务就是处理社会问题,互不干涉,把自然与社会截然二分,而且认为世界遵循着基本的规则,按照这条规则认识整个世界。世界是被经验到的,不能经验到的则是不存在的,但是实证主义的问题是没办法去一一验证,没办法对所有的事物进行证实,如卡尔纳普说,"如果证实的意义是决定性地、最后地确定为真,那么我们将会看到,从来没有任何(综合)语句是可证实的。我们只能越来越确实地验证一个语句。因此我们谈的将是确证问题而不是证实的问题。"[①]因此,维也纳学派发展了逻辑实证主义,对科学的检验增加了逻辑维度,如果科学命题不能用经验去证明的可以通过逻辑方法进行验证。石里克说,"作为合理的、不可辩驳的'实证论'的哲学方向的内核对于我来说,就是每个命题的意义完全依存于给予的证实,是以给予的证实来决定的"。[②] 科学的划界之争,在安德鲁·阿博特看来,是"贪婪的、工具主义的专业游戏"[③],在科学与非科学之间划定一条清晰的界线,目的是确定在职的科学家,即有资格的专业技能人员对本领域内的知识、对其他新人的控制。在精英科学模型中,追求理性知识,认为科学是普遍与确定的,当面临局部的不确定性时,经常会把这种不确定性排除在科学之外。如施塔尔对19世纪英国神经生理学家的考察后,揭示出"本领域的科学家通常以为,处理局部的不确定性'并非是真正的科学'的特征,[轻蔑的词汇包括'无非是一种管理的工作罢了''一地鸡毛''不过是后勤'甚或'社会学'而已]"。[④] 科学的任务在于对科学真理的创造,在专业期刊中创造科学,而对科学创造中的偶然性与不确定性进行摒弃。

社会建构主义者不满实证主义对社会学家的边缘化待遇,试图对科学的领域进行干预,因此认为科学理论的发现过程,是"观察是渗透理论"的,也就是说对科学的客观观察过程,渗透着处于社会文化之中的规则;在实验室研究中,发展科学的客观性依赖于社会因素,如资金、同盟、话语权、协商,科学是具有权威的人在实验室内协商之后得出的结果,因此社会学家认为,社会因素在科学的发展与应用中占有重要的地位。也有激进的社会学家提出了"强纲领"的原则,认为社会因素是起决定作用的。因此在20世纪90年代,引发了科学大战。1994

---

① 洪谦.论逻辑经验主义.北京:商务印书馆,1999:69

② 林德宏.科技哲学十五讲.北京:北京大学出版社,2004:140

③ 托马斯·吉瑞恩.科学的边界.[美]希拉·贾萨诺夫等编.科学技术论手册.盛晓明等译.北京:北京理工大学出版社,2004:313

④ 托马斯·吉瑞恩.科学的边界.[美]希拉·贾萨诺夫等,编.科学技术论手册.盛晓明等译.北京:北京理工大学出版社,2004:316

年，美国维吉利亚大学著名的生物学家格罗斯与罗格斯大学的数学家莱维特发表了《高级迷信——学界左派及其与科学之争》（下简称"《高级迷信》"），拉开了科学保卫战。1996 年美国具有左派倾向的著名文化研究杂志《社会文本》（Social Text）杂志的副主编安德鲁·罗斯编辑了一组反击《高级迷信》的文章，这些文章的作者除了艾伦·索卡尔之外，都是社会科学家。纽约大学的理论物理学家艾伦·索卡尔的论文《超越界线：走向量子引力的超形式的解释学》，充斥着一些错误的物理学观点及论证证据不足，目的在于考验《社会文本》的编辑们是否能够识别，进而考验社会学家是否能够真正参与科学。结果在论文发表后不到一个月的时间内，他的另一篇文章《曝光：一个物理学家的文化研究实验》在《大众语言》上发表，披露了《超越界线：走向量子引力的超形式的解释学》（下简称"《超越界线》"）一文中的错误，因此，《超越界线》一文被称为诈文，引起了科学家阵营与社会学家阵营的激烈的思想交锋，这就是著名的科学大战，也引起了社会学家的反思。

在实验室内部、专业期刊上，科学家能够对科学进行划界，但是在实验室、专业期刊之外，在现实生活中，科学如何划界呢？怎样才能够区分出科学与非科学的界线呢？在现实生活中科学家也试图去划定科学，这就被社会学家称之为"划界—活动（boundary-work）"。这个概念是史蒂夫·伍尔加在 1981 年提出的，1983 年被托马斯·吉瑞恩首次使用。吉瑞恩解释了什么是划界—活动，即"为了建构一条社会边界以区分出某些智力活动是非科学的，我们就要把一些人为选择出来的特征赋予科学[即赋予科学研究者、科学方法、知识库、价值观以及工作的组织结构]"①，当人们在可信性、权威、资源之间进行争夺时，这种划界—活动就会出现。在吉瑞恩看来，科学不过是一个空间而已，权威性是情景中磋商的，因此空间的边界就带有偶然性与可塑性。

社会建构主义显示出科学和技术的内部争论需要引用科学之外的因素来解决，因为科学的方法、实验和观察是不充分的，所要解决的问题就是"科学共识是怎样达成的"。但是在问题分析中的建构并不利于问题的解决，也会引起科学的恐慌，"是否存在真的科学"经常引起人们的质疑，所以要想解决问题，很多学者转向了科学的内部，试图立足于实在的东西去分析问题，开始了科学哲学的后实证研究——实践进路。

---

① 托马斯·吉瑞恩. 科学的边界. [美]希拉·贾萨诺夫等编. 科学技术论手册. 盛晓明等译. 北京：北京理工大学出版社，2004：309

在实证主义与社会建构主义的划界中，自然与社会是截然二分的，科学家与社会学家属于不同的阵营，在科学大战之后，人们选择了一条折中的路线。20 世纪 90 年代，安德鲁·皮克林主编的《作为实践与文化的科学》标志着科学论实践研究的转向，关注生产科学知识的实际过程、实验室和广泛的社会与文化语境，尝试着在科学实践的辩证法中把握实践过程。此时期的主要代表人物有安德鲁·皮克林（提出了实践的冲撞、瞬时突现和后人类中心主义）、布鲁诺·拉图尔（提出了广义对称性原则、行动者网络理论与技科学思想）、米歇尔·林奇（主张用常人方法论对科学实践展开日常分析）、哈里·柯林斯（用技能理论进行案例分析，分析公众介入到现实问题及不同文化的融合）和伊恩·哈金（提出了实验室各种因素博弈的理论），前面四个人代表了社会学的研究进路，后者代表了哲学的研究进路。

实践进路主张自然与社会、理性与非理性、主观与客观、主体与客体、物质与精神、人与物之间的融合与共同参与，科学的界线被打破了，科学垄断的管辖权被打破了，权利被分配给了更多领域内的参与者，这些行动者在自己的领域内都有发言权，在现实问题的分析中，所有行动者可以平等参与问题的解决过程。

2. 食品安全中的科学与民主

公众参与科学问题是科学与民主的问题，从古老的德赛之争到科学划界的流动性问题，涉及到边界的灵活性，始终围绕着科学哲学的基本问题而展开。相对于科学的划界问题，科学的民主化也经历了一个过程，即从作为科学传播的受众到形式上的参与再到切实参与的过程。食品安全问题中的公众参与就体现了这样的发展过程。

逻辑实证主义兴盛时期，20 世纪 50、60 年代，即科学论的第一波。科学具有至高无上的权威，具有决定性的发言权。科学的决策权仅限于科学共同体内部的有资格成员。专业性的工作伴随着对知识的控制，对声望、权利和财富的追逐。科学论第一波解释了科学为什么是有价值的，以及我们如何使用它。实证主义赋予科学以客观性，科学的价值在于对世界的表征，是通过实验验证后获得的，所以实证主义秉承“科学出真知”的理念。因此，此时的公众参与面临的是“民主的困境”，科学不允许外行人参与，不是有资格的专家之外的活动。作为理性知识代名词的科学被从技能的拥有者、知识的传播者、工具的制造者、仪器的操纵者手中集中到了少数精英手里。在精英模型中，科学的行动者是领域内的研究者、理论的演说者，基于科学的理性认知能力和语句处理能力，行动者可以构想出无观察基础的语句，试图建立一种规范的科学理论，遵循科学的规律不断促进科学发展。在此过程中，实验室中的实验实施者与收集数据、进行方法测量等做着细微工作的参与者在知识生产过程中被透明化了，科学结论的得出并不能体现他们所做出的工作，他们的作用等同于冰冷的仪器设备。正如默顿模型塑造的科学规范，虽然科学家是一种社会性的人，但是在科学研究中要保持自己的价值中立性，建立一种普遍主义、无私利性、公有性、有条理的怀疑的科学。科学家的社会性保持在科学研究活动之外，科学家具有双重角色。

实证主义视角在风险分析中体现在坎伯兰牧民案例、基因采集、黄金大米以及疯牛病案例的早期。在坎伯兰牧民案例中，问题的解决仅限于 MAFF 的科学家，这些科学家是有资格的、在职的科学家，他们是唯一的行动者；在疯牛病案例中亦如此，在疯牛病研究的最初十年，其发病机理的研究仅限于 MAFF 的科学家，而共同体之外的微生物学家以及医院里的医生没有资格进入到科学共同体的内部与专家进行争论，问题的发现与处理是政府科学家的事；在基因采集案例中，行动者是哈佛大学与国内科研机构，他们利用农民信息缺乏的弱点对本地患哮喘病的病人家族基因进行偷窃，大肆采集血样；同样在黄金大米的案例中，汤光文与国内的合作研究者在儿童监护人不知情的情况下，给儿童喂食存在潜在危害性的转基因黄金大米。上述四个案例可以看出，政府科学家及实验研究者成为实验中唯一、能动的主导者，他们的权威性在问题原因的探究与实验中体现出来，其他参与者只是一种对象化的存在、仪器化的存在，是顺从者与传播对象。可是在应急事件的处理中，MAFF 的科学家并没有对公众提出有益的预防措施，无论是坎伯兰牧民案例中，科学家与当地牧民的争论，还是疯牛病事件中大学里的科学家对于预防措施的提供都说明了这一点。在食品安全事件中，政府科学家、有资格的科学家占据着霸权地位，其霸权通过政治权利的赋予而获得了更广范围内的合法性，在这里案例所涉及的其他人如当地的牧民，他们的权利怎样被维护，他们的观点怎样被表达；基因采集案例中，受试者的利益谁来维护；喂食了转基因黄金大米的儿童的健康谁来关心；被疯牛病危机所威胁的广大消费者，他们如何才能够避免疯牛病，怎样才能够保证自己的生命健康；在疯牛病的原因探究中，政府之外的科学家怎样才能参与病理的讨论，怎样使自己的观点呈现出来，这就面临着科学中的民主问题。

20 世纪 60 年代，随着托马斯·库恩的《科学革命的结构》一书的问世，代表实证主义的科学论的第一波逐渐淡出了历史舞台。科学论的第二波开始于 20 世纪 70 年代，主要形态是社会建构主义。科学论的第二波，虽然主张的是科学之外的社会因素可以参与科学活动，致力于对“科学共识”的解构，“共识是科学家们可变的解释程序的产物，它受制于情境的偶然性”①。它虽然指出了问题之所在，但对实际的问题并没有给出解决的措施，没能具备实际上的可操作性。如在前面我们所论述的伯克利脊椎动物博物馆的案例，在博物馆的建立中存在着各方利益的争论，多个社会领域中的行动者参与其中，如收集标本和信息的职业的生物学家、提供标本和信息的业余博物学家、值班人员、为学者提供服务的大学管理者、一般大众、慈善家、野生动植物资源的保护者、动植物标本的制作者，这些人员只有在灵活的边界中，在第二阶段的划界—活动中才能存在，他们能够满足每一个社会领域内信息的需要，对于博物馆的建立具有积极的意义，他们之间的合作才能使博物馆的建立成为可能。这种划界的模式打破了精英科学的模式，科学由内部的认知走向了社会学，科学不但是共同体内科学家的真理生产的活动，而且其中涉及广泛社会领域内的多元行动者的参与，科学的划界—活动是在社会领域内完成的。

科学的权威被解构之后，多元的行动者被呈现出来，除科学家之外的行动者的作用也被意识到进而受到重视，这一点在疯牛病的危机中被很好地体现出来。1996 年 3 月 20 日之后，当政府宣称疯牛病与人类的克雅氏病之间具有可能的联系时，人们意识到了政府科学家在进行科学问题的分析中，做出了偏向于本行业经济利益的决策，为了避免农业、畜牧业的损失而致广大公众的健康于不顾的情况。所以，看到了在科学家这种单一的行动者之外的其他人参与问题解决的重要性。FSA 成立的目的就是要重视公众的立场，科学家之外的多种行动者参与进来，如相关者利益团体包括牧民、消费者、零售商、屠宰场、香肠企业、机构组织以及咨询专家，以便做出有利于公众（消费者）利益的决策，重视了科学中的民主权利。但是 FSA 会议的民主并非充分讨论的民主，香肠企业的利益受到了遏制，因此如何切实可行地实施公众的民主，平衡各方利益，在平等参与的基础上实现民主是科学论第三波的议题，也就是实践转向之后的科学哲学所要继续解决的问题。

科学论的第三波，把技能理论纳入问题的解决过程中来，考察实际参与的可行性。基于 ANT 理论与技科学理论的研究，多元的行动者参与到科学的活动中

---

① 托马斯·吉瑞恩. 科学的边界. [美]希拉·贾萨诺夫等编. 科学技术论手册. 盛晓明等译. 北京：北京理工大学出版社，2004：308

来，科学与科学之外的领域并没有一个清晰的分界，对科学活动进行严格的内外界线的划分是不科学的，从上面的案例中我们知道了科学的活动并不是一个单一的专业技能之人的研究与言说的过程，而是各种社会领域内的行动者的互动过程。在科学实践模型或大众参与模型中，行动者不再仅局限于实验者与理论家，在实验室内部，工作被透明化的实验参与者的作用被挖掘出来，在实验室外部，社会因素的作用被拉入分析的视域。不仅如此，研究人员的作用范围也扩大了，不再是通过仪器对数据进行客观分析，他们从事着“操作、转译、修补、解释、推理”的活动，不但他们所熟悉的算法模型的规则被展现，他们所具有的默会技能与技艺也成为科学知识生产不可或缺的工具。在科学的分析中，社会学、心理学、历史学、管理学、政治学的维度呈现其中。具有经验型技能的人可以参与到科学共同体中，作为经验型的专家为科学家的决策做出合理的补充。公众不但具有了政治上的民主权利，也能凭借这种话语权把所具备的技能应用在实际问题的处理中。因为科学活动是一种实在的事业，与人们的生活息息相关，多元行动者的存在，要把科学的语句带出实验室，转译是必要的。知识的生产与产生的情境是分不开的，转译把“铭文[尤其是语句]、技术装置和人类行动者[包括研究者、技术专家、实业家、工厂、慈善机构和政治家]结合在一起”[①]，在转译的过程中存在着结盟，对于没有经验型技能的公众来说，需要人代表他们的立场并在科学活动中转译科学语句，即需要专业组织或是代理人，代理人是具有行动能力的实体，在行动者网络中发挥阻抗与适应的作用。因为转译的存在，就会出现结盟与代理的利益偏离问题，每一次转译都会打破原来的平衡，并在“无缝之网”中重塑新的平衡，使世界趋于稳定化。

多种异质性要素的参与，技能与公众作为行动者具有平等的权利参与食品安全问题的处理与解决，那么具有相关性技能的公众参与食品安全问题的分析并提出合理决策在科学实践阶段具有可能性与可操作性。在转基因食品案例的研究中，世界范围内围绕着转基因技术进行了争论，特别是对待转基因食品问题，大多数公众都持谨慎态度。丹麦的转基因共识会议为食品安全问题中的科学与民主问题的解决提供了典范，在会议中分为专家小组，包括利益相关者群体、科学家、社会学家，以及公民小组，是与本次会议的主题无直接利益关系的外

---

① 米歇尔·卡龙. 科学动力学的四种模型. [美]希拉·贾萨诺夫等编. 科学技术论手册. 盛晓明等译. 北京：北京理工大学出版社，2004：41

行公众。被选出的具有相关性技能的公众参与到转基因技术以及转基因食品是否商业化的讨论中来，并直接对政府决策做出影响，实现了科学的民主化过程。这也充分说明了，行动者并非科学家本身，还包括广泛社会领域中的参与者，技能与技艺也参与其中。参与共识会议的公众并非是对转基因议题掌握全面科学信息的人，因此在公民小组的报告形成之前需要询问权威的科学家对不解的问题进行分析，并发现新的讨论议题，最终独立形成“公民意见书”。这对中国食品安全问题的处理具有一定的借鉴作用。以瘦肉精为例，瘦肉精作为一种饲料添加剂，在中央电视台没曝光之前一直不为消费者所知，消费者对于它的研发、生产、市场化过程毫不知情，即使进入了消费领域、被政府颁布了禁令之后，也无法辨别。这就是科学研究中的理性知识模型、精英模型的弊端，科学家成为了权威的代言人，公众无法成为行动者参与科学争论。遵循 ANT、技科学、技能理论的路径，笔者认为，在中国食品安全的问题解决中，具有贡献性技能的科学家需要为公众的参与提出切实、科学的贡献性措施，保证公众能够获得全面的材料；具有相互性技能的社会学家，需要充当转译组织的代言人或是公众利益的代理人的角色，充分表达公众的观点，合理解释科学的语言；公众作为食品最直接的消费者，应该培养自己的相关技能，提升自己的贡献性技能以及辨别能力，为公众参与与问题解决提供有效的解决方式；政府作为应急事件的评估者、管理者、政策的提出者，应该给予公众参与的空间，使公众的意见得到合理审议，促进风险的交流与共识会议的召开。这四个方面的共同努力，以及企业、行业组织、媒体、仪器等的参与才能促进食品安全问题的切实解决。

3. 把握公众参与与科学发展之间的张力

贾萨诺夫对疯牛病分析中的重要教训是公众早一点儿的参与可能会对事件有更多的理解和对风险的更好描述，以及多样的、现实的反应。例如更广泛的咨询可以使 MAFF 对畜牧业进行事实解释。并且，外行的询问，尽管不是深入的考虑，也能对专家的局限进行反思，促使公民、科学家和政府针对怎样管理疯牛病危机进行思考与探讨。

贾萨诺夫、柯林斯与埃文斯、巴特·潘弗斯与艾尼美克·奈里斯、史蒂芬·夏平的研究[①]都说明了公众参与可增强科学的可信性。“可信性工程是一个包括

① 详见赵喜凤，蔡仲. 食品安全的“可信性”——基于“公众参与”的分析. 科学学研究，2012(8)：1128—1133

多元大众的过程，当这些大众是消费者时，科学呈现了一个不同的、次级的作用。”①在食品安全问题中，科学的可信性不能占有独一无二的地位，无论是科学本身的不确定性，还是决策所依靠的共识都说明了科学内部的不足，需要公众的介入。

在第三波的文章中，柯林斯列举了公民对于决策干预有着重要的影响，但是有时候公民干预会使正确的措施无法实行，很多科学家也抱有“公众参与是捣乱”的想法，如何处理公众参与的张力？

现实中，公众参与可能得到相反的后果，即公众的权利被过分夸大，以至于影响了政府的正确决策，收到不好的社会效应。在这里列举一些小例子，其一是电池添加剂的案例。“当科学忠告说，发起于20世纪40年代中期的AD—X2电池添加剂没有巨大的作用时，兴起了一个被工业和个人使用者所强烈支持的游说活动。这个活动最终导致了美国国家标准局的主管奥斯汀·艾伦博士被解雇。在科学共同体随后的抗议中，他又突然复职，这个电池添加剂在20世纪60年代中期的销售中获得回报。”第二个案例是，希腊的公众对于石油平台方案的反对。“因为希腊的行为遭到公众指责，它封锁了布兰特·世帕石油平台的方案，不得不承认它的科学评估是错误的。”这些现实中的案例因为公众以及公众组织的游行活动而搁浅了，但是公众应该怎样合理参与呢？公众发挥贡献性技能之前不得不做什么呢？

在风险管理中，如何才能既保证公众的充分参与，又使得政府决策能够顺利进行，却又不体现政府的独裁，这确是一个难题。更多的政府行为，公众参与就会变成一种形式与口号，因为在公众参与之前，政府对于怎样决策已经有了打算，如果公众能够提出和政府意见相符的观点，那么观点就被采纳，否则就被反对；更多的公众行为，政府的原初决策就不能被保证，公众的过分干预决策会使项目很难进行。就像迈尔克·梅赫塔所说：“如果公众参与使管理者无法运用科学工具和科学思考模式做出‘正确’选择，那么，过多的公众参与将使国家和公共决策过程陷入瘫痪的困境。”②

贝克在风险社会中也指出了，“伴随着反思性现代化，公众风险意识和风险

① Bart Penfers and Annemiek P. Nelis. Credibility Engineering in the Food Industry: Linking Science, Regulation, and Marketing in a Corporate Context. *Science in Context*, 24(4): 504

② 迈尔克·梅赫塔.风险与决策：科技冲突环境下的公共参与[A].汤涛编译.薛晓源，周战超编.全球化与风险社会.北京：社会科学文献出版社，2005：268

冲突将引向抗议科学的科学化形式”。[①] 但是不能因为公众对科学的、政府的决策进行反对，就抛弃公众参与。公众反对意见的提出，正是科学家与政府应该考虑的问题，是反思性现代化的一个必要阶段，没有冲突与不同，科学不能进步，政府也不能有更好的解决措施。

因此，如何把握公众参与与政府决策顺利进行之间的张力呢？笔者认为，可以从以下三个方面入手：

其一，对于公众来说，应该培养反思能力与参与的“贡献性技能”，公众参与并不是普通公众都能参与，并不是彰显自己民主权利的一种“捣乱”行为，而是要具备相应能力的人对风险问题的认真思考。在结合自身利益、发展前景的基础上的合理参与，当然这样的参与并不是“公众”参与素养具备就可以进行的，还要有相应的政治、科学方面的努力，也就是下面两点内容。

其二，政治制度的合理放开。就像贾萨诺夫所指出的：公众理解科学的问题不在公民素养的培养上，而是根植于政治制度之中的科学文化。公民的认识论是一种集体主义的认识，与一个国家的政治制度有必然联系。一个国家的民主程度直接影响公众参与的意识，要使得公众能够很好地参与，政府作为一个管理机构既要保证公众民主权利的实现，也要进行合理审议，能张能弛，在保证考虑周全、兼顾各方利益的基础上，实现民主最大化。

其三，科学标准与材料的保证。科学是政治决策的基础与依据，对风险问题以及争议问题提供全面的评估材料，做到利益与副作用并存，提供合理的科学标准，而不是在利益诱导之下的倾斜，保证最大限度的客观与公正，这是人们对科学的期望。

公民能力的提高与应用、政府决策的有力实施、科学材料的全面提供这是解决现实问题的三个关键方面。现实的风险问题，尤其是食品安全问题，是科学、政治、公众三足鼎立的体现，任何一方缺失，问题都不能很好地解决。但是在公众的参与中需要注意的问题是，公众参与并不是无理取闹的民主权利的彰显，而是要促进科学与政治决策的进步，因此要很好地把握政府的宏观调控与公众的微观参与之间的张力问题。也只有处理好三者之间的关系问题，公众参与与政府合理决策之间的张力才能被把握。

---

① 乌尔利希·贝克. 风险社会. 何博闻译. 南京：译林出版社，2004：197

第二节 国内外共识会议对中国大陆借鉴作用的探讨

在本章第一节的分析中，我们阐述了食品安全问题分析的理论意义，这一节我们将展开问题研究的现实意义探讨。

一、中国食品安全问题解决对共识会议的现实需求

在第五章的论述中，我们介绍了西方式民主的最成熟形式——共识会议。共识会议在公众决策中起到了积极的作用，在世界范围的实践中也收到了成效，成为各国模仿的典型，使公众参与的作用得以实现。

中国大陆目前还没有引入共识会议的分析模式解决争议性问题，但是正在进行民主方面的尝试，共识模式也是中国学习的对象。在食品安全问题的分析中，共识会议模式对中国具有重要的借鉴作用，是一种现实的需要。需求性主要表现在以下四个方面：

从中国食品安全问题的特征来说，需要共识会议。中国食品安全问题的层出不穷与反复性的特征，使得中国的消费者对食品失去了信心，政府的公信力下降，公众的担忧不断增加，特别是2013年转基因大豆三个安全证书的发放，公众的争议在各种网络论坛上表现出来。共识会议目的在于给公众提供表达自己的意愿、消除忧虑、意见被合理采纳、影响政府决策的舞台。面对食品安全的现状，只是所谓的“专家”时尔出来说“XX是安全的”“国内的标准很高”“XX完全符合要求”之类的话并不能使公众信服，反而出现专家挨“板砖”，专家辟谣后公众更加恐慌的情况。既然符合标准、既然是合格的就需要政府提供一个可以交流的平台，来打消公众的担忧，化解公众与政府、公众与专家之间的矛盾。

从食品安全问题的解决方式来说，需要共识会议。从本书所列举的瘦肉精案例，以及其他发生在中国现阶段的食品安全事件中，我们可以看到，工商质检部门对于查处的违法行为及不合格产品经常采用模糊的通报方式，对厂家、产品及批号通报不全面，经常藏头漏尾、遮遮掩掩，或是“进一步调查中，不方便透露”，或者直接颁布禁令，而没有进一步的解释与说明。这种问题处理方式，使政府的工作是白白浪费时间、违法企业不能得到惩罚、公众的担忧有增无减、问题

不能得到彻底解决。因此,食品安全问题的处理需要风险交流与有效的共识措施。

从现有民主形式的弊端来说,需要共识会议。大陆目前的民主形式有听证会、座谈会与论证会三种,最能体现公众参与的是听证会。但是听证会的问题也让大众看到了民主的问题。议题的选择、人员的筛选、决策的效果使得听证会变了味。讨论的议题过于日常化,如水价、油价,给公众讨论的空间很小,且使参与变成了一种民主权利的体现,对于公民科学素质的培养不起多大作用。同一人员多次被选中参会的几率大、公民发言对政府预先提议的结果没有影响,这些都使得听证会变成了一种民主的形式与过场,需要新形式的突破。

从中国的发展诉求来说,需要共识会议。食品安全问题是新一代领导集体所提倡"重典"治理与解决的问题,是"中国梦"的一部分。食品安全不能解决,中国的发展与稳定之路必然受阻,公众食品安全的"中国梦"需要通过共识会议逐步实现。

二、共识会议在中国大陆的适应情况探讨

共识会议是具有西方民主传统的公众决策形式,对民主的程度要求很高,对公民的科学素养要求很高。所以现阶段来说,中国大陆并不存在共识会议生长的环境,但是现阶段政府部门对于公众决策的需求以及对于公民科学素养的提升期望,使得共识会议可以满足需要并逐渐成长。

加之,台湾省首先在民主形式上做出了不同的尝试,如"公民会议(citizen conference)、审议式民调(deliberative polling)、愿景工作坊(scenario workshop),以及法人论坛(social groups forum)的实验"。[①] 验证的结果是,能够被政府和公众广泛认可的形式就是公民会议,其成为主要的民主形式。

所以通过大陆的听证会与国内外共识会议的对比研究,共识会议模式的以下方面可以适用在中国大陆:

1. 主办机构。台湾省在2004年到2005年7月所举办的公民会议都是由大学作为主办方。西方共识会议的主办方可以是科研机构、政府部门、相关组织,大多数是政府组织的。中国大陆的听证会是政府承办,在人员的选择上是政府

① 陈东升.审议民主的限制——台湾公民会议的经验.台湾民主季刊,2006(1):78

部门或消费者协会筛选的。如果召开共识会议，不妨先效仿台湾省，由大学和科研机构选择公民代表。在食品安全问题的分析中，我们得出的数据显示，公众对于科学家及科研机构的信任要远高于政府部门，所以在会议的承办上，可以选择科研机构作为主办方来讨论问题，避免政府的预先决策，也可以使公众更自由地讨论议题。但是，政府要对讨论的结果予以承认并合理审议。

2. 会议的选题。共识会议的选题在西方是针对现实需要而进行的，加之公民的科学素养高，所以可针对科学性强的问题。但是在中国，选题上要避免科学性强的议题，并且在讨论的范围与层次上都可能受到限制。就像台湾省的"代理孕母"议题的讨论，既不大也不小，可以从科学、法律、公民接受度等方面进行讨论，既具有社会性也具有科学性。而大陆水价、油价的讨论，议题过小，很难形成讨论的氛围。此外，对于科学不确定性议题（如转基因食品）的讨论，可以缓解公众的担忧，在潜在的危险被发现之前集思广益、采取可行的预防性措施。对于这种科学不确定性议题西方共识会议已经进行了讨论，而中国大陆却避而不谈。

3. 材料的获得。共识会议的主办方及科学小组可以为公民小组准备全面的材料，为了公众能够更好地了解问题，提出合理的议题。但是在"听证会"上，公民代表的发言是基于自己的经验与材料收集，不能保证所获得材料的全面性，所以对问题的理解可能缺失。政府与公众之间是信息不对等的讨论，所以共识会议模式会是有益的补充。

4. 公民代表的地位。"听证会"中，公民代表在"听"之后发言，消费者代表每位 3—5 分钟的发言并不是会场的主秀。公民意见的表达需要更加自由的空间，公众的主体性也需要进一步体现。共识会议主要是针对公民小组征求意见，更加符合民众需要。

5. 共识会议的效果。西方共识会议是针对国内具有争议的问题进行政府决策之前的讨论，是形成政府决策的重要组成部分。听证会是针对政府的提议进行争辩，政府的提议预案已经形成，那么公众决策对于政府的决策没有实质影响，所以被认为是"走过场"。因此要对公众参会的目的予以明确，是通告还是商议。

6. 会后更广泛的讨论。正式共识会议只是讨论的一部分，还有会后更广泛的公众参与与反馈。听证会之后的媒体公开报道注重的是信息的公布与对参会公众的交代，忽视了更广范围内的公众意见的反馈。能够参加会议的公众相比于中国的公众群体来说是凤毛麟角，听证会并不仅是对参会公民代表的交代，更要对公众群体负责。

三、中国特色民主的经验积累

通过与西方发达国家和中国台湾省的共识会议对比研究，中国内陆如采取共识会议模式要吸取教训，走中国特色的民主道路，具体表现在：

1. 中国大陆实行的是民主集中制的组织原则，是集中指导下的民主。因此，大陆的公众参与形式就不能像西方发达国家那样使民主权利得到自由发挥，但是中国的集中制原则如果发挥得当却可以避免公众参与对于政治决策的过分干预，能够很好地把握公众参与与政府宏观调控之间的张力。在西方共识会议中，公众具有了与专业科学家和政府管理者平等的机会与决策权力，在很多现实决策中发挥作用，但是这种作用有时也阻碍了国家的发展，干预了科学，瓦解了科学研究的基础，使政府付出了经济代价，增加了成本，如希腊的石油钻井平台和美国的电池添加剂事件。相比之下，我国一方面由于民主体制的限制，另一方面由于公民的科学素养的缺乏，使得公众参与并没有那么成熟。即使在不久的将来全民的科学素养得到了提升，公民的素养也只局限在生活技能范围内，为了不磨灭科学性，不能随意用生活的经验技能限制科学的专业技能。共识会议意义上的生活技能的扩大会弱化科学性，严重干扰政府行政以及科学研究，诉诸极端的行为。因此，大陆实行的民主集中制要在公众的生活经验范围内放开一定的权力，保证公民意愿的表达与决策权，同时又可发挥政府的宏观调控能力，约束公众的生活经验，不起“捣乱”的作用。

2. 在现阶段公民的素养相比于西方的发达国家来说，还有一定的差距，所以在共识会议议题的选择中，需要选择专业内容不是很强，却又有一定的可以发挥自己讨论空间，增强科学素养的议题。

3. 在台湾公民会议的介绍中，我们得知，公民小组对于阅读资料的理解有一定的困难，所以采用专家对公民小组进行授课的方式，这在西方传统中是不存在的，这样的弊端是公民小组对于议题的理解易受专家的诱导，从而很难做出真正代表公民利益的决策。因此在内陆使用共识会议模式时，要尽量吸取教训，避免利益诱导。

4. 中国是一个人口大国，所以在公民代表的选择上与西方发达国家相比耗费更多的时间和精力。在共识会议中通过采用媒体报名方式，对职业、受教育程度、性别、居住地、参与原因等信息进行筛选，选出公民代表，避免“参会专业户”

的产生。

5. 听证会之后对于公民代表发言的采纳情况的说明，这是公开、透明原则的体现，可以更好地鼓励公民代表参会、讨论问题，也可以让其他公众了解争论过程，这是很好的、值得积累的实践经验。

公众参与的理论分析与实践尝试对中国食品安全问题的分析具有重要的启示作用，为不远将来的问题解决提供思考的视角。

第三节　本章小结

公众参与问题是本书的行文主线，贯穿案例分析的始终。从第三章到第六章四组案例的分析，体现了公众参与发展的内在逻辑。坎伯兰牧民案例、基因采集、黄金大米事件中公众未参与，在对实证主义科学弊端的解构中，公众的维度凸显出来；在疯牛病的案例中，公众虽然具有民主权利，但是公众的参与只停留在口号上，对政府决策以及公众自己利益的维护没有积极影响，公众参与的作用引起关注；在转基因食品的案例分析中，共识会议的召开，使公众切实参与了问题的探讨，并收到了很好的决策效果；这些案例的分析为中国瘦肉精案例的分析提供了可借鉴的方法。

在社会建构视角的分析中，贾萨诺夫、夏平、潘弗思与奈里斯的分析揭示了公众参与对食品安全问题解决的有效性，但是在西方的民主中，公众参与也导致了一些麻烦，所以公众的微观参与要保持与政府宏观决策之间的张力。

公众参与问题是科学与民主问题在现实问题中的体现，公众参与的三个阶段与科学哲学的三个主要阶段：实证主义、社会建构主义、实践进路相对应，科学哲学的这三个阶段被柯林斯称为科学论的三波。在食品安全问题的总结中，对基本的哲学问题：主观与客观、实在与建构、科学与非科学问题进行反思。从风险问题的实在还是建构到科学与非科学的划界问题，范围的界定涉及对科学本身是知识的客观表征还是主观建构的问题，追溯到主观与客观的二分。食品安全中的科学与民主经历了从精英科学模型到大众参与模型的转变，体现在行动者的数量与多元性的变化。在具体的食品安全案例中，消费者作为直接利益相关者有权参与问题的讨论，但是在全球化的背景中，民主面临新的挑战，“生命政治”是目前所呈现出的热点问题。

结　语

食品安全问题是工业进入现代化之后，人们所关注的突出的风险问题之一，无论是欧美还是中国，无论是食品的进口国还是出口国都面临这样的问题。随着生物技术的发展，人们不仅从对传统食物的农业、工业生产过程、流通过程、储藏过程、消费过程心存忧虑，同时增加了对新式食品原料，即转基因食品的担忧。

食品安全问题的层出不穷，问题的原因值得探究。在贝克对风险的探究中，揭示科学与政治的共谋使得风险得以存在，科学解释的权威性与政治的可塑性使风险被遮蔽，而多数情况下，政治决策要依赖于具有说服力的科学证据，因此本书从科学论的角度，以科学为研究对象，对食品安全问题进行分析。

在食品安全问题的分析上，长期以来使用实证主义与话语分析的视角，这两种视角对问题的解决并没有实质影响，我们需要在案例分析中逐渐明晰一种新视角——科学论的第三波，试图对食品安全问题的解决提供有益的帮助。实证主义赋予科学以权威性，科学在风险问题的解释中具有话语权，科学的标准、风险的影响范围，在科学内部被划定，相应地，科学的权力只限于有资格的内行人，甚至是核心组中的科学家，而对于其他的科学家或是外行人则没有资格制定这些标准和范围，他们只是知识传播的受众。在坎伯兰牧民案例、基因采集案例、黄金大米案例、疯牛病案例的早期都体现出了这一点。因为不满科学独一无二的霸权地位，社会学家对科学进行了解构，科学陷入了可信性的危机之中，科学在认识论上遭受重创，在社会建构主义者看来科学只是实验室中被建构、协商的结果，是一种“铭文采写系统”，是同盟的建构，如拉图尔、夏平、贾萨诺夫、温等的分析。但是用外在的社会因素对科学本身进行瓦解并不能解决现实中的操作问题。科学论第三波的介入，ANT 理论赋予了行动者参与的平等性，打破了食品安全问题分析中只有科学家这种唯一的行动者，多元的因素进入问题的分析与解决中来；技科学视角的分析，指出了 ANT 行动者符号化存在的弊端，突出竞技场中的规则以及主导性，既凸显了多元的行动者，也揭示了行动者网络的运行模式。经过 ANT 与技科学视角的解析，公众作为食品的消费者是直接利益者，应该被纳入到问题的分析中来。但是在实证主义的视角中，他们的作用被忽视；在话语分析的视角中，他们的作用没有被重视；在科学论第三波的视角中，他们的作用被重视，突出了公众参与的维度。公众参与并不是凭空参与，而是凭借技能的介入，贡献性技能的积累、相互性技能的培养、地方性辨别的判断都为公众参与提供了现实的可操作性，因此 SEE 理论为公众培养相关技能提供了理论基础。

从科学论的视角对食品安全问题的分析中，公众维度被凸显出来，公众参与成为本书的主要线索。在公众参与中，公众的素养更确切地是"公众无知"成为一些科学家、政府管理人员设置障碍的借口，笔者从公众"无知"入手，分析公众技能积累中的限制因素，结合贾萨诺夫、温、柯林斯、席宾格、普罗克特的研究，梳理出一条公众"无知"的发现路径，即从"专业知识上的缺乏"到"公民认识论"到"知识遮蔽"的过程，因此得出以"公众无知"为借口阻止公众参与是不成立的。在本书的案例分析中，公众的参与具体表现为从坎伯兰牧民、安徽的农民、湖南儿童及家长、被疯牛病危机所困扰的英国公众及 MAFF 之外的科学家被作为科学传播的受众，到疯牛病的危机中 FSA 举办的会议，各利益相关者群体的形式上参与，再到转基因技术共识会议中公众的切实参与，体现了公众参与的发展历程。那么这样的食品安全问题的分析也为中国的食品安全问题的思考提供了可借鉴的方法。以瘦肉精为例，这种饲料添加剂的研发过程、生产过程、使用过程、以及终端的消费过程，公众作为利益相关者都应该介入。研发过程中副作用的忽视、生产过程中风险的制造、使用过程中的随意添加、消费过程中的性状辨别，所有与消费者直接相关的风险或是保护措施在共识会议中都可被讨论。相应地，不同类型的技能需要积累。专业技术人员的贡献性技能的积累为公众提供有效的预防措施；社会学家培养相互性技能，代表公众立场发表观点并发挥转译功能；公众凭借经验型技能进行参与、借助相互性技能进行了解与交流、通过地方性辨别进行判断。对于公众来说，能力因人而异，对于生活领域内的技能需要进行不同的划分，并针对不同水平采取不同措施。

在食品安全问题研究中，公众参与科学的落脚点在哪里？换句话说，公众参与科学的作用是什么？笔者认为，公众有权利了解与食品相关的技术和风险，对于哪种食品是安全的应该有自己的判断，而不是盲目地听从政府或是科学家的"权威"话语，当然公民有权利选择相信谁。具有相关技能的公众应该具有话语权以及可以表达自己观点，并且观点能够被合理采纳，避免不考虑公众意愿的政治决策与科学调查。因此，公众参与在中国语境中的作用主要有三点：其一，公众对自身合法利益的保护，公众的呼声与舆论合理表达公众自身的意愿。其二，公众参与促进了公众对政府管理工作的监督，提高管理的有效性、法律的执行力度。其三，在中国研究公众参与，唤起公众参与的意识，引起政治维度、科学维度对公众维度的重视，关注公众生活经验作用的发挥。

食品安全中科学上的原因我们已经找出，但是公众参与也需要政治的保驾护航。共识会议在中国的背景下还缺乏活动的舞台。中国大陆的民主形式主要有座谈会、论证会与听证会，在这些形式中公众参与是自上而下的，这里最广泛的民主形式就是听证会，但其经常遭受质疑，听证会变成了“听价会”与“听涨会”，民众对此嗤之以鼻。因为法律的执行力度不够、政治管理的漏洞，民主经常是名不副实。中国的组织原则是民主集中制，是广泛民主基础上的集中，是集中指导下的民主，国情决定了我们不能实行自下而上的公众参与，但是在政治决策之前的民主是必不可少的。中国长期以来是科学主义所主导，因此，食品安全问题的解决，除了科学上霸权地位的打破、行动者的多元化，实践上公众技能的培养，还需政治上民主权力的落实，在公众参与上我们有很长的路要走。

所要看到的是，中国是重视民主与公众参与的，在政策制定上保证了民主，在法律颁布中也对民主进行了辩护，如“知情同意原则”就是民主的体现。在现阶段的发展中，中国也体现了民主的原则，如 PX 项目在多个城市不能落户，充分证明了政府注重公众的舆论。公众参与对保护自己的合法利益是有效的，公众参与已经影响了政治决策，此外还有基层民主、社区建设、法律修订中公众的参与等。这些都是公众参与在现代化中国的发展。

以上是从方法论的角度去分析的，但是在具体的分析中会遇到微观的语境。第一，在西方的殖民背景中，西方发达国家对第三世界的动植物资源进行挖掘，然后把这些资源用西方的科学标准进行分类、编辑，在传播过程中规避了资源挖掘过程中的信息，如获得信息的诱骗手段，以及不利于政治策略的内容，不但普通西方民众不了解全面的信息，而且被掠夺资源的第三世界国家也被蒙蔽。由此，生物勘测经常演变成生物剽窃，这样面临了民主问题——公众不能获得全面的信息。因此，公众也就从“我们不知道”经历了“我们知道我们不知道”到“我们不知道我们不知道”的阶段。公众不能切实地参与，从对科学知识的不了解，到认识到社会利益的相关性，再到不全面获得信息之下的不理解。第二，在全球化的背景下，民主遇到了新的问题。发达的生物技术成为西方国家进行政治公关的手段，为背后的政治经济服务，为了追逐资本以及政治目的，成为了发达国家对不发达国家进行控制的新工具。在一些冠冕堂皇的借口之下，一些第三世界国家的民众成为了发达国家生物实验的小白鼠，如转基因食品，特别是这些第三世界国家的政府迫于政治压力不得不接受贸易行为，公众参与就成了民众的呼声，成了决策的影响因素。如何能够使公众参与成为反对被迫贸易行为的行动力量是全球化背景下赋予公众参与的一种新任务。就在2013年6月13日，中国农业部发放了转基因产品的3个安全证书，又掀起了民众对于转基因食品的讨论。科学家、专家对于转基因食品无害论的说法，引起了公众在一些论坛中（如凤凰网论坛、天涯论坛）的愤怒，假使国家能够遵循共识会议的模式开展讨论，即使短期内对政治决策没有直接影响，公众对转基因食品到底有无害处的疑虑也会明晰，当前的矛盾也可得到缓解，扫除实现“中国梦”道路上的障碍。

所以在现代化的今天，民主的问题并不是一种单纯的游戏，而是涉及多种异质性要素的结合，包括科学、企业、政治、技能、公众、技术、全球化等，所以科学的民主问题，是多方面要素共同作用的结果。但是在公众的参与过程中，也要吸取西方民主的教训，保持民主与政府宏观调控、公众与科学家之间的张力。

参考文献

中文著作

1. 安德鲁·皮克林. 作为实践和文化的科学[C]. 柯文,伊梅译. 北京：中国人民大学出版社,2006
2. 安东尼·吉登斯. 现代性的后果[M]. 田和译. 南京：译林出版社,2000
3. 安东尼·吉登斯,克里斯多弗·皮尔森. 现代性：吉登斯访谈录[M]. 尹宏毅译. 北京：新华出版社,2001
4. 芭芭拉·亚当,乌尔里希·贝克,约斯特·房·龙编著. 风险社会及其超越：社会理论的关键议题[C]. 赵延东,马缨等译. 北京：北京出版社,2005
5. 保罗·法伊尔阿本德. 自由社会中的科学[M]. 兰征译. 上海：上海译文出版社,1990
6. 布尔迪厄. 科学之科学与反观性[M]. 陈圣文等译. 桂林：广西师范大学出版社,2006
7. 布鲁诺·拉图尔. 科学在行动——怎样在社会中跟随科学家和工程师[M]. 刘文旋,郑开译. 北京：东方出版社,2005
8. 蔡仲. 后现代相对主义与反科学思潮——科学、修饰与权力[M]. 南京：南京大学出版社,2004
9. 陈波,韩林合. 逻辑与语言——分析哲学经典文选[M]. 北京：东方出版社,2005
10. 顾秀林. 转基因战争：21世纪中国粮食安全保卫战[M]. 北京：知识产权出版社,2011
11. 哈里·科林斯,特雷弗·平奇. 人人应知的技术[M]. 周亮,李玉琴译. 江苏人民出版社,2000
12. 哈里·柯林斯. 改变秩序：科学实践中的复制与归纳[M]. 成素梅,张帆译. 上海：上海科技教育出版社,2007
13. 洪谦. 论逻辑经验主义[M]. 北京：商务印书馆,1999
14. 黄昆仑,许文涛主编. 转基因食品安全评价与检测技术[M]. 北京：科学出版社,2009
15. 江天骥. 逻辑经验主义的认识论;当代西方科学哲学[M]. 武汉：武汉大学出版社,2006
16. 金征宇,彭池方. 食品安全[M]. 杭州：浙江大学出版社,2008
17. 孔德. 论实证精神[M]. 黄建华译. 北京：商务印书馆,2009
18. 林德宏. 科技哲学十五讲[M]. 北京：北京大学出版社,2004

19. 刘静波. 食品安全与选购[M]. 北京：化学工业出版社，2006
20. 鲁道夫·卡尔纳普. 世界的逻辑构造[M]. 陈启伟译. 上海：上海译文出版社，1999
21. 玛丽恩·内斯特尔. 食品安全：令人震惊的食品行业真相[M]. 程池，黄宇彤等译. 北京：社会科学文献出版社，2004
22. 玛丽恩·内斯特尔. 食品政治：影响我们健康的食品行业[M]. 刘文俊等译. 北京：社会科学文献出版社，2004
23. 齐曼. 真科学[M]. 曾国屏等译. 上海：上海科技教育出版社，2002
24. 秦贞奎主编. 世纪恐慌：疯牛病 & 炭疽[M]. 北京：中国城市出版社，2001
25. 任盈盈. 食品安全调查[M]. 北京：东方出版社，2004
26. 食品安全风险分析：国家食品安全管理机构应用指南[M]. 樊永祥主译. 北京：人民出版社，2008
27. 托马斯·库恩. 科学革命的结构[M]. 金吾伦，胡新和译. 北京：北京大学出版社，2003
28. 王周户. 公众参与的理论与实践[M]. 北京：法律出版社，2011
29. 乌尔里希·贝克，安东尼·吉登斯，斯科特·拉什. 自反性现代化：现代社会秩序中的政治、传统与美学[M]. 赵文书译. 北京：商务印书馆，2001
30. 乌尔里希·贝克. 世界风险社会[M]. 吴英姿，孙淑敏译. 南京：南京大学出版社，2004
31. 乌尔利希·贝克. 风险社会[M]. 何博闻译. 南京：译林出版社，2004
32. 吴林海，钱和. 中国食品安全发展报告 2012[M]. 北京：北京大学出版社，2012
33. 希拉·贾萨诺夫. 第五部门：当科学顾问成为政策制定者[M]. 陈光译，温珂校. 上海：上海交通大学出版社，2011
34. 希拉·贾萨诺夫. 自然的设计：欧美的科学与民主[M]. 尚智丛，李斌等译. 上海：上海交通大学出版社，2011
35. 希拉·贾萨诺夫等编. 科学技术论手册[C]. 盛晓明等译. 北京：北京理工大学出版社，2004
36. 夏平，谢弗. 利维坦与空气泵：霍布斯、玻意耳与实验生活[M]. 蔡佩君译. 上海：上海人民出版社，2008
37. 谢尔顿·克里姆斯基，多米尼克·戈尔丁. 风险的社会理论学说[C]. 徐元玲等译. 北京：北京出版社，2005
38. 薛晓源，周战超编. 全球化与风险社会[C]. 北京：社会科学文献出版社，2005
39. 殷丽君，孔瑾，李再贵编. 转基因食品[M]. 北京：化学工业出版社，2002
40. 英国皇家学会. 公众理解科学[M]. 唐英英译. 北京：北京理工大学出版社，2004
41. 余伯良，叶光武. 食物污染与食品安全[M]. 北京：轻工业出版社，1992
42. 詹承豫. 食品安全监管中的博弈与协调[M]. 北京：中国社会出版社，2009

43. 珍妮·卡斯帕森，罗杰·卡斯帕森. 风险的社会视野(上)[M]. 童蕴芝译. 北京：中国劳动社会保障出版社，2010

44. 转基因30年实践[M]. 农业部农业转基因生物安全管理办公室，中国农业科学院生物技术研究所，中国农业生物技术学会编. 北京：中国农业科学技术出版社，2012

中文期刊与电子文献

45. “红色井水”背后谁是黑手？——河北沧县小朱庄水污染事件调查[EB/OL]. (2013-4-8)[2013-4-8]http://news. xinhuanet. com/local/2013-04/08/c_115305017. htm

46. “瘦肉精”事件让人“望肉却步”[J]. 药物与人，2007(1)：21

47. “瘦肉精”知识专家访谈　检测方法科学精确[EB/OL]. (2011-4-17)[2011-05-24] http://lab. vogel. com. cn/news_view. html? id=195307

48. “瘦肉精案”一审判决　刘襄被判死缓[EB/OL]. (2011-7-25)[2011-07-27]http://news. xinhuanet. com/fortune/2011-07/25/c_121718724. htm

49. 澳大利亚转基因技术在农业中的应用、管理政策及启示[EB/OL]. (2009-12-21)[2013-5-9]http://www. fjagri. gov. cn/html/hypd/dwny/gjhz/2009/12/21/45217. html

50. 百度百科[EB/OL]. (2013-4-18)http://baike. baidu. com/view/579091. htm

51. 部分家长：只知营养餐不知是“试验”[EB/OL]. (2012-09-06)[2012-09-06]http://www. bjnews. com. cn/feature/2012/09/06/221202. html

52. 成素梅. 技能性知识与体知合一的认识论[J]. 哲学研究，2011(6)：108-114

53. 单之玮，佟建明. HACCP应用现状及前景[J]. 中国农业科技导报，2003(1)：54

54. 戴激涛. 协商民主的理论及其实践：对人权保障的贡献——以协商民主的权力制约功能为分析视角[J]. 时代法学，2008(2)：35-42

55. 邓蕊. 科研伦理审查在中国——历史、现状与反思[J]. 自然辩证法研究，2011(8)：116-121

56. 调查称中国人最担忧地震风险与食品安全[EB/OL]. (2010-10-19)[2013-4-18] http://news. 163. com/10/1019/07/6JBFONHK00014JB6. html

57. 丁泉涌. 欧洲马肉风波的背后[EB/OL]. (2013-03-04)[2013-03-18]http://www. studytimes. com. cn:9999/epaper/xxsb/html/2013/03/04/02/02_47. htm

58. 俄罗斯科学家距人工智能机仅一步之遥[EB/OL]. (2012-09-20)[2012-09-20] http://tech. cnr. cn/list/201209/t20120920_510954916. html

59. 傅旭明. 多角度审视食品安全：我国每年食物中毒超过20万人[EB/OL]. 中国经济时报(2001-10-8)[2011-8-10]http://news. sohu. com/48/23/news146832348. shtml

60. 耿弘，童星. 从单一主体到多元参与——当前我国食品安全管制模式及其转型[J]. 湖南师

范大学社会科学学报，2009(3)：97－100

61. 国务院食品办印发《食品安全宣传教育工作纲要（2011—2015 年）》[EB/OL].（2011－5－8)[2011－8－10]http://news. xinhuanet. com/politics/2011-05/08/c_121390918. htm
62. 河南控制 14 名双汇瘦肉精事件涉案人员 6 人被处理[EB/OL].（2011－03－16)[2011－07－03]http://finance. ifeng. com/news/special/shchouwen/20110316/3683276. shtml
63. 河南瘦肉精事件审判：监管者问责应该怎么问[EB/OL].（2011－7－27)[2011－07－27] http://finance. qq. com/a/20110727/000321. htm
64. 湖南株洲曾现含瘦肉精"健美牛"引发食物中毒[EB/OL].（2012－12－06)[2012－12－10]http://money. 163. com/12/1206/11/8I1Q9C4C00253B0H. html
65. 黄金大米疑似曾在山东济宁进行成人试验(二)[EB/OL].（2012－9－17)[2012－9－20]http://money. 163. com/12/0917/02/8BIP2C3100253B0H. html＃fr＝email
66. 蒋劲松. 风险社会中的科学与民主[J]. 民主与科学，2006(3)：19－21
67. 揭秘运动场上鹰眼系统：价格不菲　只起辅助作用[EB/OL].（2013－5－7)[2013－5－7]http://sports. enorth. com. cn/system/2013/05/07/010929568. shtml
68. 禁而不止的瘦肉精[EB/OL]. [2011－10－10]http://discover. news. 163. com/special/leanmeatpowder/
69. 瞿勇，邢素娜，卢长明. 欧盟转基因植物田间试验频次分析[J]. 农业生物技术学报，2010(5)：993－1000
70. 科学认识"瘦肉精"[EB/OL].（2011－03－27)[2011－08－10]]http://www. jswst. gov. cn/gb/jsswst/jkjy/userobject1ai27092. html
71. 黎史翔. 马肉风波不断　冰岛现全素牛肉饼[EB/OL].（2013－03－04)[2013－03－04]http://www. fawan. com/Article/xsyyw/2013/03/04/125411188479. html
72. 李红林. 公众理解科学的理论演进——以米勒体系为线索[J]. 自然辩证法研究，2010(3)：85－90
73. 林中明，蔡鹰扬. 13. 6 元，告到瑞士去[J]. 检察风云. 2004(4)：4－7
74. 刘兵，江洋. 日本公众理解科学实践的一个案例：关于"转基因农作物"的"共识会议"[J]. 科普研究，2006(1)：41－46
75. 刘兵，李正伟. 布赖恩・温的公众理解科学理论研究：内省模型[J]. 科学学研究，2003(6)：581－585
76. 刘兵. 科学与民主：从公众理解科学的视角看[J]. 民主与科学，2006(2)：21－22
77. 刘超，韩邑平，俞英. 北京市猪肉消费市场调查分析[J]. 中国畜牧杂志，2012(8)：10－13
78. 刘霁堂. 贝尔纳与西方公众理解科学运动[J]. 自然辩证法研究，2006(2)：31－35
79. 刘锦春. 公众理解科学的新模式：欧洲共识会议的起源及研究[J]. 自然辩证法研究，2007

(2)：84 - 88

80. 马志超.全国大中城市“瘦肉精”检测合格率均达99%以上[EB/OL].(2011 - 04 - 01)[2011 - 07 - 16]http://www.foodmate.net/news/guonei/2011/04/177920.html

81. 满洪杰.论跨国人体试验的受试者保护——以国际规范的检讨为基础[J].山东大学学报(哲学社会科学版),2012(4)：39 - 46

82. 美强迫台湾开放牛肉进口　马英九声望暴跌14%[EB/OL].(2009 - 10 - 28)[2011 - 07 - 16]http://www.stnn.cc/hk_taiwan/200910/t20091028_1167066.html

83. 农业部批准进口三种转基因大豆　曾称安全可放心食用[EB/OL].(2013 - 6 - 14)[2013 - 6 - 15]http://finance.ifeng.com/news/industry/20130614/8131174.shtml

84. 农业转基因生物安全管理条例[EB/OL].(2003 - 11 - 05)[2011 - 10 - 08]http://2010jiuban.agri.gov.cn/xzsp_web/bszn/t20031105_133969.htm

85. 农业转基因生物标识管理办法[EB/OL].(2010 - 7 - 17)[2013 - 3 - 10]http://www.moa.gov.cn/ztzl/zjyqwgz/zcfg/201007/t20100717_1601302.htm

86. 欧盟食品安全公信力恢复不易[EB/OL].(2013 - 4 - 18)[2013 - 4 - 18]http://www.people.com.cn/24hour/n/2013/0418/c25408-21177588.html

87. 欧盟委员称“马肉风波”非食品安全问题[EB/OL].(2013 - 03 - 04)[2013 - 03 - 04]http://news.xinhuanet.com/2013-02/13/c_124345071.htm

88. 欧阳海燕.2010～2011消费者食品安全信心报告[J].小康,2011(1)：42 - 45

89. 乔治·巴萨拉.西方科学的传播——西方科学进入非欧洲国家的三阶段模型[J].田静译,蔡仲校.苏州大学学报,2003(1)：2 - 10

90. 切尔诺贝利事故[EB/OL].[2012 - 10 - 8]http://baike.baidu.com/view/48444.htm

91. 秦东方.食品安全危机下的HACCP原理在食品加工中的应用——以猪肉分割工艺过程为例[J].重庆文理学院学报(自然科学版),2011(4)：65

92. 全民动员,驱逐“瘦肉精[EB/OL].[2012 - 07 - 27]http://www.people.com.cn/GB/paper2515/10425/950042.html

93. 日韩拟近期对美牛肉解禁[EB/OL].(2005 - 10 - 25)[2011 - 07 - 16]http://www.foodqs.cn/news/gjspzs01/2005102585023.htm

94. 如何鉴别是不是“瘦肉精”猪肉[EB/OL].[2011 - 10 - 27]http://health.people.com.cn/GB/14405344.html

95. 深圳广电集团.媒体：印度秘鲁等国成为西方新药人体试验场　已致上千人死亡[EB/OL].[2012 - 09 - 16]http://www.s1979.com/news/world/201209/1653214216.shtml

96. 食品安全问题多　与信息缺失有关[EB/OL].(2012 - 04 - 20)[2012 - 04 - 22]http://news.hexun.com/2012-04-20/140621069.html

97. 世界医学会《赫尔辛基宣言》——涉及人类受试者的医学研究的伦理原则[J]. 杨丽然译，邱仁宗校. 医学与哲学(人文社会医学版)，2009(5)：74－75
98. 瘦肉精猪事件曝光始末[EB/OL]. (2011－03－31)[2011－07－04]http://finance. sina. com. cn/consume/puguangtai/20110331/15059624687. shtml
99. 摔破的餐碟　还能粘回去吗？[EB/OL]. (2013－03－04)[2013－03－04]http://roll. sohu. com/20130304/n367684762. shtml
100. 双汇瘦肉精事件始末[EB/OL]. (2011－03－21)[2011－07－03]http://info. ch. gongchang. com/f/shipin/2011-03-21/268757. html
101. 双汇以抽查取代普查导致瘦肉精监管存在缺陷[EB/OL]. (2011－03－19)[2011－07－16]http://news. sina. com. cn/c/2011-03-19/181322145463. shtml
102. 苏枫. 2011～2012 中国饮食安全报告[J]. 小康，2012(1)：46－52
103. 苏岭，温海玲. "瘦肉精"背后的科研江湖[EB/OL]. (2009－04－09)[2011－08－10]http://www. infzm. com/content/26736
104. 陈东升. 审议民主的限制——台湾公民会议的经验[J]. 台湾民主季刊，2006(1)：77－104
105. 听证会[EB/OL]. (2012－2－15)[2013－3－18]http://www. china. com. cn/guoqing/2012-02/15/content_24639590. htm
106. 听证会能起什么作用[EB/OL]. (2010－1－12)[2013－3－18]http://www. gov. cn/gzdt/2010-01/12/content_1508364. htm
107. 听证会是真听还是"作秀"？[EB/OL](2010－1－7)[2013－3－18]http://www. gov. cn/gzdt/2010-01/07/content_1504859. htm
108. 佟贺丰. 公众理解科学中的"公众"身份辨析[J]. 科学技术与辩证法，2006，(1). 97－98
109. 网球规则：网球比赛中鹰眼的使用规则[EB/OL]. [2013－5－7]http://www. ctsports. com. cn/Item/28940. aspx
110. 夏玉，卢长明. 美国转基因作物田间试验频次分析[J]. 农业生物技术学报，2010(1)：163－173
111. 消费者"被代表了"吗？[EB/OL]. (2010－1－8)[2013－3－18]http://www. gov. cn/gzdt/2010-01/08/content_1506174. htm
112. 谢晴宜，洪葵. 微生物资源的生物勘探[J]. 热带作物学报，2010(8)：1420－1426
113. 熊蕾，汪延，文赤桦. 偷猎中国基因的活动——哈佛大学基因项目再调查[J]. 瞭望新闻周刊，2003(38)：22－25
114. 熊蕾，汪延. 哈佛大学在中国的基因研究"违规"[J]. 瞭望新闻周刊，2002(15)：48－50
115. 熊蕾，汪延. 令人生疑的国际基因合作研究项目[J]. 瞭望新闻周刊，2001(13)：24－28
116. 徐成德. 食品安全博弈分析：信任危机的产生与消除[J]. 中国食物与营养，2009(6)：21

117. 杨晓红,方舒阳. 吃一口安全猪肉真的那么难吗? 揭露生猪喂养潜规则[EB/OL]. (2009-4-12)[2011-8-10]http://gd.nfdaily.cn/content/2009-04/12/content_5057939.htm
118. 曾庆孝,张立彦. 食品安全性与 HACCP[J]. 中外食品工业信息,2000(3): 10-11
119. 张凡,成素梅. 一种新的意会知识观——柯林斯的知识观评述[J]. 哲学动态,2010(03): 72-78
120. 张玲,王洁,张寄南. 转基因食品恐惧原因分析及其对策[J]. 自然辩证法通讯,2006(6): 57-61
121. 赵喜凤,蔡仲. 食品安全的"可信性"——基于"公众参与"的分析[J]. 科学学研究,2012(8): 1128-1133
122. 赵喜凤. 科学论的第三波与模仿游戏——访哈里·柯林斯教授[J]. 哲学动态,2012(10): 106-109
123. 赵喜凤,柯文. 我国高铁技术的"大跃进"——"默会知识"维度的思考[J]. 自然辩证法研究,2012(10): 42-47
124. 赵喜凤,柯文. 食品安全问题的社会建构分析——从科学主义走向 S&TS 的方法论解析[J]. 科学与社会,2012(4): 92-104
125. 中国疾病预防控制中心. 关于《黄金大米中的β-胡萝卜素与油胶囊中的β-胡萝卜素对儿童补充维生素 A 同样有效》论文的调查情况通报[EB/OL]. (2012-12-7)[2012-12-8]http://www.foodmate.net/news/guonei/2012/12/219735.html
126. 中国经济网: 理性看待新西兰奶粉事件[EB/OL]. (2013-1-28)[2013-1-29]http://jingji.cntv.cn/2013/01/28/ARTI1359338600554528.shtml
127. 中国肉类协会. 上海"瘦肉精"事件　再次暴露安检软肋[EB/OL]. (2006-09-25)[2012-03-10]http://www.chinameat.org/chinameat/xhdtshow.asp?id=446
128. 张亚利. 食品安全为何草木皆兵[J]. 中国周刊,2013(3): 46-47
129. 张亚利. 云无心: 科学标准遇见社会问题[J]. 中国周刊,2013(3): 44-45
130. 中华人民共和国主席令. 食品安全法[EB/OL]. (2009-02-28)[2012-03-06]http://www.gov.cn/flfg/2009-02/28/content_1246367.htm
131. 朱晓庆. 公众理解科学与公众理解科学研究[J]. 科学技术与辩证法,2005(5): 101-104
132. 朱毅. 说说肉鸡的家长里短[EB/OL]. (2012-12-18)[2013-3-6]http://songshuhui.net/archives/76381#comments
133. 转基因食品卫生管理办法[EB/OL]. (2008-4-25)[2013-3-10]http://www.moh.gov.cn/mohwsjdj/s3592/200804/29588.shtml
134. 庄友刚. 风险社会理论研究述评[J]. 哲学动态,2005(9): 57-62

英文著作

135. Alan Irwin, Mike Michael. *Science, social theory and public knowledge*. Open University Press, 2003

136. Alan Irwin. *Citizen Science: A study of people, expertise and sustainable development*. London and New York, 1995

137. Anna McElhatton, Richard J. Marshall. *Food Safety: A Practical and Case Study Approach*. New York: Springer Science+Business Media, LLC, 2007

138. David Bell. *Science, Technology and Culture*. Open University Press, 2006

139. David Knight. *Public Understanding of Science: A history of communicating scientific ideas*. Taylor & Francis e-Library, 2006

140. F. David Peat. *From certainty to uncertainty: the story of science and ideas in the twentieth century*. Washington, D. C.: Joseph Henry Press, 2002

141. Food and Nutrition Board. *Food Safety Policy, Science, and Risk Assessment: Strengthening the Connection*. Workshop Proceedings. Washington, D. C.: National Academy Press, 2001

142. Gabe Mythen. *Ulrich Beck: A Critical Introduction to the Risk Society*. Virginia: Pluto Press, 2004

143. Harry Collins, Robert Evans. *Rethinking Expertise*. Chicago and London: The University of Chicago Press, 2007

144. Harry Collins. *Tacit and Explicit Knowledge*. Chicago and London: The University of Chicago Press, 2010

145. J. Wilsdon, R. Willis. *See-through Science: Why Public Engagement Needs to Move Upstream*. London: Demos. 2004

146. Jane Franlink. *The Politics of Risk Society*. Blackwell Publishers Inc, 1998

147. Jay A. Labinger, Harry Collins. *The One Culture? A Conversation About Science*. Chicago and London: The University of Chicago Press, 2001

148. Jeremy Stranks. *The A-Z of food safety*. London: Thorogood Publishing Ltd, 2007

149. John Springs and Grant Isaac. *Food safety and international competitiveness: the case of beef*. Trowbridge: Cromwell Press, 2001

150. Joost Van Loon. *Risk and Technological Culture: Towards a sociology of virulence*. London and New York, 2002

151. K. Anders Ericsson, Neil Charness, Paul J. Feltovich. *The Cambridge Handbook of Expertise and Expert Performance*. Cambridge University Press, 2006

152. Londa Schiebinger. *Plants and Empire: Colonial Bioprospecting in the Atlantic World*. Cambridge: Harvard University Press, 2004

153. Louise Cummings. *Rethinking the BSE Crisis: A Study of Scientific Reasoning under Uncertainty*. Springer Dordrecht Heidelberg London New York, 2010

154. Marion Dreyer, Ortwin Renn. *Food Safety Governance: Integrating Science, Precaution and Public Involvement*. Springer-Verlag Berlin Heidelberg, 2009

155. Péter A. Varga, Máté D. Pintér. *Consumer Product Safety Issues*. New York: Nova Science Publishers, Inc., 2009

156. Robert N. Proctor, Londa Schiebinger. *Agnotology: The Making and Unmaking of Ignorance*. California: Stanford University Press, 2008

157. Scott Lash. *Risk Society: Towards a New Modernity*. Translated by Mark Ritter, London: Sage Publication, 1992

158. Sergio Sismondo. *An Introduction to Science and Technology Studies-2nd ed*. Blackwell Publishing Ltd, 2010

159. Sheila Jasanoff. *States of Knowledge: The Co-production of Science and Social Order*. London: Routledge. 2004

160. Steven Yearley. *Making Sense of Science: Understanding the Social Study of Science*. SAGE Publications Inc. 2005

英文期刊

161. Alan Irwin. Constructing the scientific citizen: science and democracy in the biosciences. *Public Understanding of Science*, 2001,10(1): 1－18

162. Alison Shaw. "It just goes against the grain". Public understandings of genetically modified (GM) food in the UK. *Public Understanding of Science*, 2002,11(3): 273－291

163. Anderson Warwick. From subjugated knowledge to conjugated subjects: science and globalisation, or postcolonial studies of science?. *Postcolonial Studies*, 2009,12(4): 389－400

164. Andrew Webster, Conor M. W. Douglas, Hajime Sato. BSE in the United Kingdom. H. Sato (ed.). *Management of Health Risks from Environment and Food*. Springer Science+Business Media, 2010

165. Anne Loeber, Maarten Hajer, Les Levidow. Agro-food Crises: Institutional and Discursive Changes in the Food Scares Era. *Science as Culture*, 2011,20(2): 147－155

166. Arie Rip. Constructing Expertise：In a Third Wave of Science Studies? *Social Studies of Science*，2003，33(3)：419－434

167. Bart Penfers，Annemiek P. Nelis. Credibility engineering in the food industry：linking science，regulation，and marketing in a corporate context. *Science in Context*，2011，24(4)：487－515

168. Brain Wynne. May the sheep safely graze? A reflexive view of the expert-lay knowledge divide. Lash S，Szerszynski B，Wynne B. *Risk，Environment and Modernity：Towards a New Ecology*. London：Thousand Oaks，Calif：Sage Publications，1996

169. Brian Wynne. Misunderstood misunderstandings：social identities and public uptake of science. Alan Irwin and Brian Wynne. *Misunderstanding Science? The Public Reconstruction of Science and Technology*. Cambridge University Press，1996

170. Brian Wynne. Seasick on the Third Wave? Subverting the Hegemony of Propositionalism：Response to Collins & Evans (2002). *Social Studies of Science*，2003，33(3)：401－417

171. Christophe Bonneuil，Pierre-Benoit Joly and Claire Marris. Disentrenching Experiment：The Construction of GM — Crop Field Trials As a Social Problem. *Science Technology Human Values*，2008，33(2)：201－229

172. Christopher R. Henke. Review：Risk and Technological Culture：Towards a Sociology of Virulence by Joost van Loon. *Contemporary Sociology*，2004，33(1)：115－116

173. David L. Ortega，H. Holly Wang，Laping Wu，Nicole J. Olynk. Modeling heterogeneity in consumer preferences for select food safety attributes in China. *Food Policy*，2011，36(2)：318－324

174. DEFRA (Department for Environment Food and Rural Affairs). UK Government，Scottish Executive and Northern Ireland Department of the Environment Response to Crops on Trial Report. London：Department for Environment，Food and Rural Affairs. 2002

175. DEFRA. Public Dialogue on GM. UK Government Response to AEBC Advice Submitted in April 2002. London：Department for Environment，Food and Rural Affairs. 2002

176. DEFRA. The GM Dialogue：Government Response. London：Department for Environment，Food and Rural Affairs. 2004

177. Dung-Sheng Chen，Chung-Yeh Deng. Interaction between Citizens and Experts in Public Deliberation：A Case Study of Consensus Conferences in Taiwan. *East Asian Science，Technology and Society*，2007(1)：77－97

178. Edna F. Einsiedel, Erling Jelsøe, Thomas Breck. Publics at the technology table: the consensus conference in Denmark, Canada, and Australia. *Public Understanding of Science*, 2001,10(1): 83 - 98

179. Eefje Cuppen, Matthijs Hisschemöller and Cees Midden. Bias in the exchange of arguments: the case of scientists' evaluation of lay viewpoints on GM food. *Public Understand. Sci.* 2009,18(5): 591 - 606

180. Evan Selinger, Hubert Dreyfus, Harry Collins. Interactional expertise and embodiment. *Studies in History and Philosophy of Science*, 2007,38(4): 722 - 740

181. F. Fisher. Technological deliberation in a democratic society: The case for participatory inquiry. *Science and Public Police*, 1999,26(5): 294 -302.

182. Franz Seifert. Local steps in an international career: a Danish-style consensus conference in Austria. *Public Understand. Sci.* 2006,15(1): 73 - 88

183. Gene Rowe, Tom Horlick-Jones, John Walls and Nick Pidgeon. Difficulties in evaluating public engagement initiatives: reflections on an evaluation of the UK GM Nation? Public debate about transgenic crops. *Public Understand. Sci.* 2005,14(4): 331 - 352

184. Guangwen Tang, Yuming Hu, Shi-an Yin, Yin Wang et al. β-Carotene in Golden Rice is as good as b-carotene in oil at providing vitamin A to children. *The American Journal of Clinical Nutrition.* 2012(96): 658 - 664

185. Harry Collins. A new programme of research? *Studies in History and Philosophy of Science*, 2007,38(4): 615 - 620

186. Harry Collins, Gary Sanders. They give you the keys and say "drive it!" Managers, referred expertise, and other expertises. *Studies in History and Philosophy of Science*, 2007,38(4): 621 - 641

187. Harry Collins. Interactional expertise as a third kind of knowledge. *Phenomenology and the Cognitive Sciences*, 2004,3(2): 125 - 143

188. Harry Collins, Robert Evans. King Canute Meets the Beach Boys: Responses to "The Third Wave". *Social Studies of Science*, 2003,33(3): 435 - 452

189. Harry Collins, Robert Evans, Mike Gorman. Trading zones and interactional expertise. *Studies in History and Philosophy of Science*, 2007,38(4): 657 - 666

190. Harry Collins, Robert Evans. Sport-decision aids and the "CSI-effect": why cricket uses Hawk-Eye well and tennis uses it badly. published online 29 July 2011 *Public Understanding of Science*, 2011(20): 1 - 18

191. Harry Collins, Robert Evans. The third wave of science studies: studies of expertise and

experience. *Social Studies of Science*, 2002,32(2): 235 - 296

192. Harry Collins, Robert Evans. You cannot be serious! Public Understanding of Technology with special reference to "Hawk-Eye". *Public Understanding of Science*, 2008,17(3): 283 - 308

193. Harry Collins, Rob Evans, Rodrigo Ribeiro, Martin Hall. Experiments with interactional expertise. *Studies in History and Philosophy of Science*, 2006,37(4): 656 - 674

194. Harry Collins. Three Dimensions of Expertise. [2011 - 09 - 20] http://www.cardiff.ac.uk/socsi/contactsandpeople/harrycollins/expertise-project/draftpapers/index.html#expertise

195. Henry Rothstein. Precautionary ban or sacrificial lambs? Participative risk regulation and reform of the UK food safety regime. *London School of Economics Discussion Paper*. London: Printflow, 2003: 1 - 23. http://www.lse.ac.uk/collections/CARR/pdf/DPs/Disspaper15.pdf

196. Inna Kotchetkova, Robert Evans. Promoting Deliberation through Research: Qualitative Methods and Public Engagement with Science and Technology. [2011 - 09 - 20] http://www.cardiff.ac.uk/socsi/qualiti/WorkingPapers/WorkingPaperHome.html

197. Jason Seawright, John Gerring. Case Selection Techniques in Case Study Research: A Menu of Qualitative and Quantitative Options. *Political Research Quarterly*, 2008,61(2): 294 - 308

198. J. Fixdahl. Consensus conferences as extended peer review. *Science and Public Policy*, 1997,24(6): 366 - 376

199. Jongyoung Kim. Alternative Medicine's Encounter with Laboratory Science: The Scientific Construction of Korean Medicine in a Global Age. *Social Studies of Science*, 2007,37(6): 855 - 880

200. Joseph Murphy, Les Levidow, Susan Carr. Regulatory Standards for Environmental Risks: Understanding the US-European Union Conflict over Genetically Modified Crops. *Social Studies of Science*, 2006(1): 133 -160

201. J-S Lee, S-H Yoo. Willingness to pay for gmo labeling policies: the case of korea. *Journal of Food Safety*, 2011,31(2): 160

202. Katrina Stengel, Jane Taylor, Claire Waterton, Brian Wynne. Plant Sciences and the Public Good. *Science, Technology & Human Values*, 2009,34(3): 289 - 312

203. Klaus G. Grunert. Food quality and safety: consumer perception and demand. *European*

Review of Agricultural Economics, 2005,32(3): 369 - 391

204. Les Levidow, Joseph Murphy and Susan Carr. Recasting "Substantial Equivalence": Transatlantic Governance of GM Food. *Science, Technology & Human Values*, 2007,32 (1): 26 - 64

205. Mette Marie Roslyng. Challenging the Hegemonic Food Discourse: The British Media Debate on Risk and Salmonella in Eggs. *Science as Culture*, 2011,20(2): 157 - 182

206. Michèle Lamont. Review: Rethinking Expertise by Harry Collins and Robert Evans. *American Journal of Sociology*, 2009,115(2): 569 - 571

207. Mike Michael. Ignoring science: discourses of ignorance in the public understanding of science. Alan Irwin and Brian Wynne. *Misunderstanding science? he public reconstruction of science and technology*. Cambridge University Press, 1996

208. Oosterveer, P. Reinventing risk politics: reflexive modernity and the European BSE crisis. *Journal of Environmental Policy and Planning*, 2002(4): 215 - 229

209. Peter H. Feindt, Daniela Kleinschmit. The BSE Crisis in German Newspapers: Reframing Responsibility. *Science as Culture*, 2011,20(2): 183 - 208.

210. Peter Slezak, H. M. Collins. Review: Artificial Experts. *Social Studies of Science*, 1992,22(1): 175 - 201

211. Piet Strydom. Review: Risk and Technological Culture: Towards a Sociology of Virulence by Joost Van Loon. *American Journal of Sociology*, 2004,109(4): 1037 - 1038

212. Renn. Communication About Food Safety. M. Dreyer and O. Renn (eds.), *Food Safety Governance* Springer-Verlag Berlin Heidelberg, 2009

213. R. Hails, J. Kinerlerer. The GM public debate: Context and communication strategies. *Nature Reviews Genetics*, 2003,4(10): 819 - 825.

214. Robert A. Dahl. A democratic dilemma: System effectiveness versus citizen participation. *Political Science Quarterly*, 1994,109(1): 23 - 34.

215. Robert Evans, Inna Kotchetkova, Susanne Langer. Just around the corner: rhetorics of progress and promise in genetic research. *Public Understanding of Science*, 2009,18 (1): 43 - 59

216. Robert Evans. Social networks and private spaces in economic forecasting. *Studies in History and Philosophy of Science*, 2007,38(4): 686 - 697

217. Rodrigo Ribeiro. The Language Barrier as an Aid to Communication. *Social Studies of Science*, 2007,37(4): 561 - 584

218. Rodrigo Ribeiro. The role of interactional expertise in interpreting: the case of technology transfer in the steel industry. *Studies in History and Philosophy of Science*, 2007,38(4): 713 - 721

219. Rolf Lidskog. Review: The Risk Society: Towards a New Modernity by Ulrich Beck. *Acta Sociologica*, 1993,36(4): 400 - 403

220. Sheila Jasanoff. Breaking the Waves in Science Studies: Comment on H. M. Collins and Robert Evans, "The Third Wave of Science Studies". *Social Studies of Science*, 2003, 33(3): 389 - 400

221. Sheila Jasanoff. Civilization and madness: the great BSE scare of 1996. *Public Understand. Sci.* 1997(6): 221 - 232

222. Sheila Jasanoff. "Let them eat cake": GM foods and the democratic imagination. Melissa Leach, Ian Scoones and Brian Wynne. *Science and Citizens: Globalization and the Challenge of Engagement* . London: Zed Books Ltd, 2005

223. Stefan Böschen, Karen Kastenhofer, Ina Rust, Jens Soentgen, Peter Wehling. Scientific Nonknowledge and Its Political Dynamics: The Cases of Agri-Biotechnology and Mobile Phoning. *Science, Technology& Human Values*, 2010,35(6): 783 - 811

224. Stephen Turner. Political Epistemology, Experts and the Aggregation of Knowledge. *Spontaneous Generations*, 2007,1(1): 36 - 47

225. Stevan Yearley. Mapping and Interpreting Societal Responses to Genetically Modified Crops and Food. *Social Studies of Science*, 2001,31(1): 151 - 160

226. Steven Shapin. Expertise, common sense and the atkin diet. Jene M. Porter and Peter W. B. *Phillips. Public Science in Liberal Democracy*. Toronto: University of Toronto Press, 2007

后记

书稿的写作源于笔者十年来对于食品安全问题的关注，这十年间笔者也经历了多重身份的转变，从学生变成老师，从女儿变成妈妈，从小姐姐变成阿姨，一路走来，跌跌撞撞，书稿校订出版之际，也到了该答谢的时候了。

感谢母校南京大学。她集各种华丽的头衔与名号于一身，但却非常低调、包容。从不见她有什么大张旗鼓的宣传，上到校长下到教师，衣着朴实、骑着单车穿梭在校园里，正是这种“嚼得菜根，做得大事”的草根校训印在了每一个南大人的心中，南大人扎实肯干的作风已经得到了社会的认可。在南京大学求学六载，使我从幼稚走向了沉稳，从浮躁走向了现实。回首那六载，有迷失方向的彷徨、有认识新事物的激动；有付出的汗水、有失落的惆怅；有抉择的艰难、有收获的喜悦……六朝古都的历史底蕴、鼓楼校区四季变换的美景、孜孜不倦的学风、励学敦行的古训与丰富多彩的求学生活相伴随，我在这里享受了六年有追求的生活，使我感受到精神上的富足。

感谢恩师蔡仲先生。刚入南大时，自己哲学基础薄弱、没有自然科学背景、科学技术哲学专业也零基础，正当我为研究方向彷徨时，先生不嫌弃我的零基础收我入门，从阅读书籍到写文章都悉心指导。先生敏锐的学术洞察力、不厌其烦地修改论文、一针见血地点中要害，常使我在与其的讨论中处于尴尬境地，一方面对其佩服不已，一方面为自己写的不好而自责，是先生的细心、耐心与豁达使我对学术之路充满信心。他的那句“慢慢磨吧！”使我抛弃了浮躁、扎实前行。经过三年的学术规训，我继续跟随先生攻读博士学位。在博士期间写小论文的时光是充实的，每当遇到困难就会跑到先生的办公室与其讨论，先生每想到一个论点都会及时告知，在先生的指导下，小论文连续录用刊出，虽然写作过程遇到很多瓶颈，但是收到样刊的一刻是幸福与满足的。这些小论文也成了书稿写作的基础。书稿从选题、框架的敲定、题目的确定、反思的形成都是与先生无数次探讨的结果。先生不仅对论文给予积极指导，而且对出国访学尽力帮助、就业事宜高度关注，不仅为我铺设了学术之路，也为未来指明了方向。师从先生六载，学到的是低调做人、踏踏实实做学问，这将使我受用终生。

感谢在卡迪夫访学时给予我帮助的人。在 2011 年申请国外短期访学时就得到了国外导师哈里·柯林斯（Harry Collins）教授的帮助，柯林斯教授是 STS 领域的领军人物，这样一位著名的学者没有任何架子，是一位非常可爱的老头，至今仍记得他因为确定了实验场地和项目后手舞足蹈的样子；办公室内满地的材料与书籍，他就窝在书堆里开始每天的工作。但是他在学术上要求非常严格，在卡迪夫的日子，每周两次的汇报工作，使我不敢有一丝懈怠，也正是这样严格的要求使我体会到了学术的严谨性，对《Rethinking Expertise》一书有了更深入的理解，为瘦肉精案例的分析奠定了基础，瘦肉精一章是柯林斯教授指导之后的成果。感谢卡迪夫大学 KES 研究中心的另外两名主要成员，罗伯特·埃文斯（Robert Evans）副教授与马丁·魏芮（Martin Weinel）博士。感谢埃文斯，每次向他询问，都能够得到详细、耐心的解答，有求必应。感谢马丁，在卡迪夫的日子无论有什么困难都能够得到他的帮助，从办签证、找房子、熟悉校园、借书到学术问题的探讨，他也付出了很多时间为我修改每周的工作报告，他的耐心与热情让我感受到了温暖。他与女友妮基（Nicky Priaulx）是热情好客的，非常热爱生活，周末的烧烤、不同国度美食的聚会、咖啡厅的闲聊使我的异国生活不再单调，感谢妮基，她的热情使我的异国生活不再孤独。感谢 Samir Passi、Chris、Lauren、Manny、Emma 为我在卡迪夫的生活与学习提供的帮助。

感谢我的家人。二十二年的求学路是父母的默默支持与付出才能够顺利进行的，白发日益增多的父母还过着“面朝黄土背朝天”的日子，而立之年的我并没有成为他们晚年生活的依靠这点让我常常自责。弟弟虽然比我小，但是却非常懂事，在我求学路上给了我很多的支持与鼓励，成为我无话不谈的亲人，他的话语常常给我心灵上的慰藉，每当我遇到挫折，都会鼓励我继续前行。十年间，男友升级为老公。无论是读博期间还是工作后的严苛的考核期常会使人陷入低沉与困顿，他的理性提醒使我的生活能够按照计划进行，其顶着强大压力的乐观及对生活的热爱影响着我，使我从困顿中走出。女儿的出生让我体会了为人母的艰辛，尤其是一边带孩子一边工作的不易，可爱文静的女儿常充满童真地说“妈妈是最棒的老师”，这句话也成为我不懈前行的动力，努力做到最好，给女儿树立行动的榜样。

感谢我的工作单位宁波大学。宁波大学屹立在商业气息浓郁的东海之滨，是蓬勃发展中的“双一流”建设高校，近年来以海纳百川的博大胸怀广泛吸收人才。在入职前三年的考核期我在各方面都得到了充分的历练，感谢在紧张、焦虑的考核期给予我关心和帮助的马克思主义学院的领导和同事们。转眼间，我已经入职八个春秋，从最初的不经世事的菜鸟到现在也多了几分从容，感谢宁波大学让我成长、感谢马克思主义学院对我的培养。

感谢上海三联书店郑秀艳编辑。书稿能够公开出版、面对读者离不开编辑的默默付出。从 2021 年初到 2021 年夏天，历时半年有余，郑秀艳女士一直在默默地进行出版前的各种细琐的校订工作，不厌其烦地与我联系、沟通、修改文稿等，非常感谢！

感谢教育部人文社会科学研究青年基金、宁波市社科院（市社科联）出版资助。十年间对于食品安全问题的关注能够深入并形成研究成果得益于教育部人文社会科学研究青年基金的激励；研究成果的出版发行得益于宁波市社科院（市社科联）学术著作出版资助项目的鼎力支持。非常感谢！

书稿的出版对我来说并不意味着对食品安全问题研究的结束，而是阶段性成果的呈现，需要研究的问题依然很多，接下来我将秉承母校低调、包容、扎实肯干的传统，不断努力提升自己，争取在学术上和工作上都取得一定的成绩，心中谨记母校的告诫：“今日我以南大为荣，明日南大以我为荣。”

是为谢！

赵喜凤

2021 年 7 月 6 日于文萃

图书在版编目(CIP)数据

科学论视域下食品安全中的公众参与/赵喜凤著. —上海：上海三联书店，2022.10

ISBN 978-7-5426-7553-8

Ⅰ.①科… Ⅱ.①赵… Ⅲ.①食品安全-研究 Ⅳ.①TS201.6

中国版本图书馆 CIP 数据核字(2021)第 200245 号

科学论视域下食品安全中的公众参与

著　者／赵喜凤

责任编辑／郑秀艳
装帧设计／一本好书
监　制／姚　军
责任校对／王凌霄

出版发行／上海三联书店
(200030)中国上海市漕溪北路 331 号 A 座 6 楼
邮　箱／sdxsanlian@sina.com
邮购电话／021-22895540
印　刷／上海惠敦印务科技有限公司

版　次／2022 年 10 月第 1 版
印　次／2022 年 10 月第 1 次印刷
开　本／710mm×1000mm　1/16
字　数／250 千字
印　张／16.75
书　号／ISBN 978-7-5426-7553-8/TS·48
定　价／75.00 元